CHEMISCHE TECHNOLOGIE
IN EINZELDARSTELLUNGEN
HERAUSGEBER: PROF. DR. A. BINZ, BERLIN
ALLGEMEINE CHEMISCHE TECHNOLOGIE

DIE WERKSTOFFE FÜR DEN BAU CHEMISCHER APPARATE

VON

DR. A. FÜRTH

MIT 72 ABBILDUNGEN IM TEXT
UND AUF 2 TAFELN UND 37 TABELLEN

SPRINGER-VERLAG BERLIN HEIDELBERG GMBH
1928

ISBN 978-3-662-33640-3   ISBN 978-3-662-34038-7 (eBook)
DOI 10.1007/978-3-662-34038-7

Vorwort.

Über Werkstoffkunde im allgemeinen sowohl wie auch im Hinblick auf
Maschinenbau, Elektrotechnik sowie Hoch- und Tiefbau ist namentlich in
letzter Zeit von berufener Seite viel veröffentlicht worden. Hingegen ist in
der Literatur noch nichts Zusammenfassendes über die für den Bau chemischer
Apparate gebrauchten Werkstoffe zu finden. Das vorliegende Buch, das auf
Anregung von Herrn Prof. *Binz* geschrieben worden ist, ist ein Versuch einer
solchen zusammenfassenden Darstellung. Der Verfasser hat zu diesem Zwecke
möglichst viel von dem, was in der technischen Buch- und Zeitschriften-
literatur über dieses Gebiet an Erfahrungen niedergelegt ist, gesammelt und
dies in der gedrängten Form eines Lehrbuches für den in die industrielle
Praxis tretenden Chemiker wiedergegeben. Mit Rücksicht darauf sind die
Kapitel über die Prüfung der mechanischen, thermischen usw. Eigenschaften
etwas kurz gefaßt. Verfasser hat dies aber in dem Vertrauen getan, daß die
an besonderen Fällen interessierten Leser die in der Literaturzusammen-
stellung verzeichneten Werke und Zeitschriften zu Hilfe nehmen werden. —
Für persönliche Mitteilungen und das zur Verfügung gestellte Abbildungs-
material ist der Verfasser vielen Fachgenossen und industriellen Firmen zu
großem Danke verpflichtet. Ebenso dankbar wäre Verfasser allen denen, die
ihn auf Mängel und notwendige Ergänzungen aufmerksam machen wollten.

Juni 1928. *A. Fürth.*

Inhaltsübersicht.

Einleitung.

Werkstoffe im Sinne des vorliegenden Buches sind alle diejenigen Stoffe, die zum Aufbau von Arbeitsmitteln der chemischen Industrie verwendet werden. Sie entstammen den drei Naturreichen: die überwiegende Mehrzahl dem Mineralreich, einige aber auch dem Pflanzenreich, wie Kautschuk, Holz und Papier, und dem Tierreich, wie das Leder. Stoffe, die zum Betrieb der Arbeitsmittel benötigt werden, wie z. B. Wasser, Brennstoffe oder Schmiermaterialien, Katalysatoren, aktive Kohle u. dgl. sind hier nicht berücksichtigt. Die letztgenannten Werkstoffe unterliegen dem Verbrauch: wenn sie, wie Wasser oder Brennstoffe, ihren Energieinhalt abgegeben haben, oder wie die Schmiermaterialien durch die zu schmierenden Stellen hindurchgegangen sind, sind sie für den Prozeß mehr oder weniger wertlos[1]. Anders die erstgenannten Werkstoffe. Sie werden „beansprucht". Mit dem Begriff der Beanspruchung ist aber sowohl ein Angriff, den Kräfte oder Substanzen ausüben, als auch die Fähigkeit zum Widerstand gegen diese Angriffe verbunden. Man verwendet keine Werkstoffe zum Bau von Arbeitsmitteln, von deren Widerstandsfähigkeit in gewisser Richtung man nicht von vornherein überzeugt ist. Die Frage ist immer nur, wie weit ein Stoff der betreffenden Beanspruchung zu widerstehen vermag. Die Arten der Beanspruchung sind verschieden. In der mechanischen Industrie ist die Beanspruchung der Werkstoffe hauptsächlich eine physikalische: mechanisch, thermisch, magnetisch oder elektrisch. In der chemischen Industrie tritt hierzu noch die chemische Beanspruchung.

Die Arbeiten, die wir gefühlsmäßig als „chemische" zu bezeichnen pflegen, sind in den meisten Fällen nichts anderes als physikalische Vorgänge. Nur mit Hilfe von solchen können wir die Stoffe dazu bringen, miteinander in chemische Reaktion zu treten. Die Vorrichtungen, in denen oder mit deren Hilfe solche Arbeiten ausgeführt werden, werden daher auch physikalisch beansprucht und müssen die notwendige Widerstandsfähigkeit besitzen: mechanische Festigkeit verlangt man von Zerkleinerungs- und Mahlvorrichtungen, Filtern, Zentrifugen, Druckgefäßen, Fördereinrichtungen. Feuerfestigkeit ist die Voraussetzung der Werkstoffe für Röst-, Calcinier-, Brenn- und Destillationsöfen, Schmelzvorrichtungen. Elektrische Durchschlagsfestigkeit verlangt man von Isoliermaterialien usw. Als durchaus „chemisch" muß der Einfluß bezeichnet werden, den in Reaktion tretende Stoffe — zumeist in unerwünschter Weise — auf das Material der Apparate ausüben.

---

[1] Von der Möglichkeit der Regenerierung kann hier abgesehen werden.

Die Werkstoffe, aus denen die in der chemischen Industrie verwendeten Arbeitsmittel gebaut werden, sollen aber an der Reaktion nicht teilnehmen. Zunächst aus dem Grunde, weil die Teilnahme an der Reaktion zumeist passiv ist, d. h. daß die Apparate von den darin verarbeiteten Stoffen angegriffen und zerfressen werden, sodann, weil sie in dem angegriffenen Zustand die Endprodukte verunreinigen können. Aktiv ist ihre Teilnahme an der Reaktion, wenn sie den Verlauf der in den Apparaten vor sich gehenden Reaktionen in irgendeinem Sinne beeinflussen. Diese letztere Wirkung, die zu den katalytischen Erscheinungen gehört, ist nicht unter allen Umständen zu verwerfen, wohl aber in solchen Fällen, in denen die Reaktion unter dem Einfluß des Apparatebaustoffes in einer anderen Richtung verläuft, als ursprünglich beabsichtigt, oder wenn die Einwirkung des Apparatebaustoffes unkontrollierbare und unlenkbare Reaktionen begünstigt. Die Widerstandsfähigkeit des Baumaterials gegen die Einwirkung der verschiedenen chemischen Stoffe zu kennen, ist eine der wichtigsten Voraussetzungen für die Überführung eines im Kleinen ausgearbeiteten Verfahrens in den Großbetrieb. Zu diesem Behufe muß man nicht nur die Eigenschaften der Ausgangsstoffe, sondern auch die der gewünschten Produkte, ja auch der zu gewärtigenden Zwischen- und Nebenprodukte kennen, da alle diese auf das Apparatebaumaterial mehr oder weniger einzuwirken Gelegenheit haben. Vor allem ist auch von Bedeutung, daß viele Stoffe, die in reinem Zustande auf ein gewisses Baumaterial nicht einwirken, wie beispielsweise Salpetersäure auf Aluminium, schon beim Vorhandensein ganz geringer Mengen von Verunreinigungen, wie im vorliegenden Beispiel von Chloriden, ihre Harmlosigkeit verlieren. Es darf ferner nicht übersehen werden, daß gewisse Baustoffe in reinem Zustande eine andere Widerstandsfähigkeit gegen solche Agentien aufweisen, die den gleichen Baustoff, wenn er auch nur geringe Spuren von Verunreinigungen enthält, bereits angreifen. Ein bekanntes Beispiel dafür ist das Blei. In reinen verbleiten Gefäßen läßt sich Schwefelsäure eindampfen, während geringe Mengen von Verunreinigungen im Blei, wie etwa Wismut, seine Widerstandsfähigkeit beträchtlich herabsetzen. Ebenso hält nicht jedes Gußeisen konzentrierter Schwefelsäure stand. Es genügt nicht, wenn man die Widerstandsfähigkeit des Apparatebaumaterials bei gewöhnlicher Temperatur kennt, man muß auch den Einfluß wissen, den erhöhte Temperaturen ausüben, denn in vielen Fällen erfordert die in der Apparatur vor sich gehende Umsetzung höhere Temperaturen.

Aus dem Gesagten ist zu entnehmen, daß die Werkstoffkunde ein Grenzgebiet der mechanischen und chemischen Technologie bildet. Die Kenntnis der Werkstoffe wird vermittelt entweder fallweise durch Erfahrungen im Betrieb oder planmäßig durch Werkstoffprüfung. Wenn auch nicht geleugnet werden kann, daß die Anfänge der Werkstoffkenntnis auf dem ersteren Wege zustande gekommen sind, daß man durch Mißerfolge und ihre Auswertung einerseits die mangelnde Eignung von Werkstoffen für gewisse technische Zwecke erkannt hat, andererseits darauf geführt worden ist, andere Werkstoffe für die gleichen Zwecke zu suchen und zu erproben, so muß diese Art der Erkenntnisgewinnung doch als unwissenschaftlich und kostspielig bezeichnet werden. Es geht beispielsweise nicht an, die Eignung eines feuerfesten Materials für Ofenbauzwecke dadurch feststellen zu wollen, daß man einen Ofen aus diesem Material baut und es darauf ankommen läßt, ob er der Hitzebeanspruchung auch tatsächlich gewachsen sein wird, oder Rohrleitungen von gewisser Stärke für Druckflüssigkeiten zu verwenden und zu riskieren, daß im Betrieb das Material dem Druck nicht standhält.

Es läßt sich nicht verhehlen, daß die andere Methode, die Werkstoffprüfung, an sich auch ein kostspieliges Verfahren ist, vor allem durch die Notwendigkeit der Anwendung komplizierter Apparate; aber diese Methode hat vor allem den großen Vorteil, daß ihre Ergebnisse allgemeine technische und wissenschaftliche Bedeutung haben, daß die mit ihrer Hilfe gemachten Erfahrungen nicht bloß für bestimmte Fälle, sondern allgemein für jedes dem geprüften Material Gleichartige Geltung gewinnen.

Diese Prüfungen haben, wie erwähnt, zunächst Wert für die Auswahl von Werkstoffen für bestimmte Zwecke. Sie sind ferner wichtig, um bei der Abnahme gelieferter Werkstoffe festzustellen, ob letztere die verlangte Eigenschaft besitzen. Schließlich weisen die dabei gewonnenen Erkenntnisse den Weg, um bekannte Werkstoffe in verbesserten Eigenschaften herzustellen und neue Werkstoffe zu schaffen.

Der chemische Apparatebau hat sich naturgemäß alle die Erfahrungen, die die Maschinen- und Bauindustrie auf dem Wege planmäßiger Werkstoffprüfung erworben hat, weitgehend zunutze gemacht. Diese Erfahrungen beschränken sich aber zumeist auf physikalisches Gebiet. In chemischer Hinsicht ist da noch viel zu tun. Auf der Werkstofftagung 1927 in Berlin wurde vielfach der Gemeinschaftsarbeit zwischen Erzeugern und Verbrauchern von Werkstoffen zum Zwecke der Werkstofforschung das Wort geredet. Wenn dabei zunächst auch nur die Hüttenindustrie einerseits, die Maschinen- und Bauindustrie andererseits als Teilnehmer einer solchen gemeinsamen Arbeit ins Auge gefaßt wurden, so steht einer Übertragung dieser Pläne auf unser Fachgebiet nichts im Wege. Allerdings handelt es sich dann um einen wesentlich erweiterten Kreis, nämlich die Werkstoffproduzenten, die Apparatebauer und die chemische Industrie. Der Apparatebauer muß einerseits von der chemischen Industrie über die Art der Beanspruchung der Apparate genau aufgeklärt werden, worauf er erst seine Wünsche an den Werkstoffproduzenten weitergeben kann. Für eine solche Gemeinschaftsarbeit ist die notwendige Plattform schon geschaffen in Form der *Deutschen Gesellschaft für chemisches Apparatewesen*. Diese hat es sich zur Aufgabe gestellt, durch engste Zusammenarbeit zwischen Chemiker und Ingenieur unter anderem auch die geeigneten Werkstoffe für Bau von Anlagen zu ermitteln, Normen für sie aufzustellen und Prüfungsverfahren auszuarbeiten.

Die bei der Werkstoffprüfung gewonnenen Erfahrungen müssen von zwei Gesichtspunkten gewertet werden. Erstens, ob sich ein Werkstoff zur Herstellung eines bestimmten Apparates (dieses Wort im weitesten Sinne gebraucht) überhaupt eignet, zweitens, ob er den Beanspruchungen im Betriebe gewachsen sein wird. Gewisse Werkstoffe können nicht zu Stücken beliebiger Größe geformt werden. Manche widerstehen einer bestimmten Bearbeitungsart. Andere wiederum können in der Wandstärke nicht unter ein Maß heruntergehen, das für gewisse Zwecke, wie beispielsweise Wärmeübertragung, schon zu groß ist usw. Der zweite der obengenannten Punkte ist eigentlich von selbst verständlich und bedarf keiner weiteren Erläuterung.

Bei einer systematischen Werkstoffprüfung wird das Verhalten der Werkstoffe bei den verschiedensten Beanspruchungen beobachtet. Die dabei auftretenden Veränderungen werden qualitativ und quantitativ bestimmt, und zumeist wird auch festgestellt, unter welchen Verhältnissen die Stoffe zerstört werden.

Dem Chemiker, der die Arbeitsmittel in der chemischen Industrie anwendet, obliegt in den seltensten Fällen die Prüfung der Werkstoffe auf ihre Eigenschaften. Trotzdem soll er darüber unterrichtet sein, welchen Prüfungen dieselben unterzogen werden können, wenn man sich über ihre Eignung klar werden will. Er soll ferner wissen, wie die Zahlen, welche die Eigenschaften der Werkstoffe kennzeichnen, zustande kommen. Er darf schließlich darüber nicht im Zweifel sein, wie er diese Zahlen für seine Zwecke verwerten soll. Es soll daher im folgenden eine Übersicht über die Prüfungsverfahren gegeben werden, die allgemein angewendet werden. Die physikalischen Prüfungsverfahren sind in ihrer überwiegenden Mehrzahl genormt. Ihre Anwendung unterliegt gewissen Regeln, die von den verschiedenen technischen Verbänden durch Übereinkunft aufgestellt worden sind. Auch ein Teil der chemisch-analytischen Prüfungsmethoden kann heute schon als genormt angesehen werden, wenn die Normung auch nicht ausdrücklich ausgesprochen ist. Mit großem Bedauern muß aber festgestellt werden, daß gerade die Verfahren, mit deren Hilfe die chemische Angreifbarkeit der Werkstoffe ermittelt werden soll, bis jetzt eine Einheitlichkeit vermissen lassen. Man kann dreist aussprechen, daß kaum zwei in der Literatur mitgeteilte Zahlen über die chemische Angreifbarkeit eines Werkstoffes ohne weiteres miteinander vergleichbar sind. Jeder einzelnen muß eine ausführliche Beschreibung des Prüfungsverfahrens beigefügt sein, wenn sie überhaupt von Wert sein soll. Es ist zu hoffen, daß die oben erwähnte Deutsche Gesellschaft für chemisches Apparatewesen diesem Zustand ein baldiges Ende bereiten und ehestens Schritte unternehmen wird, um Normen für die einzelnen Prüfungsverfahren zu schaffen.[1]

---

[1] Während der Drucklegung machte anläßlich der Hauptversammlung der Deutschen Gesellschaft für chemisches Apparatewesen Prof. *W. Guertler* allgemeine Normenvorschläge betr. die Untersuchung über Widerstandsfähigkeit von metallischen Werkstoffen gegen chemische Angriffe, die hier natürlich noch nicht berücksichtigt werden konnten.

A. Allgemeiner Teil.

I. Die physikalischen Eigenschaften der Werkstoffe und ihre Prüfung.

a) Mechanische Eigenschaften.

Während die allgemeinen physikalischen Eigenschaften der Werkstoffe, wie spezifisches Gewicht, Dichte, Ausdehnung durch Wärme, spezifische Wärme, Wärmeleitungsvermögen, Schmelzpunkt, Siedepunkt, Erstarrungspunkt usw., nach den allgemeinen, in jedem Lehrbuch der Physik verzeichneten Bestimmungsmethoden ermittelt werden und für die Verwendung der verschiedenen Stoffe als Werkstoffe keine wesentliche Bedeutung haben, insofern als beispielsweise leicht schmelzbare Metalle sich von vornherein nicht zur Verwendung bei höheren Temperaturen eignen, oder Stoffe mit hohem Wärmeleitungsvermögen nicht als Isoliermaterial Anwendung finden können, so haben gewisse andere Eigenschaften, wie beispielsweise Festigkeit, Formänderungsvermögen, Härte, Zähigkeit, großes Interesse für den Apparatebauer und ist ihre Bestimmung eine der hauptsächlichsten Aufgaben der Werkstoffprüfung. Unter Festigkeit versteht man den Widerstand, den ein Stoff der Trennung seiner einzelnen Teile entgegensetzt. Die Festigkeit ist um so größer, je größer die zur Trennung seiner Teile notwendige Kraft ist. Die Einwirkung dieser Kraft kann verschieden sein. Sie kann den Körper zu zerreißen, zerdrücken oder knicken, zu biegen, scheren oder zu verdrehen bestrebt sein. Danach spricht man von Zugfestigkeit, Druckfestigkeit, Knick-, Biege-, Scher- und Verdrehungsfestigkeit. Die Kraft kann allmählich zu- oder abnehmen, in welchem Falle man von einer statischen Festigkeit spricht. Sie kann auch stoßweise auftreten. Diese Einwirkung bezeichnet man als dynamische. Wenn man die Kraft mit häufiger Wiederholung einwirken läßt, wobei ihre Größe unterhalb der Kraft bleiben muß, die einen Bruch des Werkstoffs bewirkt, so spricht man von Dauerversuchen. Der Kraftaufwand bei der Prüfung wird gemessen nach Kilogrammen auf die Querschnittseinheit, also auf qcm oder qmm. Zur Prüfung der Festigkeit werden aus dem Werkstoff Proben von bestimmter Form, über die später noch gesprochen wird, hergestellt, wobei diese aus einem ganzen Stück durch kalte Bearbeitung entnommen werden müssen. Die Herstellung eines Probestücks beispielsweise durch Schmieden ist ausgeschlossen, da durch diese Behandlung bereits eine Änderung der Festigkeitseigenschaften hervorgerufen wird. Die Belastung, die notwendig ist, um den Probekörper zu zerstören, gilt als dessen

Festigkeit. Sie wird bezeichnet mit dem Zeichen σ_B. Ein Stahl beispielsweise mit der Zerreißfestigkeit von 80 kg ist ein solcher, der zum Zerreißen auf den qmm eine Belastung von 80 kg, auf einen Rundstab von 20 mm Durchmesser oder 314 qmm Querschnitt also eine Belastung von $80 \cdot 314 = 25\,120$ kg erfordert. Die auf die Werkstoffe einwirkenden äußeren Kräfte rufen Änderungen ihrer Form hervor. Sie können vorübergehend oder bleibend sein. In ersterem Falle erhalten die Körper nach Aufhören der Krafteinwirkung ihre alte Form wieder, in letzterem Falle gehen die Körper nicht in die ursprüngliche Form zurück. Eine vorübergehende oder elastische Formänderung tritt nur bei solchen Körpern auf, die Elastizität besitzen. Weiche Metalle, wie Blei, plastische Körper, wie Ton, haben solche Elastizität nicht. Aber auch bei elastischen Körpern hat diese Fähigkeit eine Grenze, oberhalb welcher die auftretenden Formänderungen bleibend sind. Die Bestimmung dieser Elastizitätsgrenze verursacht aber experimentelle Schwierigkeiten und wird daher bei der Materialprüfung nicht oft ausgeführt. Leicht zu ermitteln ist hingegen die sogenannte Proportionalitätsgrenze, d. i. diejenige Belastung, bis zu welcher die Formänderung der Steigerung der Belastung proportional ist: gleiche Vermehrung der Belastung ruft gleiche Zunahme der Formänderung hervor. Praktisch fällt diese Grenze mit der Elastizitätsgrenze beinahe zusammen. Oberhalb dieser Grenze bewirken gleichmäßig steigende Belastungen ungleichmäßige, zumeist größere Formänderungen. Die Belastungsgrenze, bei der diese große bleibende Formveränderung erfolgt, heißt beim Zugversuch Fließ- oder Streckgrenze, beim Druckversuch Quetschgrenze, beim Biegeversuch Biegegrenze, beim Torsionsversuch Verdrehungsgrenze usw. Äußerlich ist diese Grenze kenntlich durch gewisse Oberflächenveränderungen der Probekörper.

Der Zugversuch. Als Probekörper für den Zugversuch wird von allen öffentlichen und demzufolge auch bei den privaten Prüfungsstellen der Normalstab verwendet, der 20 mm Schaftdurchmesser und 200 mm Meßlänge besitzt (Fig. 1). Bei Blechen verwendet man den Normal-Flachstab, der die ursprüngliche Dicke des Blechs und eine solche Breite hat, daß sich das Verhältnis Dicke zu Breite etwa wie 1 : 1 bis 1 : 5 bewegt (Fig. 2). Unter Meßlänge versteht man eine auf dem Stabschaft durch Marken abgegrenzte Strecke, an welcher die Formänderungen gemessen werden. Letztere bestehen beim Zugversuch in einer Längenvergrößerung und Querschnittsverminderung. Bei der Belastung durch eine Kraft P erleidet bei gleichmäßiger Einwirkung der Kraft auf die gesamte Querschnittsfläche die Flächeneinheit eine Zugwirkung, die durch die Formel $\sigma = \dfrac{P}{f}$ wiedergegeben wird, worin f die Querschnittsfläche in qcm ausdrückt. Diese Zugwirkung σ wird auch mit Spannung bezeichnet, und demgemäß bedeutet

$$\sigma_P \text{ die Spannung an der Proportionalitätsgrenze,}$$
$$\sigma_S \text{ ,, \quad ,, \quad ,, \quad ,, Streckgrenze,}$$
$$\sigma_B \text{ ,, \quad ,, \quad ,, \quad ,, Bruchgrenze,}$$
$$\sigma_Z \text{ ,, \quad ,, \quad ,, \quad ,, Zerreißgrenze.}$$

Als Fläche f gilt die vor dem Versuch festgestellte Querschnittsfläche. Die Längenänderung, bezogen auf die Längeneinheit, bezeichnet man als Dehnung und gibt ihr das Zeichen $\varepsilon = \dfrac{l_1 - l}{l}$, worin l die ursprüngliche Länge, l_1 die Länge nach einer gewissen Belastung bezeichnet, eine Differenz, der man auch das Zeichen λ gibt. Ebenso wie die Spannungen σ versieht man auch die Dehnungen ε mit erklärenden Zusatzzeichen:

ε_P die Dehnung an der Proportionalitätsgrenze,
ε_S ,, ,, ,, ,, Fließgrenze,
ε_B ,, ,, ,, ,, Bruchgrenze,
ε_Z ,, ,, ,, ,, Zerreißgrenze.

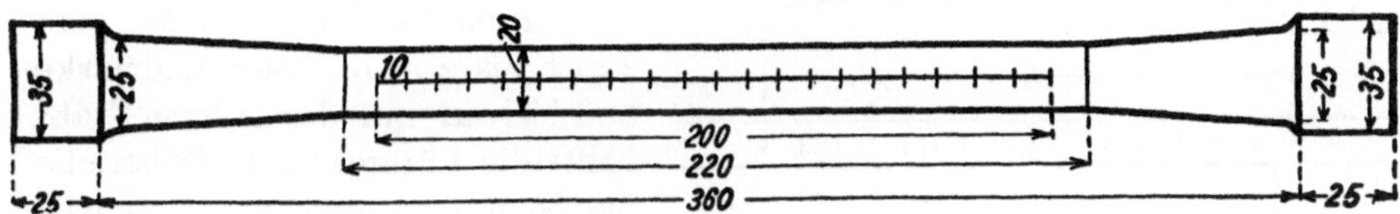

Fig. 1. Normalstab.

Die Dehnung ε allgemein bei der Spannung σ wird als Dehnungszahl α bezeichnet:

$$\alpha = \frac{\varepsilon}{\sigma}.$$

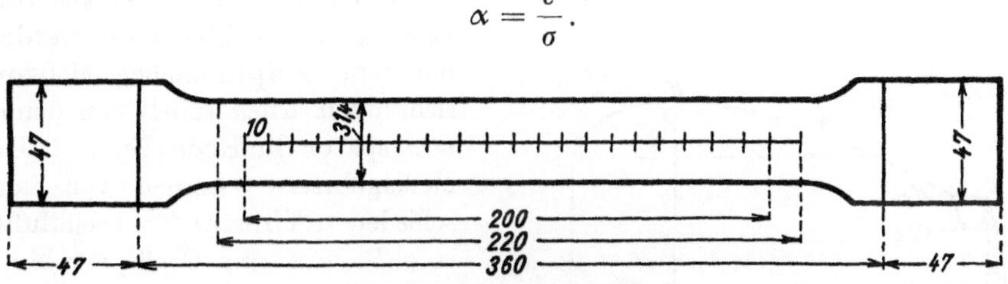

Fig. 2. Normalflachstab.

Der reziproke Wert von α ist der sogenannte Elastizitätsmodul, d. i. die Belastung pro Querschnittseinheit, die erforderlich wäre, um einen Stab auf seine doppelte Länge zu dehnen. Diese Zahl, eine rein theoretische Größe, die praktisch nicht erreicht werden kann, ist naturgemäß sehr groß. Sie beträgt beispielsweise für schmiedbares Eisen 2 000 000.

Die Messung der Längendehnung erfolgt zumeist nur nach Abschluß des Zerreißversuches. Zu diesem Zweck wird vor dem Versuch die Meßlänge auf dem Schaft des Versuchsstabes durch Ritzen oder Körnen aufgetragen und nach dem Bruch von jeder Endmarke bis zur Bruchkante gemessen. Auf diese Weise bekommt man zwar die Bruchdehnung, die in Prozenten angegeben wird. Die so ermittelte Zahl ist aber abhängig von der Lage der Bruchstelle und eigentlich nur zulässig, wenn die Bruchstelle in der Mitte liegt, was in den seltensten Fällen vorkommt. In diesem Falle erhält man einen Höchstwert, während bei anderer Lage der Bruchstelle geringere Dehnungen ermittelt werden. Einwandfrei wird die Messung, wenn man den ganzen Stab durch Einritzen von Strichmarken in 20 Teile von je 1 cm unterteilt und nach dem Bruch die Länge der einzelnen Teile mißt. Man erhält dann, wenn die Bruchstelle in der Mitte liegt, Werte, die graphisch aufgetragen das Bild Fig. 3 ergeben. Darin ist die Meßlänge als Abscisse, die Dehnungen der einzelnen Teile als Ordinaten aufgetragen. Als Bruchdehnung gilt die mittlere Ordinatenhöhe der begrenzten Fläche. Die Dehnung der Stabteile verläuft, wie aus der Kurve ersichtlich, symmetrisch beiderseits der Bruchstelle. Ist letztere aber außerhalb der Mitte, so wird man zunächst die Strecke vom Bruch bis zur nächsten Endmarke und hierauf auf der anderen Stabhälfte die Länge der 10 Teilstriche messen und schließlich die fehlenden Teilstriche auf dem kürzeren

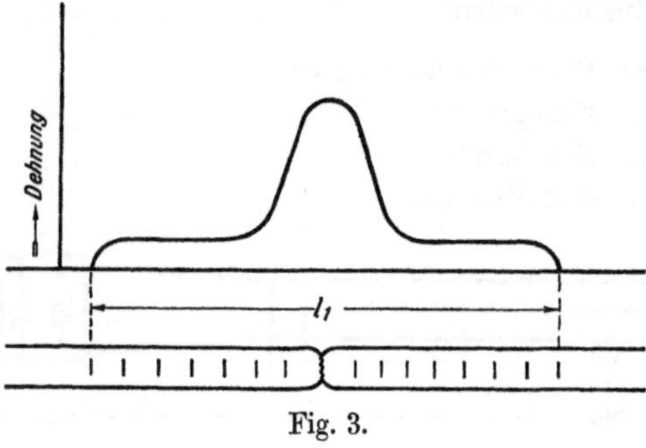

Fig. 3.

Stabteil auftragen, so daß man dann auf beiden Teilen 10 Teilstriche messen kann. — Wenn man die elastischen Eigenschaften des zu prüfenden Werkstoffs ermitteln, die Proportionalitätsgrenze feststellen oder die Dehnungszahl α bestimmen will, dann muß man auch während des Versuches Messungen vornehmen. Diese Messungen werden mit sehr empfindlichen Meßvorrichtungen ausgeführt, von denen noch später die Rede sein wird. Die Meßergebnisse werden von verschiedenen Umständen beeinflußt, so z. B. von der Größe der Meßlänge. Es ist durch Versuche nachgewiesen, daß die Dehnung bei der halben Meßlänge (10 cm) um etwa 25%, bei der Viertelmeßlänge (5 cm) um etwa 60% höher gemessen wird als bei den normalen Meßlängen. Auch die Querschnittsgröße muß in

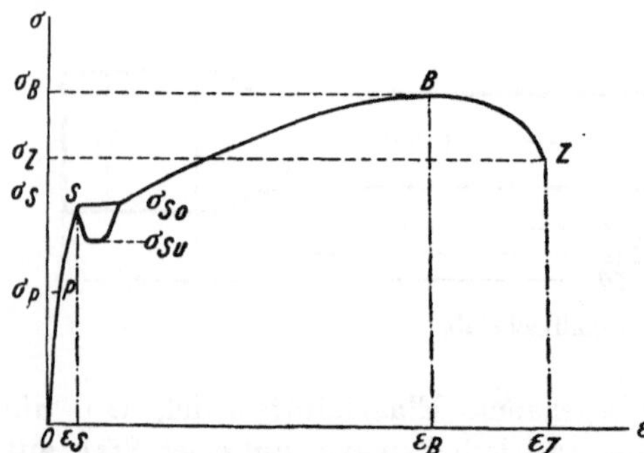

Fig. 4. Verlauf des Zugversuches mit weichem Flußeisen.

einem bestimmten Verhältnis zur Meßlänge stehen, und zwar müssen die Meßlängen sich verhalten wie die Wurzeln aus den Stabquerschnitten, oder die Abmessungen der Probestäbe müssen so bemessen werden, daß sie dem Ähnlichkeitsgesetz Rechnung tragen. — Der Verlauf der Dehnung während eines ganzen Zugversuches ist aus Fig. 4 ersichtlich. Auf dieser Darstellung, die für weiches Flußeisen ermittelt ist, ist die einwirkende Kraft als Ordinate, die beobachtete Dehnung als Abscisse aufgetragen. Bis zum Punkte P wächst die Dehnung für jede Lastvermehrung um den gleichen Betrag, von da ab erfolgt der Zuwachs der Dehnung nicht mehr proportional. Der Punkt P

ist daher die Proportionalitätsgrenze. Beim Punkte S bekommt die bis dahin stetige Kurve einen Knick und verläuft von da ab in nahezu horizontaler Richtung. Der Punkt S bezeichnet also die sogenannte Streckgrenze. Die Dehnungskurve steigt sodann langsam an bis zum Punkte B, der die Höchstbelastung darstellt. Von da geht die Kurve abwärts, was darauf hinweist, daß die Belastung zurückgeht und trotzdem weitere Dehnung eintritt. Der Stab schnürt sich an der schwächsten Stelle ein und reißt bei der Belastung, die durch den Punkt Z bezeichnet ist. Im Verlaufe des Zugversuches tritt also beim weichen Flußeisen zweimal der Fall ein, daß die Dehnung ohne Spannungssteigerung erfolgt. Beim Gußeisen verläuft die Kurve (Fig. 5) wesentlich anders. Die Dehnung ist hier so gering, daß man sie kaum feststellen kann. Eine Einschnürung tritt vor dem

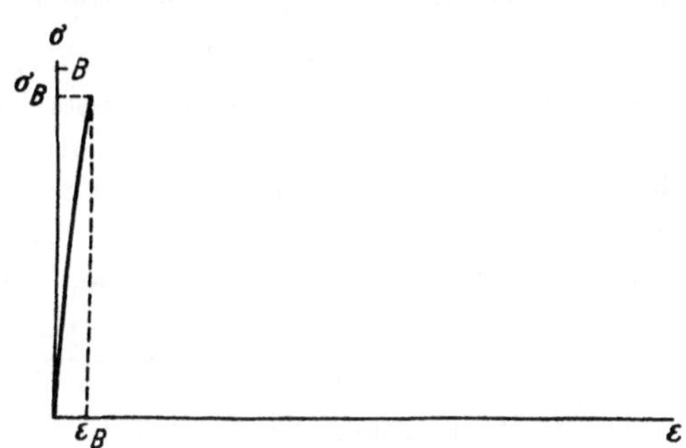

Fig. 5. Zugversuch mit Gußeisen.

Bruch nicht ein. Bei Kupfer verläuft die Linie beispielsweise wie Fig. 6, doch gilt diese nicht allgemein für Kupfer, sondern nur für ein bestimmt behandeltes Metall. Hier bereitet die Feststellung der P- und S-Grenze Schwierigkeiten, da der Übergang allmäh-lich verläuft. — Die Bruch-flächen sind in den selten-sten Fällen eben. Es zeigt sich vielmehr sehr häufig an dem einen Ende eine Trichterbildung, der an dem anderen Ende eine Kegel- oder Pyramiden-bildung entspricht. Zähes Material zieht sich zur Spitze aus, hartes zeigt ebene Bruchflächen. Auf Beschreibung der Bruch-

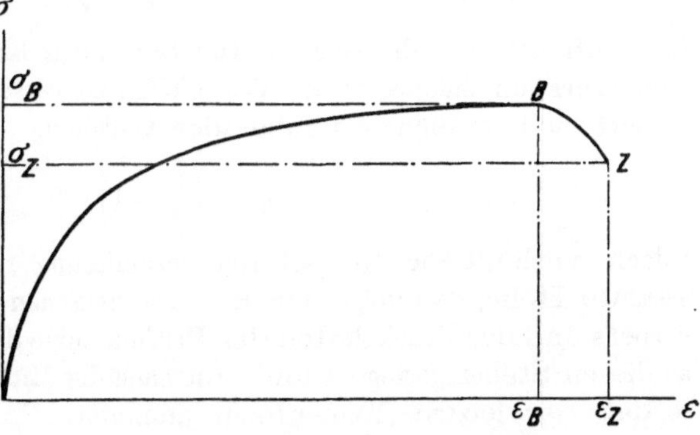

Fig. 6. Zugversuch mit Kupfer.

flächen, insbesondere auf die Art des Gefüges, ist großer Wert zu legen. Letzteres kann körnig, schuppig, sehnig, blätterig, faserig oder krystallinisch sein. Manche Werkstoffe zeigen überhaupt keine Gefügeform.

Bei vielen Werkstoffen, wie Leder, Geweben, Seilen, lassen sich genaue Bestimmungen der Festigkeit, d. h. der Bruchlast auf die Querschnitts-einheit infolge der Schwierigkeit der Querschnittsmessung nicht ausführen. Man berechnet daher aus der Bruchlast P in kg und dem Gewicht g von 1 m des geprüften Stückes die sogenannte Reißlänge $\Re = \dfrac{P}{g}$, welcher Wert die

Länge des Seiles oder Riemens darstellt, die, wenn sie an einem Ende aufgehängt wird, unter dem eigenen Gewicht abreißen würde.

Druckversuch. Wenn äußere Kräfte auf den Probekörper im entgegengesetzten Sinne einwirken als beim Zugversuch, dann erfährt er eine Druckbeanspruchung. Die Druckkraft erzeugt eine über dem Querschnitt gleichmäßig verteilte Druckspannung, die man durch die Gleichung $\sigma = \dfrac{P}{f}$ in kg/qcm wiedergeben kann. Als Probekörper verwendet man entweder Zylinder, deren Höhe gleich dem Durchmessser ist, oder Würfel. Ist die Höhe beim Zylinder wesentlich größer als der Durchmesser, so kann zu der Druckwirkung Knickwirkung hinzukommen. Die Formänderung beim Druckversuch besteht in einer Höhenverminderung und Querschnittsvergrößerung. Die erstere berechnet sich ähnlich wie beim Zugversuch

$$\varepsilon = \frac{1 - 1_1}{1},$$

wobei 1 die ursprüngliche Höhe, 1_1 die Höhe nach dem Druckversuch darstellt. Die Dehnungszahl für Druck ist

$$\alpha = \frac{\varepsilon}{\sigma}$$

und der Elastizitätsmodul

$$E = \frac{1}{\alpha} = \frac{\sigma}{\varepsilon}.$$

Es empfiehlt sich, die Zeichen für Spannung, Kraft, Längenänderung beim Druckversuch mit negativen Vorzeichen zu versehen. Der Querschnitt vergrößert sich im Sinne der folgenden Gleichung

$$q = \left(\frac{f_1}{f} - 1\right) 100,$$

jedoch verläuft die Querschnittsveränderung nicht gleichmäßig über die gesamte Höhe, da infolge der Reibung zwischen den Endflächen des Probekörpers und den Druckplatten der Prüfmaschine die Querschnittsvergrößerung an diesen Stellen gering ist und erst nach der Mitte des Körpers hin zunimmt, so daß der letztere Tonnenform annimmt. Proportionale Längenveränderungen treten beim Zusammendrücken solcher Stoffe auf, die auch beim Zugversuch Proportionalität zwischen der einwirkenden Kraft und der Dehnung aufweisen. Auch beim Druckversuch verliert sich oberhalb einer gewissen Grenze diese Proportionalität, desgleichen tritt bei weiterer Belastung ein dem Fließen beim Zugversuch ähnlicher Zustand ein. Der Punkt, bei dem das Fließen beobachtet wird, wird als Quetschgrenze bezeichnet. Bei Überschreitung dieser Grenze treten Veränderungen des Oberflächenaussehens ein. Der Bruch tritt beim Druckversuch bei weichen Werkstoffen und Anwendung der normalen Maschinen nicht ein, weshalb man sich mit der Bestimmung der Quetschgrenze oder mit der Feststellung des Verlaufes der Formänderungen innerhalb gewisser Belastungsgrenzen begnügt. Harte

Gegenstände, Steine, Gußeisen, zerbrechen ohne große Formveränderung. Beim Bruch treten Druckkegel bzw. Druckpyramiden auf, die viel ausgeprägter sind als beim Zugversuch. Der Verlauf eines Druckversuches ist aus Fig. 7 ersichtlich. Wichtig ist beim Druckversuch die Einspannung des Probekörpers, die meist so bewerkstelligt wird, daß die eine der Druckplatten als Kugellager ausgebildet wird, damit die Endflächen unter allen Umständen parallel bleiben.

Knickversuch. Wie bereits erwähnt, tritt ein Knicken beim Druckversuch auf, wenn die Probekörper verhältnismäßig lang sind. Für gewisse Zwecke werden auch Werkstoffe auf Knickung geprüft, jedoch wendet man diese Prüfung meistenteils für Konstruktionsteile an.

Biegeversuch. Dieser Versuch wird so ausgeführt, daß man einen Balken an zwei Enden unterstützt und in der Mitte eine Kraft angreifen läßt. Die Proben erhalten prismatische Form von quadratischem oder rechteckigem Querschnitt. Die Stützweite wählt man gewöhnlich zu etwa

$$l = 40 \cdot \sqrt{f}.$$

Gemessen wird die Belastung, bezogen auf die Querschnittseinheit und die Durchbiegung der sogenannten neutralen Faser. Diese Bezeichnung rührt daher, daß auf der einen Seite des Probekörpers Zugspannungen, auf der entgegengesetzten Seite Druckspannungen eintreten, die an den Außenseiten am

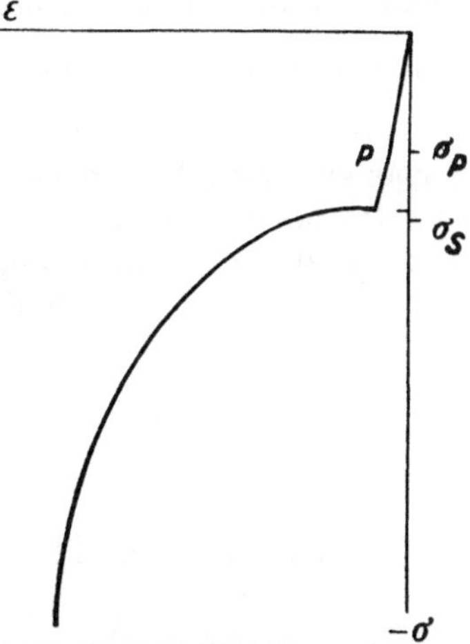

Fig. 7. Verlauf des Druckversuches (Flußeisen).

größten sind und nach dem Innern des Körpers immer mehr abnehmen, bis in der Mittel- oder Schwerpunktsachse diese Spannungen 0 werden. Die Durchbiegung ist zunächst proportional der Biegespannung, dann tritt bei einer gewissen Belastung Fließen ein (Biegegrenze). Sodann nehmen die Durchbiegungen schnell zu. Bei weichem Material ist mit dem Erreichen der Biegegrenze der Versuch beendet, da solche Proben sich selten bis zum Bruch biegen lassen. Harte Materialien brechen hingegen ohne größere Durchbiegung. Der Quotient δ_b/l, d. i. die Durchbiegung für die Längeneinheit der Stützweite, wird als Biegepfeil bezeichnet. Der Biegepfeil für die Spannungseinheit, also

$$\frac{\delta_b/l}{\sigma}$$

wird als Biegungsgröße bezeichnet.

Drehversuch. Werkstoffe, die zu Wellen verarbeitet werden, werden häufig auf Verdrehungs- oder Torsionsfestigkeit geprüft. Für solche Zwecke wird die Werkstoffprobe in zylindrischer Form hergestellt bzw. der fertige Maschinenteil als Probe verwendet. Die beiden Enden werden in geeigneten

Einspannköpfen befestigt und auf der Torsionsmaschine ein Kopf durch mechanischen Antrieb in der Ebene senkrecht zur Probenachse verdreht. Das ausgeübte Drehmoment wird berechnet aus der Länge des Hebels r und der angezeigten Kraft P:

$$M_d = Pr.$$

Die in der Probe entstehende Torsionsspannung ist

$$\sigma_t = \frac{M_d}{W_d},$$

worin W_d das Widerstandsmoment der Probe auf Verdrehung ist. Bei Stäben vom Durchmesser α beträgt $W_d = \frac{\pi}{16} d^3$. Die Messung der Formänderung ergibt für die Werkstoffe, die beim Zugversuch Proportionalität zeigen, auch beim Torsionsversuch Proportionalität und auch eine **Proportionalitätsgrenze.** Die Fließgrenze heißt hier Verdrehungsgrenze. Bis zu letzterer werden die Versuche durchgeführt.

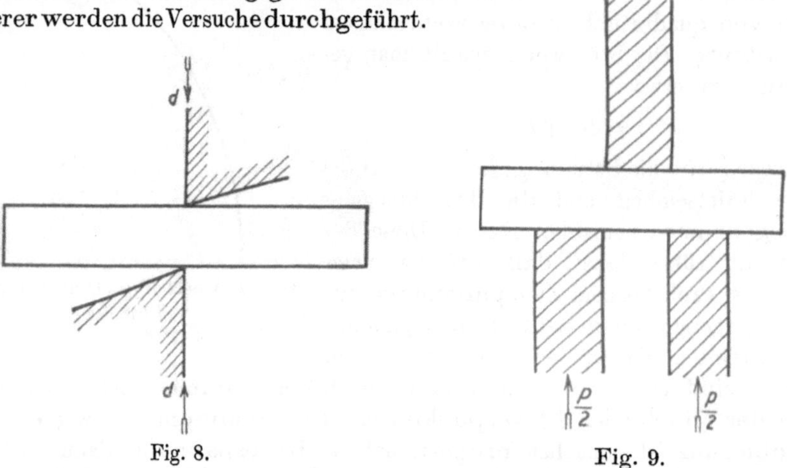

Fig. 8.   Fig. 9.

Zwischen der Verdrehung und der Drehbeanspruchung besteht eine ähnliche Beziehung wie beim Zugversuch zwischen Dehnung und Zugspannung. Aus dem Drehmoment und dem Verdrehungswinkel errechnet man den sog. Gleitmodul, der nach *Bach* 0,385 des Elastizitätsmoduls beim Zugversuch beträgt. Der reziproke Wert des Gleitmoduls wird als Schubzahl bezeichnet und entspricht der Dehnungszahl α.

Scherversuch. Zweck des Scherversuches ist die Bestimmung des Widerstandes, den ein Körper dem Verschieben zweier ebener Querschnitte gegeneinander senkrecht zu seiner Achse entgegensetzt. Der Versuch kann entweder einschnittig (Fig. 8) oder zweischnittig (Fig. 9) ausgeführt werden, je nachdem, ob die Probe in einem oder in zwei Querschnitten durchschoren wird. Wenn P die angewandte Kraft und f den Querschnitt bedeutet, dann ist die Scherspannung

$$\frac{\sigma}{S} = \frac{P}{f} \quad \text{bzw.} \quad \frac{P}{2f},$$

je nachdem, ob der Versuch einschnittig oder zweischnittig ausgeführt wird. Der zweckmäßigste Apparat zur Feststellung der Scherfestigkeit ist der von *Martens* (Fig. 10). Die Probenenden werden allseitig in feste Backen *a* eingespannt, zwischen denen mit möglichst wenig Spiel ein Schieber *b* heruntergedrückt wird, dessen Bohrung genau zur Probe paßt. Als Probekörper verwendet man Zylinder, deren Länge gleich der oder größer als die dreifache Scherbackendicke gemacht wird. Beim Lochen von Blechen handelt es sich ebenfalls um die Scherfestigkeit, doch ist die Beanspruchung anders als beim Scherversuch, indem die Schnittfläche keine ebene, sondern eine zylindrische ist. Auch für diese Prüfung hat *Martens* einen eigenen Apparat gebaut.

Dynamische Versuche. Wenn bei den Festigkeitsprüfungen die Kräfte nicht allmählich und stoßfrei, sondern stoß- oder schlagweise einwirken, dann zeigen die Werkstoffe ein anderes Verhalten, insbesondere wird ihr Formänderungsvermögen sehr zurückgedrängt, sie erweisen sich als viel spröder, als man nach dem Ergebnis der statischen Versuche eigentlich annehmen müßte, so daß die Übertragung der bei statischer Prüfung festgestellten Eigenschaftsänderungen auf den Fall dynamischer Beanspruchung nicht zulässig ist. Von den Festigkeitsprüfungen werden zumeist nur die Druck- und Biegeversuche mit dynamischer Krafteinwirkung ausgeführt. Die ersteren heißen dann Stauch-, die letzteren Schlagbiegeversuche. Zerreißversuche werden nicht oder nur selten mit stoßweise auftretenden Kräften durchgeführt. Für die Stauchversuche werden die Probekörper ebenso gewählt wie die für den Druckversuch. Hier wird die Höhenverminderung unter der Einwirkung einer bestimmten Schlagarbeit festgestellt bzw. die Schlagarbeit gemessen, bei der der Probekörper zertrümmert wird. Die Widerstandsfähigkeit wird beurteilt auf Grund der Schlagarbeit, die auf die Raumeinheit des Probekörpers bezogen und als spezifische Schlagarbeit bezeichnet wird.

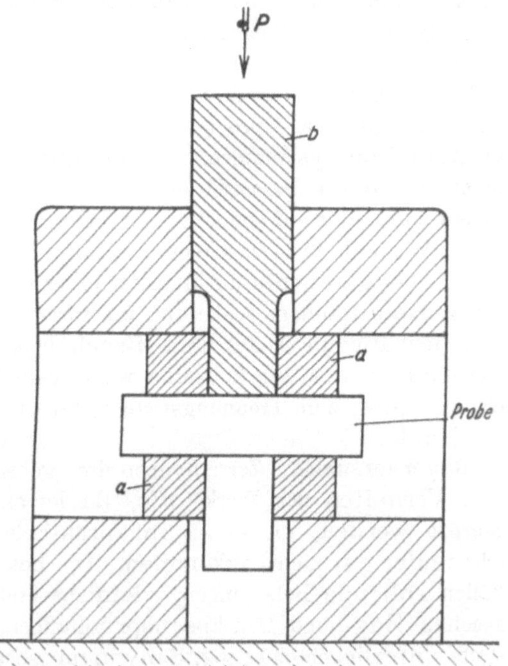

Fig. 10.

$$a = \frac{A}{i}.$$

$A = H \cdot G$, worin H die Fallhöhe, G das Bärgewicht bezeichnet und durch i der Inhalt der Probe in ccm angegeben wird. Bei den Stauchversuchen werden nur die bleibenden Formänderungen bestimmt, da die Bestimmung der elastischen Formänderungen mit Schwierigkeiten verbunden ist. Als Gütemaßstab ist durch *Martens* der sog. Stauchfaktor eingeführt worden, d. h. diejenige spezifische Schlagarbeit, die aufgewendet werden muß, um einen Probekörper von bestimmter Form gerade zu Bruch oder so weit zu bringen, daß die Höhenverminderung 80% beträgt. Die Schlagbiegeversuche werden entweder mit unverletzten Probestäben oder mit eingekerbten Proben vorgenommen. Besonders die letzte Probe, die sog. Kerbschlagprobe, ist zur Prüfung der Sprödigkeit oder Kerbzähigkeit eines Werkstoffs allgemein in Aufnahme gekommen. Ausgeführt wird diese entweder mit Pendelhämmern, deren Beschreibung bei der Behandlung der Prüfmaschinen Platz finden soll, oder auf einfache Art, indem die mit einem scharfen Kerb ($\frac{1}{2}$ mm Tiefe, Winkel 60°) versehenen Stäbe von 60 mm Länge, 6 mm Breite und 4 mm Dicke zwischen die Backen eines Schraubstockes eingespannt und mit einem Handhammer senkrecht zu ihrer Achse geschlagen werden. Die Anzahl der Biegungen bis zum Bruch heißt Biegezahl. Vor allem bildet die Kerbschlagprobe zur Zeit das wichtigste Prüfverfahren für Stahlsorten auf ihre Neigung zum Trennungsbruch, ferner auf die richtige Wärmebehandlung der Stähle.

Dauerversuche. Zerreißversuche geben nur ein unzulängliches Bild vom Verhalten der Werkstoffe, da letztere dabei unter Beanspruchungen geprüft werden, wie sie ja im praktischen Apparate- und Maschinenbau selten oder gar nicht vorkommen. Die Beanspruchungen sind nur in seltenen Fällen ruhende Belastungen, vielmehr ändern sie sich fortgesetzt zwischen gleichen Zug- und Druckbeanspruchungen, oder, wie man sagt, die Werkstoffe unterliegen einer sog. Schwingungsbeanspruchung. Aus diesem Grunde verlangt man die Ermittlung der Schwingungsfestigkeit, d. i. die Zahl von Anstrengungen mit geringer Belastung, die der Werkstoff aushält, bis er zerbricht. Der Bruch des Materials läßt sich durch diese Schwingungen herbeiführen, obwohl keine die absolute Bruchgrenze erreicht. Man bezeichnet diese Eigenschaft als eine „Ermüdung" der Werkstoffe. Diese Prüfungen haben einen großen praktischen Wert, da bei ihnen die Spannung ermittelt wird, die das Material verträgt, ohne durch eine so große Zahl von Beanspruchungen, wie sie auch bei der späteren Verwendung des Werkstoffs im Betrieb nicht mehr in Frage kommen kann, zu Bruch zu gehen. Diese Spannung heißt Arbeitsfestigkeit und wird mit dem Zeichen σ_N bezeichnet. Sie liegt bedeutend tiefer als die eigentliche Bruchfestigkeit. Während die Ermittlung der Schwingungsfestigkeit bisher wegen des außerordentlich hohen Zeitbedarfs nicht allgemein durchführbar war, so sind neuerdings Prüfmaschinen und Verfahren ausgearbeitet worden, mit denen die Schwingungsfestigkeit der Werkstoffe unter geringem Zeitaufwand ermittelt werden kann.

Solche Maschinen sind als Dauerbiegemaschinen, als Zug-Druck-Maschinen und als Torsionsmaschinen gebaut worden. Die vom Werkstoff beim dynamischen Lastwechselvorgang verbrauchte Arbeit wird unmittelbar elektrisch gemessen und in Abhängigkeit von der Beanspruchung aufgetragen.

Technologische Proben. Bei diesen Prüfungen will man die in Wirklichkeit auftretenden Beanspruchungen der Werkstoffe möglichst gut nachbilden, um dann aus dem Verhalten der Proben Schlüsse auf ihre Eignung für den besonderen Verwendungszweck ziehen zu können. Bei diesen Proben werden die einwirkenden Kräfte nicht gemessen. Man beurteilt hingegen die Formänderungen, die dabei auftreten. Da diese Prüfungen nicht nach allgemeingültigen Vorschriften vorgenommen werden, so sind die an verschiedenen Stellen gefundenen Ergebnisse nicht ohne weiteres miteinander vergleichbar. Bei einzelnen Interessentengruppen sind allerdings Prüfungsvorschriften ausgearbeitet worden, nach denen dort gearbeitet wird, so beispielsweise beim Verband Deutscher Eisenhüttenleute, bei der deutschen Marine u. a. Bei Ausführung solcher Proben, die unter Umständen auch in jedem Betrieb vorgenommen werden können, tut man gut, sich irgendwelchen dieser Vorschriften anzuschließen. Die wichtigsten dieser Proben sind die Biegeprobe, die Schmiedeproben, die Prüfung auf Bearbeitbarkeit mit spanabhebenden Werkzeugen, die Verwindeprobe, Wasserdruckprobe usw. Die Biegeproben werden an prismatischen Stäben von quadratischem, rechteckigem oder rundem Querschnitt so ausgeführt, daß dieselben über einen Dorn, eine Rolle von bestimmtem Durchmesser oder über eine Kante mit bestimmtem Radius mit geeigneten Werkzeugen oder maschinellen Vorrichtungen so gebogen werden, daß ihre beiden Schenkel schließlich ganz zusammengedrückt sind. Es wird beobachtet, ob der Werkstoff an der auf Zug beanspruchten Seite Querrisse bekommt, und der Winkel festgestellt, bei dem zuerst Risse auftreten. Auch die Biegegröße ist zuweilen als Gütemaßstab gebräuchlich. Sie entspricht dem Quotienten $Bg = \dfrac{50\,a}{\varrho}$, wenn unter a die Dicke der Probe und unter ϱ der Biegungshalbmesser der neutralen Phase verstanden wird. Da der letztere schwer zu bestimmen ist, so mißt man am besten mit einer Radienlehre den äußeren Biegungshalbmesser und berechnet daraus den Biegungshalbmesser der neutralen Phase nach der Formel $\varrho = r - \dfrac{a}{2}$. Die Biegeproben werden nicht nur bei gewöhnlicher Temperatur (Kaltbiegeproben), sondern auch bei höherer Temperatur zum Studium des Verhaltens der Metalle bei Bearbeitung in warmem Zustande ausgeführt. Diese Prüfungen werden ferner angestellt mit Versuchsstücken in unverletztem Zustand und mit solchen, die eingekerbt oder gelocht sind. Eine fernere Variante ist die Abschreckbiegeprobe, bei der das Versuchsstück zunächst auf 750—800° erhitzt, in Wasser von 28° abgeschreckt und sodann gebogen wird.

Unter Schmiedeproben versteht man Prüfungen, die das Verhalten des Werkstoffs bei verschiedenen Bearbeitungsverfahren zeigen sollen. Bei der

Ausbreiteprobe wird der Grad der Hämmerbarkeit des Materials ermittelt: ein Flachstab wird mit der Hammerfinne so lange gestreckt, bis sich Risse zeigen. Das Verhältnis der Probenbreite bei der Rißbildung zur ursprünglichen Breite ist hier der Gütemaßstab. Bei der Stauchprobe werden zylindrische Probekörper, deren Länge etwa zwei Durchmesser beträgt, im rotwarmen Zustande so lange mit dem Hammer gestaucht, bis Mantelrisse beobachtet werden können. Die Lochprobe wird bei Blechen so ausgeführt, daß durch ein mit dem Lochhammer hergestelltes Loch ein konischer Dorn hindurchgeschlagen wird, was vom Werkstoff ohne Rißbildung vertragen werden muß. Ferner gehören auch hierher die Schweißversuche, die man so ausführt, daß die Enden von 2 Stäben in Schweißhitze zusammengeschweißt werden. Die Festigkeit der Schweißung wird im Verhältnis zu der des nicht geschweißten Materials ermittelt. Die Bearbeitbarkeit mit spanabhebenden Werkzeugen wird mit Hilfe von Drehbänken und Bohrmaschinen geprüft. Hierbei werden festgestellt die in einer gewissen Zeit erzielte Spanmenge, die für die Spanabhebung in Frage kommenden Kräfte, die Spanstärke, das Oberflächenaussehen, so daß man auf diese Weise die wirtschaftlichste Bearbeitungsart ermitteln kann. Die Verwindeprobe wird hauptsächlich zur Prüfung von Drähten angewendet und so ausgeführt, daß das eine Ende des Drahtes fest eingespannt und vom anderen Ende her so lange um seine Längsachse gedreht wird, bis der Bruch eintritt. Die Anzahl der Drehungen um die Längsachse wird gezählt und ist der Gütemaßstab. — Rohre werden geprüft auf den Druck, den sie bis zum Aufreißen aushalten. Zu diesem Zweck werden sie beiderseitig abgeschlossen und Wasser durch das eine Ende hineingepumpt. Der Gütemaßstab ist der am Manometer abgelesene Wasserdruck.

Zu den technologischen Proben gehören auch die Abnützungsproben, für die besondere Vorrichtungen bei den einzelnen Werkstoffen, wie z. B. Geweben, Leder, Gummi usw., geschaffen wurden. Diese Vorrichtungen und Verfahren sollen später beschrieben werden.

Härte und Härteprüfung. So landläufig der Begriff der Härte ist, so ist es bisher doch nicht gelungen, eine einheitliche Eingrenzung dieses Begriffs zu finden. Nach v. *Lommel* (Lehrbuch der Experimentalphysik) heißt Härte der Widerstand, welchen ein Körper dem Ritzen seiner Oberfläche entgegensetzt. Nach dieser Definition hat *Mohs* eine sog. Härteskala aufgestellt, d. h. eine Reihe von Mineralien, in der jedes Mineral das vorhergehende ritzt und von den folgenden geritzt wird: 1. Talk; 2. Gips; 3. Kalkspat; 4. Flußspat; 5. Apatit; 6. Feldspat; 7. Quarz; 8. Topas; 9. Korund; 10. Diamant. Diese Skala, ergänzt um viele Zwischenglieder, ist in der folgenden Tabelle (Abb. 11) wiedergegeben.

Für Metalle hat sich diese Art der Härtebestimmung nicht bewährt, da einerseits die Härteabstufungen für die Metallindustrie viel zu roh sind, andererseits die Härte der Vergleichsmineralien nicht so gleichmäßig ist, wie es notwendig wäre. Man benutzt in der Metallhärtetechnik auch heute noch die Härteprüfung mit der Feile. Für diese Art der Prüfung ist ein aus einer Anzahl gehärteter Scheiben von verschiedener Härte und einer Anzahl besonders harter Prüffeilen bestehendes Gerät geschaffen worden. Der Härtegrad von Probestücken wird dann nach den Nummern dieser Scheiben zahlenmäßig angegeben. — Zur Ausführung des Ritzverfahrens bedient man sich aber auch des Verfahrens von *Martens*, das darauf beruht, daß ein Probekörper mit einem Diamanten unter verschiedenen Belastungen geritzt wird.

Die Ritzbreite der einzelnen Striche wird unter dem Mikroskop bemessen und aus Strichbreite und Belastung der Vergleichsmaßstab gebildet. Beispielsweise soll als Härtemaß diejenige Belastung des Diamanten in Grammen gelten, bei der eine Strichbreite von 0,01 mm erzeugt wird.

Es werden aber auch andere Definitionen für die Härte gegeben. So z. B. wird sie als die Festigkeit erklärt, welche ein Körper einer Formänderung entgegensetzt, die der Berührung mit kreisrunder Druckfläche entspricht. Ferner wird die Proportionalität der Härte mit der Scherfestigkeit behauptet. Infolge dieser mannigfachen Erklärungen ist der für einen Körper angegebene Härtegrad nur zu verstehen, wenn das Meßverfahren, nach dem er bestimmt ist, gleichzeitig mit angegeben wird. Ein absolutes Maß der Härte gibt es nicht. Die weiteren Härtebestimmungsmethoden beruhen auf dem Eindringverfahren.

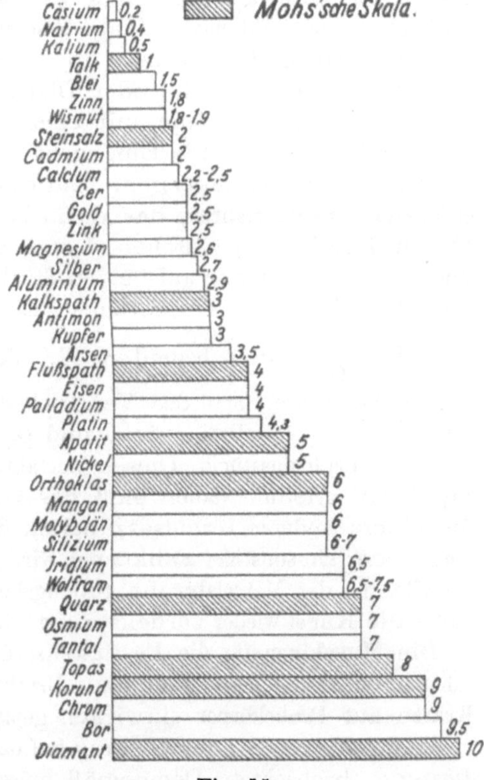

Fig. 11.

In die Technik hat sich vor allem das Verfahren von *Brinell* eingebürgert: eine Stahlkugel wird mit bestimmter Belastung in den zu prüfenden Körper eingedrückt und die Eindrucktiefe und der Durchmesser der Eindruckstelle gemessen. Die Brinellsche Härtezahl ist $H = \dfrac{P}{f_k}$ kg/mm². P ist die Druckbelastung, f_k die Oberfläche der durch den Eindruck gebildeten Kugelkalotte. Der Deutsche Verband für Metallprüfungen der Technik hat als Durchmesser D dieser Druckkugel 10 mm empfohlen und für dünnwandige Proben kleinere Kugeln vorgesehen. Als Druckbelastung für Eisen und Stahl 30 D², für Kupfer, Messing 10 D², als Belastungsdauer 30 Sekunden. Die Härte der Kugel selbst muß 450 kg/mm² betragen. Besonders hat zur Verbreitung dieser Härteprobe die Möglichkeit beigetragen, unter gewissen

Voraussetzungen aus den Härtezahlen die Zerreißfestigkeit in geschmiedeten Eisen und Stahlsorten, Bronzen und verschiedenen Aluminiumlegierungen annähernd berechnen zu können. Für Eisen und Stahl gilt beispielsweise die Formel $\sigma_z = 0{,}35\,H + 2$ kg/mm². Die Brinellsche Härteprobe, die sich als sehr brauchbares Mittel zur Härteprüfung erwiesen hat, hat viele Modifikationen erfahren. Viele Bauarten zur Ausführung der Probe sind vorgeschlagen worden, auf die hier aber nicht eingegangen werden kann. — An Stelle der Stahlkugel schlägt *Ludwik* einen Stahlkegel vor. — Für besonders harte Stähle hat man in Amerika den *Rockwell*-Härteprüfer konstruiert, bei dem ein Stahl- oder Diamantkegel zunächst mit einem geringen Druck von 10 kg und dann mit einem Druck von 100 kg in die Werkstoffprobe gedrückt wird. Die Eindrucktiefe unter der Hauptlast wird an einer Meßuhr unmittelbar abgelesen. Ein einfacheres Verfahren ist das sog. Vergleichshärteprüfverfahren, das darin besteht, daß man eine Prüfkugel von 10 mm Durchmesser zwischen das zu prüfende Stück und das Vergleichsstück preßt, so daß man auf beiden Stücken Kugeleindrücke erhält, aus denen man die Härte des Probestücks aus folgender Formel berechnen kann:

$$H_x = H_v \cdot \frac{O_v}{O_x}.$$

Hier bedeuten H_x die gesuchte Härte des Probestücks, H_v die bekannte Härte des Vergleichsstücks, O_x die Oberfläche des Kugeleindrucks auf das Probestück, und O_v die Oberfläche des Kugeleindrucks auf das Vergleichsstück. Dieses Verfahren läßt sich auf einem Schraubstock ausführen, erfordert daher bloß das Vergleichsstück von bekannter Härte. Auf einem anderen Grundsatz beruht das sog. Skleroskop von *Shore*: eine Kugel oder ein sonstiger Fallkörper wird aus bestimmter Höhe auf die polierte Oberfläche der Materialprobe fallengelassen und beobachtet, bis zu welcher Höhe die Kugel wieder zurückspringt. Letzere ist der Maßstab für die Härte.

Die Maschinen für die Festigkeitsprüfungen. Wie in den bisherigen Ausführungen besprochen, werden zur Ermittlung der Festigkeit von Werkstoffen Kräfte auf Probekörper einwirken gelassen und einerseits diese Kräfte gemessen, andererseits ihre Wirkung auf den Werkstoff, auch größtenteils durch Messung, beobachtet. Demgemäß müssen die Prüfmaschinen bestehen aus dem Krafterzeuger, aus der Kraftmessung und unabhängig davon aus Vorrichtungen zur Messung der Formänderungen. Die Proben selbst sind am Maschinengestell mit Hilfe besonderer Vorrichtungen befestigt. Meistens wirkt die Kraft auf eine dieser Vorrichtungen ein, während die andere mit dem Kraftmesser verbunden ist. Zur Krafterzeugung verwendet man entweder mechanischen oder hydraulischen Antrieb. Der erste erfolgt so, daß eine im Maschinengestell gelagerte Schraubenspindel von Hand oder mit Hilfe eines Motors gedreht wird, wodurch eine auf ihr befindliche Schraubenmutter verschoben wird. Mit letzterer sind die Einspannvorrichtungen verbunden, die die Kraftübertragung vermitteln. Beim hydraulischen Antrieb ist mit dem Maschinengestell ein auf einer Seite offener Hohlzylinder verbunden. In diesem wird durch eine Druckflüssigkeit ein Kolben bewegt, dessen Ende unter guter Abdichtung aus dem Zylinder herausragt und so die durch die

Spannkopfentfernung 0-700 mm
Maschine mit eingebautem Gehänge für Druck- u. Biegeversuche.
Stützweite = 600 mm max.
300

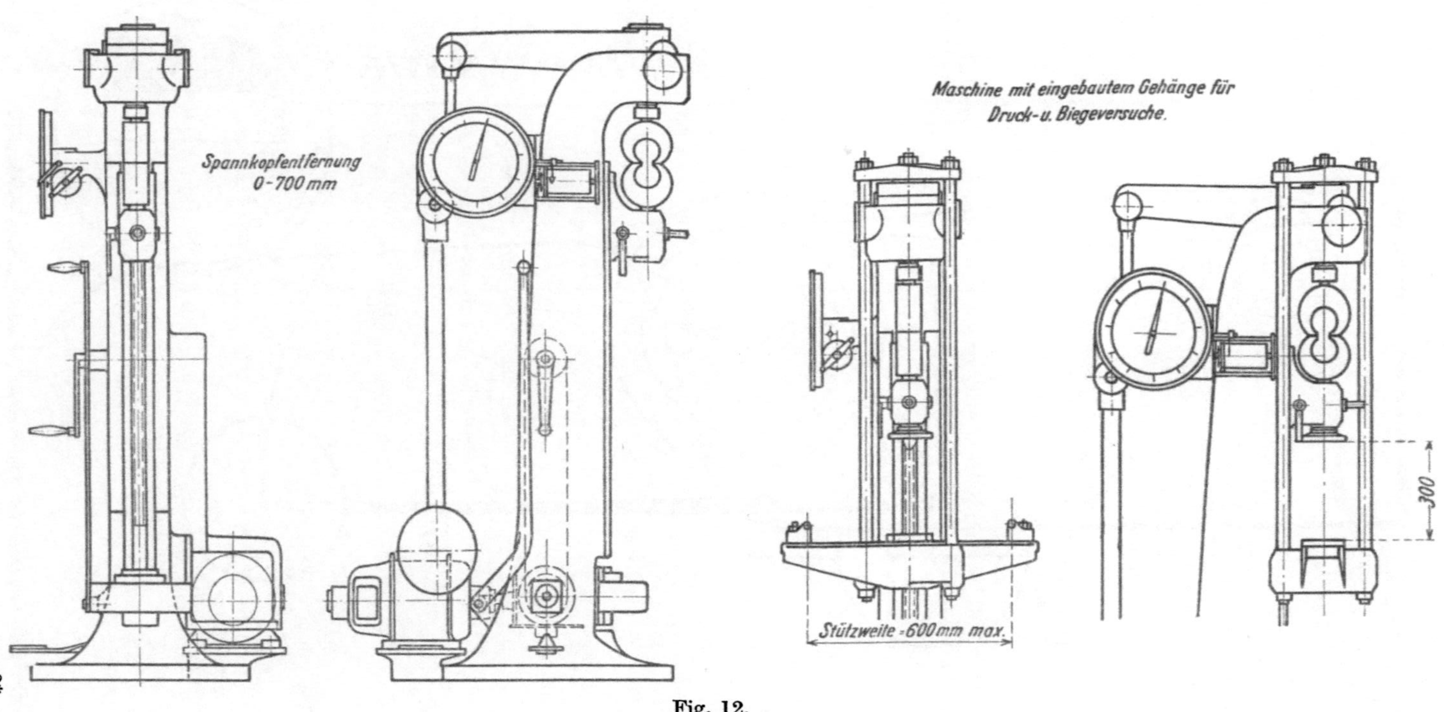

Fig. 12.

2*

Hebel-Drehpunkt
Hebelwaage
Kugellager
Motor, vor- u. rückwärts laufend.
2 Antriebs-Geschwindigkeiten
Auswechselbare Zifferblätter
Druck
Zug
Seilbremse (verhindert Rückfallen des Pendels)
Zug
Druck
Verschiebbare Pendelgewichte

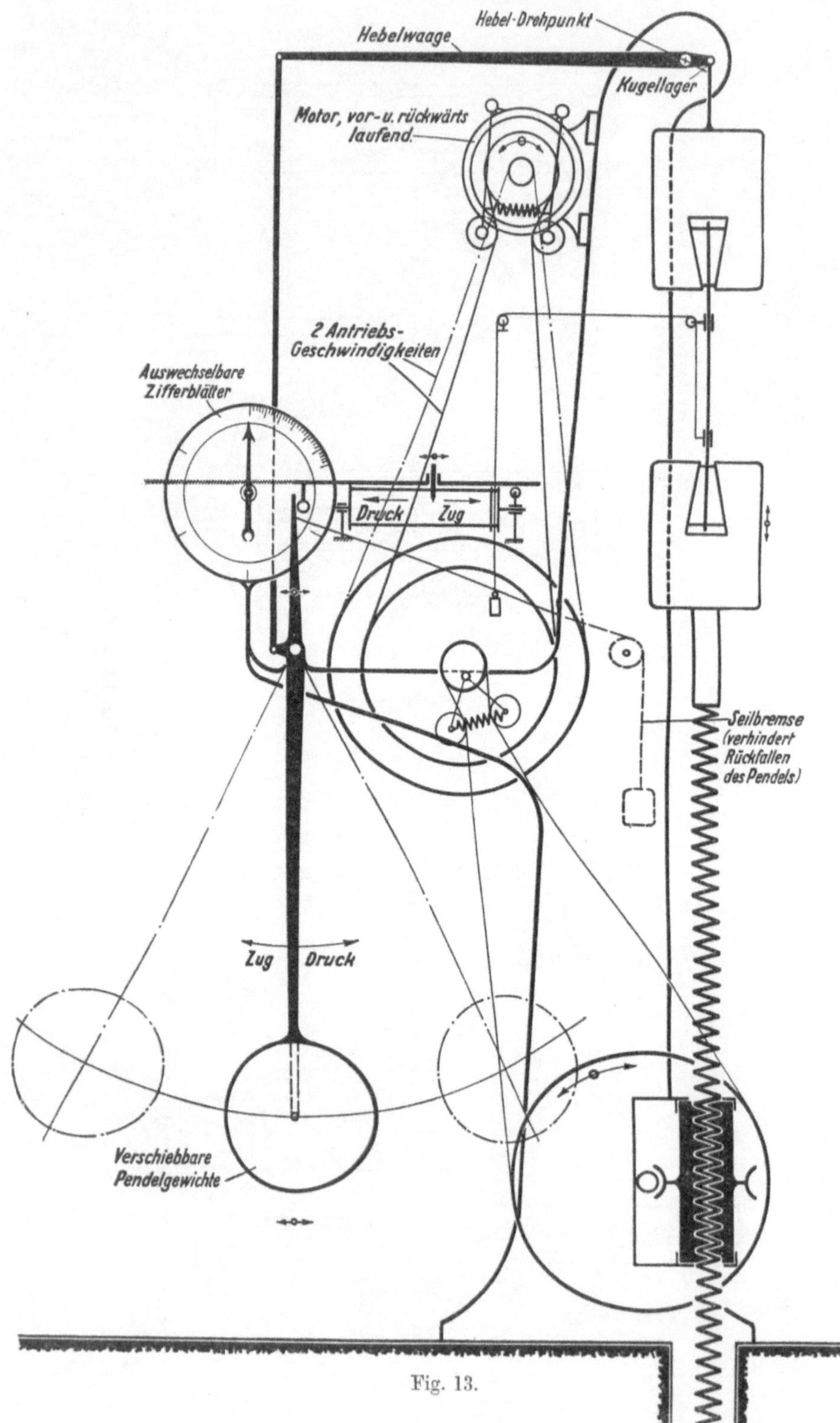

Fig. 13.

Flüssigkeit ausgeübte Kraft über die Einspannvorrichtung auf den Probekörper ausübt. Die Flüssigkeit wird mit Hilfe von Pumpen unter Druck gesetzt, die ihrerseits von Hand oder durch Motoren betätigt werden können. Da der Flüssigkeitsdruck p im Zylinder durch Manometer gemessen und somit die Kraft bei bekanntem Kolbenquerschnitt zu $P = p \cdot f$ rechnerisch ermittelt werden kann, so erscheint bei hydraulischem Antrieb zunächst eine besondere Kraftmessung überflüssig. Dies ist jedoch nicht der Fall, da diese Kraft nicht vollständig auf den Probekörper einwirkt, sondern von ihr der Leergangswiderstand abgezogen werden muß. Es ist somit auch bei solchem Antrieb eine besondere Kraftmessung erforderlich. Die einfachste geschieht durch Wägevorrichtungen. Hierfür kommen Hebelwaagen, Neigungswaagen und Federwaagen in Frage. Bei ersteren ist ein ungleicharmiger Waagehebel mittels Schneide in einer Pfanne drehbar gelagert. Am kurzen Hebelarm greift die Einspannvorrichtung des Probekörpers ein, am anderen Arm halten dort aufgelegte Gewichte dieser Kraft das Gleichgewicht. Die Kraft berechnet sich dann aus den aufgelegten Gewichten unter Berücksichtigung des Übersetzungsverhältnisses. Die Waagen können auch veränderliches Übersetzungsverhältnis haben, wenn sie mit einem verstellbaren Laufgewicht von gleichbleibender Größe versehen sind. Der Hebel mit dem Laufgewicht ist dann mit einer Skala versehen. Die Neigungswaagen wirken so, daß am Drehpunkt des ungleicharmigen Hebels ein belastetes Pendel drehbar gelagert ist. Die auf den kurzen Hebelarm angreifende Kraft bewirkt einen entsprechend größeren Ausschlag des Pendels, dessen Größe mit Hilfe eines Gradbogens oder dergl. gemessen wird. Für Messungen kleinerer Kräfte verwendet man auch Federwaagen, bei denen die Längenänderung der Feder, auf ein Zeigerwerk übertragen, als Maß dient. Die hydraulische Kraftmessung geschieht außer durch den Preßdruck (abzüglich des Leergangswiderstandes) auch noch mit Hilfe von Meßdosen, die *Martens* konstruiert hat. Es sind dies zylindrische Gehäuse, in denen eine Membran gespannt ist, unter der sich eine Flüssigkeit befindet. Auf der Membran ruht der Dosendeckel, auf den die vom Probestück aufgenommene Kraft übertragen wird. Die Flüssigkeit wird damit unter Druck gesetzt, dieser Druck mittels Manometer gemessen. Die folgenden schematischen Figuren bringen die hauptsächlichsten Maschinen zur Darstellung. Fig. 12 stellt eine Zerreißmaschine mit Neigungswaage und Handantrieb dar, Fig. 13 eine Zug- und Druckmaschine mit Hebelwaage und Motorantrieb. In Fig. 14 ist eine Universalprüfmaschine mit sämtlichem Zubehör wiedergegeben. Die Fig. 15, 16 und 17 geben photographische Ansichten dieser und ähnlicher Prüfmaschinen. Auf Fig. 17 kann man zugleich die Vorrichtung zum Messen von Formänderungen (Martensschen Spiegelapparat) sehen, die weiter unten besprochen wird.

Vorrichtungen zum Messen von Formänderungen. Es ist bereits gesagt worden, daß die Formänderung gemessen wird entweder durch Abmessung der Probekörper oder bestimmter Teile derselben vor und nach dem Versuch oder durch ihre dauernde Beobachtung während des Versuches. Für den ersten Zweck genügen Maßstäbe mit Millimeter- und Zentimetereinteilung oder **Lehren**, die als Schub- und Schraublehren bekannt sind. Zur Messung wachsender Veränderungen sind diese Vorrichtungen nicht zu verwenden. Hierzu benützt man Apparate, die eigens für diese Zwecke konstruiert worden sind. Zu diesen gehören beispielsweise die sog. Rollenapparate, die aus einer kurzen, an dem festen Einspannkopf leicht drehbar gelagerten Welle, auf

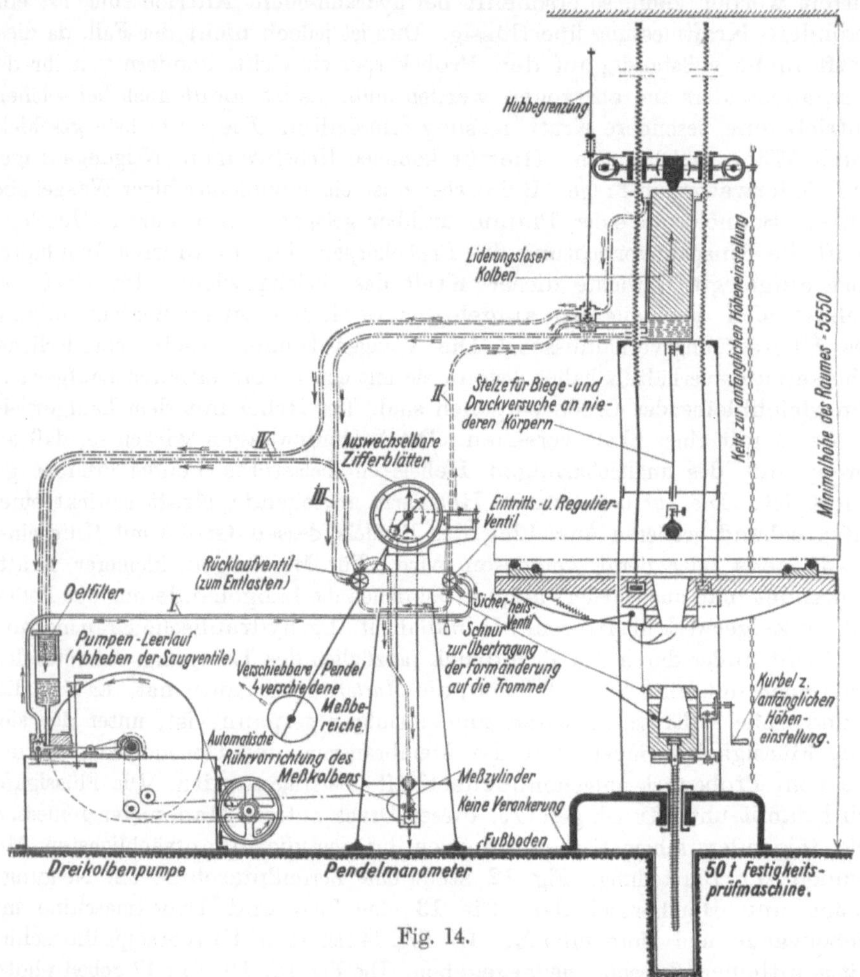

Fig. 14.

der eine Rolle mit einem Zeiger sitzt, bestehen. Bei der Bewegung des **Kraft-erzeugers** wird die letztere durch eine mit dem beweglichen Einspannkopf verbundene Latte gedreht, so daß der Zeiger einen Ausschlag ergibt, der im Verhältnis der Zeigerlänge zum Rollenhalbmesser größer ist als die Bewegung der beiden Einspannklauen gegeneinander. Bei diesem Apparat werden also die Messungen an den Einspannvorrichtungen vorgenommen, was weniger vorteilhaft ist, als wenn man Messungen an den Probekörpern selbst vornimmt. Diese Messungen benötigen aber besonders genaue Apparate. Als

Fig. 15.

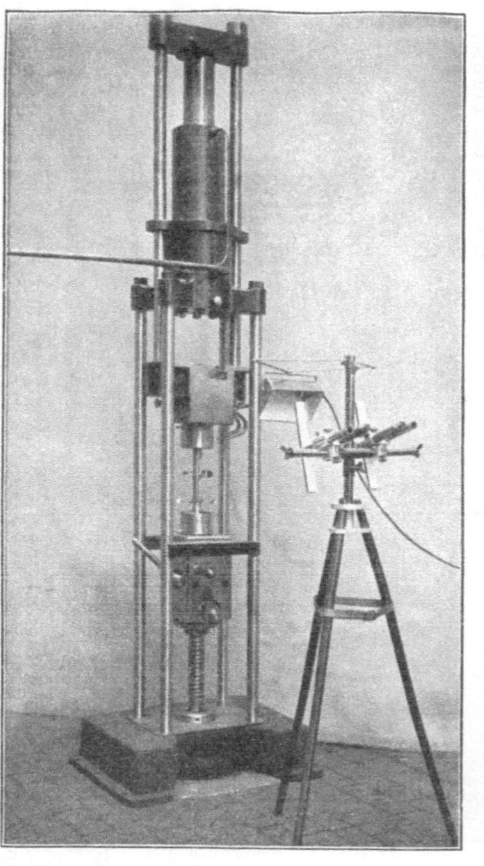

Fig. 16.

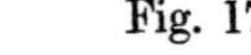

Fig. 17.

Prüfmaschinen der Fa. *Alfred J. Amsler & Co.*, Schaffhausen.

solcher hat sich insbesondere der Spiegelapparat von *Martens* bewährt, der in Fig. 18 schematisch dargestellt ist. E ist der Probestab, gegen den sich von hinten her die Vergleichsschiene mit der Schneide F stützt, während sie gleichzeitig mit der Kerbe am anderen Ende den als Doppelschneide ausgebildeten Hebel D gegen den Probestab drückt. B ist der Spiegel, der seitlich an D befestigt ist, A das Beobachtungsfernrohr, G die Skala. b ist die Länge der Vergleichsschiene. Die Höhe der Doppelschneide wird mit a bezeichnet, die Entfernung der Spiegelfläche vom Maßstab mit b. Neigt sich der Spiegel infolge der Dehnung x des Probestabes um den Winkel α, so erscheint ein Punkt am Fadenkreuz des Fernrohrs, der um die Strecke c über dem zuerst gesehenen Punkt liegt. Die Größe a ist eine Konstante, b kann man wählen, c, die scheinbare Verschiebung der Skala, wird beobachtet. Aus der Formel

$$x = \frac{a\,c}{2\,b}$$

wird die Längenänderung des Probestabes berechnet.

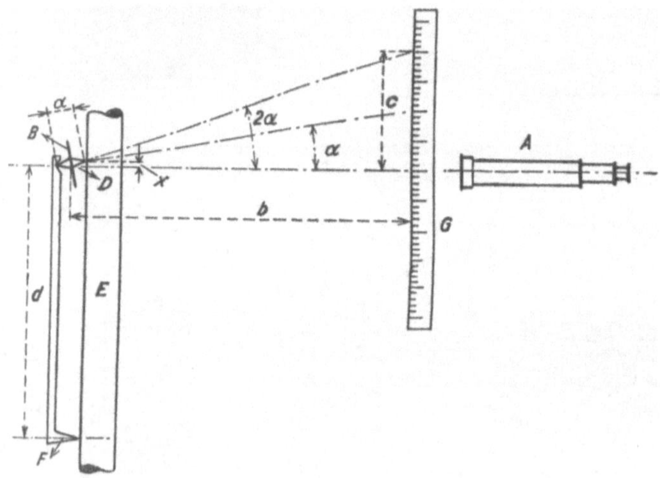

Fig. 18. Schematische Darstellung der Meßeinrichtung.

Mit Hilfe dieser Apparate kann man Längenveränderungen von $^1/_{10\,000}$ Millimeter noch messen, was bei der Bestimmung der Proportionalitäts-, Elastizitäts- und Streckgrenze von großer Bedeutung ist. Diese Spiegelapparate können auch bei Druckversuchen verwendet werden.

Es ist klar, daß die zur Festigkeitsprüfung verwendeten Vorrichtungen auch ihrerseits auf Genauigkeit und auf die Größe der Fehler untersucht werden müssen. Die Behandlung dieser Frage fällt aber aus dem Rahmen dieses Buches heraus, weshalb nur auf das einschlägige Schrifttum verwiesen werden soll.

Die bisherigen Prüfmethoden bezogen sich in erster Linie auf metallische Werkstoffe. Wenn auch die Grundsätze, die für die Festigkeitsbestimmungen der Metalle gelten, für andere Werkstoffe sinngemäß Anwendung finden müssen, so ist die Ausführungsart bei anders gearteten Werkstoffen von der der Metallprüfung wesentlich verschieden, sei es im Hinblick auf die Art der Prüfmaschine, sei es auf die Formgröße der Probekörper. So werden beispielsweise zur Prüfung keramischer Massen auf Zugfestigkeit außer Stäben auch Rotationskörper angewendet, die in ihrem Längsschnitt einer 8 ähneln. Die Prüfung solcher Probekörper geschieht am Zerreißapparat von *Frühling-Michaelis*, soweit dieser Apparat, der mit einer Waage arbeitet, an deren längerem Hebel sich eine Waagschale mit Schroteinlauf befindet, für Körper mit 5 cm² Bruchquerschnitt genügend große Kräfte erzeugt. Falls die letzteren nicht hinreichen, können ähnlich gebaute Klauen als Stützklauen in eine hydraulische Presse eingebaut werden, mit der beliebig große Kräfte erzeugt werden können. Zur Prüfung der Biegefestigkeit wird der Apparat von *Frühling-Michaelis* mit einer Einrichtung zum Biegeversuch versehen, bei welchem die Stäbe mit 10 cm Stabweite auf Stahlschneiden frei gelagert und in der Mitte belastet werden.

Der Schlagbiegeversuch wird bei keramischen Massen zur Messung der Sprödigkeit angewendet und mit Hilfe eines besonderen Pendelschlagwerkes (Fig. 19) nach *Schopper*, wie es ähnlich auch für Kerbschlagproben verwendet wird, ausgeführt. Der Hauptteil dieses Apparates ist ein in Kugellagern leicht beweglicher Pendel, dessen Ausschlag auf einer Skala abgelesen werden kann. Am Gestell sind 2 Auflage- und 2 Anlegewinkel für den Probestab angebracht. Das Pendel wird bis zu einer gewissen Höhe angehoben und fallen gelassen, wobei es die Probe durchschlägt und auf seinem weiteren Wege den Schleppzeiger mitnimmt, dessen Ausschlag das Maß für die verbrauchte Schlagarbeit angibt. Diese Probe weist bei keramischen Massen unter allen Festigkeitsproben die größte Zuverlässigkeit auf. — Die Druckfestigkeit wird bei keramischen Massen ähnlich wie bei Metallen ermittelt, nur verwendet man zumeist würfelförmige Probekörper. Abweichend von der Prüfung metallischer Werkstoffe ist die auf Kugeldruckfestigkeit. Der hierzu verwendete Apparat besteht aus einer gußeisernen Grundplatte, die zwei schmiedeeiserne Säulen und zwischen diesen einen Druckstempel mit Kugelschale am Kopf trägt. Auf diese wird eine Stahlkugel bestimmter Größe gelegt. An den Säulen gleitet ein Querstück, das eine dem Kugeldurchmesser entsprechende Bohrung in der Mitte hat, durch welche der obere Druckstempel eingeführt wird. Die zu prüfende Platte wird über die untere Kugel gehalten. Die andere Kugel läßt man durch die Bohrung des Querstücks auf die Versuchsplatte fallen und drückt mit dem Stempel nach. Dieser Apparat wird in eine gewöhnliche Druckpresse eingebaut, bis zum

Fig. 19.

Bruch belastet und die Bruchlast abgelesen. Diese Prüfung dient vor allem zur Feststellung innerer Spannungen in Porzellangegenständen, wie beispielsweise elektrischen Isolatoren. — Wichtig für keramische Erzeugnisse ist die Widerstandsfähigkeit gegen plötzliche Stöße. Zur Prüfung ermittelt man die Schlagdruckfestigkeit mit Hilfe eines Fallwerkes. — Bei feuerfestem Material ist die Belastung in der Hitze von großer Bedeutung. Man ist zwar im allgemeinen mit der Bestimmung des Schmelzpunktes solcher Werkstoffe zufrieden, doch trägt diese nur einem Teil der Beanspruchung des Materials in eingebautem Zustande Rechnung. Die andere Beanspruchung ist der Druck des Mauerwerks auf den erhitzten Stein. Zu dieser Prüfung der feuerfesten Stoffe gibt es eine Anzahl von Vorrichtungen, die grundsätzlich aus zwei Teilen bestehen: einem Ofen mit Gas- oder elektrischer Beheizung, in welchem die Proben unter gleichzeitiger Temperaturmessung erhitzt werden, und einem Apparat zur Belastung und Anzeige der Formveränderung. Als Maß gilt der durch Längenmessung festgestellte Deformationsgrad von Normalsteinen, die in 5 Stunden bis 1100, 1300 oder 1350° (Silika-Steine in 8 Stunden bis 1500°) unter einer konstanten Belastung erhitzt worden sind. Nach nordamerikanischen Normen beträgt die Belastung 25 englische Pfund auf den Quadratzoll, was 1,75 kg auf den Quadratzentimeter entspricht. Eine Vorrichtung zu einer derartigen Prüfung ist beispielsweise in den Abb. 20

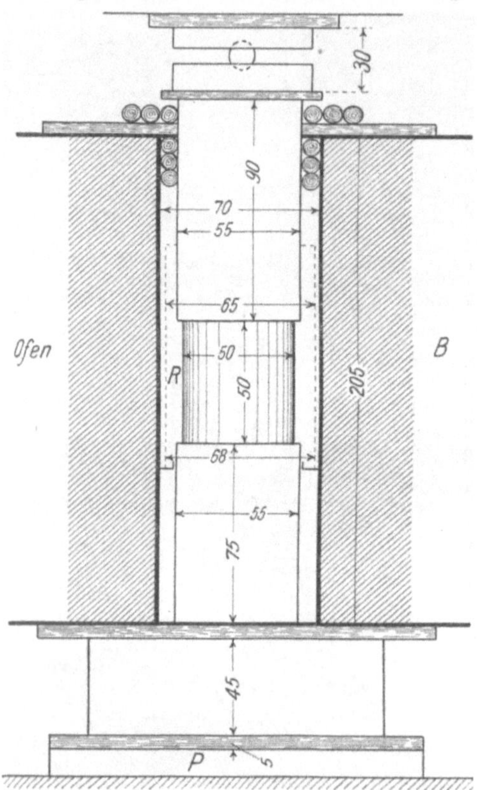

Fig. 20. Einrichtung zur Prüfung erhitzter Schamottekörper auf Druckfestigkeit nach *Gary.*

und 21 dargestellt. Diese besteht aus einem elektrischen Widerstandsofen und einer Hebelpresse. Dieser Apparat erlaubt nicht nur die Bestimmung der Erweichung feuerfester Stoffe unter Druck, sondern er zeichnet die Formänderungen gleichzeitig auf.

Besondere Methoden werden bei der mechanischen Prüfung von Gummi angewendet. Da die Zugfestigkeit von stabförmigen Proben sich wegen des Herausgleitens aus den Klemmbacken nicht gut durchführen läßt, und da bei den elastischen Gummisorten der Bruch beinahe immer im eingespannten Stabkopf eintritt, was die Auswertung der Ergebnisse erschwert, so verwendet man für den Zugversuch ringförmige Proben von rechteckigem Querschnitt, die aus größeren Gummiplatten herausgestanzt werden. Auf der Maschine von *Schopper-Dalén* wird nun der Zugversuch so ausgeführt, daß

Fig. 21. Amsler-Presse, vorbereitet zum Druckversuch mit erhitzten Schamottekörpern nach *Gary*.

die Probekörper von in Kugellagern drehbaren Rollen gehalten werden, von denen die untere an der Kolbenstange der hydraulischen Maschine, die obere mit der Pendelstange der Pendelwaage in starrer Verbindung ist. Die untere Rolle erfährt beim Auf- oder Abwärtsgehen des Kolbens gleichzeitig eine Drehung, so daß der über sie gelegte Ring während des Versuches über die Rollen wandert. Die Dehnungskurve weist einen sehr charakteristischen, von der des Eisens und Stahls wesentlich verschiedenen Verlauf (Fig. 22) auf. Bei den niederen Spannungen erfolgen große Längenänderungen, während bei wachsender Spannung die Zunahme der Dehnung für kleine Laststufen kleiner wird und die Dehnungskurve schließlich beinahe asymptotisch zur Ordinatenachse verläuft: die Laststeigerung geschieht ohne Zunahme einer Längenänderung. Wird die Belastung nicht bis zum Zerreißen fortgesetzt, sondern vor Eintritt des Bruches wieder entlastet, so wird die Entlastungskurve sich niemals mit der Belastungskurve decken. Diese Erscheinung erinnert an die Magnetisierungs- und Entmagnetisierungskurven des Eisens und wird ebenfalls mit dem Namen Hysteresis bezeichnet. — Auch mit Gummi werden Dauerzugversuche angestellt, und zwar sowohl mit dauerndem Wechsel zwischen Belastung und Entlastung, wie auch mit dauernder Last. Mit Hilfe des Zugversuches lassen sich die Alterungserscheinungen des Gummi verfolgen, die auf der Veränderung beim Lagern und Gebrauch beruhen.

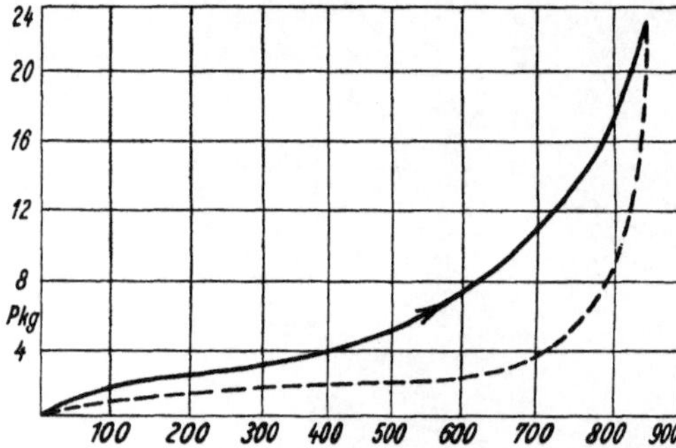

Fig. 22. Allgemeiner Verlauf eines Zugversuchs mit Weichgummi.

Zu den technologischen Festigkeitsprüfungen gehören auch die auf Abnutzbarkeit. Bei keramischen Massen ist von *Gary* der Sandstrahlgebläseversuch eingeführt worden. Auf das gewogene Probestück wird mit Hilfe von Dampf oder Druckluft von 3 Atmosphären Spannung 2 Minuten lang Sand aufgeblasen. Der Gewichtsverlust ergibt ein Maß für die Abnutzbarkeit. Auf diesem Wege werden aber auch Aufschlüsse über die Gleichmäßigkeit des Gefüges gewonnen. — Zur Abnutzungsprüfung von Gummi sind verschiedene Verfahren in Gebrauch. Das Kugelprüfverfahren besteht darin, daß die zu prüfenden Gummikugeln von 30 mm Durchmesser in einer in eine Gußeisenplatte eingedrehten Rinne unter Belastung durch eine Schnurscheibe von verstellbarem Gewicht laufen. Die Kugeln werden dabei zermürbt. Nach dem Aussehen und der Abnutzung an der Oberfläche, die sich aus der Wägung ergibt, werden die einzelnen Sorten beurteilt. Auf einem ähnlichen Grundsatz beruht auch die Ringprobe. Ausgestanzte Ringe, ähnlich wie sie für die Zerreißprüfung angewendet werden, laufen zwischen 2 Walzen, von denen die obere belastet ist. Die Abnutzung wird auch hier zahlenmäßig durch die Gewichtsabnahme festgestellt. Beim Abschleifverfahren wird eine an einer rotierenden Spindel befestigte kreisrunde Gummischeibe in einem zylindrischen Glasgefäß, das mit losem Schmirgel von bestimmter Korngröße gefüllt ist, gedreht. Auch hier wird die Abnutzung durch die Gewichtsabnahme bestimmt. Diese Probe gibt bei Einhaltung der vom Materialprüfungsamt festgesetzten Bedingungen sehr brauchbare Werte.

Gasdurchlässigkeit. Zu den physikalischen Prüfungen gehört auch die Prüfung der Gasdurchlässigkeit bei keramischen Werkstoffen, vor allem bei feuerfesten Steinen. Infolge der Ungleichmäßigkeit der verschiedenen Teile eines und desselben Steines und wegen des Vorhandenseins von Brennrissen ist diese Prüfung mit großen Schwierigkeiten verbunden. Selbst bei gleichbleibender Dichte und Porosität unterliegt die Durchlässigkeit aus den genannten Gründen sehr merklichen Schwankungen. Sie ist ferner nicht gleichmäßig infolge der verschiedenen Struktur in den verschiedenen Richtungen. Es kann infolgedessen die einfache Methode nicht angewendet werden, die darin besteht, daß man die in der Zeiteinheit durch die Dicke des Steines hindurchgehende Luftmenge bestimmt, wenn auf dessen Oberfläche ein Rohr mit bestimmtem inneren Gasdruck aufgesetzt wird. Eine genauere Resultate ergebende Arbeitsweise und dazu dienende Vorrichtung hat

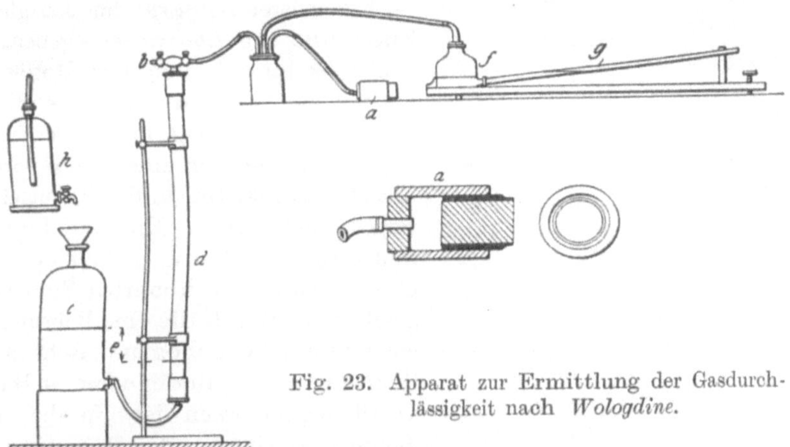

Fig. 23. Apparat zur Ermittlung der Gasdurchlässigkeit nach *Wologdine*.

Wologdine[1] angegeben. Aus dem zu untersuchenden Stein wird ein Zylinder von 4 cm Durchmesser und der Höhe des betreffenden Steines herausgeschnitten, seine Mantelflächen mit Paraffin überzogen, so daß nur die Bodenflächen frei bleiben, und der Zylinder in ein Stück Glasrohr sorgfältig mit Paraffin eingekittet. Das Glasrohr wird, wie aus beistehender Fig. 23 zu ersehen, mit der Apparatur in Verbindung gebracht. Bei geöffnetem Hahn *b* wird das Niveaugefäß *c* so weit gesenkt, bis sich der graduierte Zylinder *d* mit Luft gefüllt hat, *b* geschlossen und das Niveaugefäß *c* gehoben, so daß die Wasseroberfläche darin um eine bestimmte Höhe *e* höher steht als in *d*. Diese Höhe *e* gibt den Gasdruck an, dem das Probestück in *a* ausgesetzt ist, und der gleichzeitig auch auf dem Manometer *fg* angezeigt wird. In dem Maße, wie der Wasserspiegel sinkt, nimmt auch der Druck langsam ab. Um ihn auf der gleichen Höhe zu erhalten, läßt man Wasser aus der Flasche *h* zufließen, bis wieder Gleichgewicht herrscht. Zeigt das Manometer gleichen Druck an, so liest man zu verschiedenen Zeiten die Höhe des Wasserspiegels

---

[1] Stahl und Eisen 1909, S. 1225.

im Zylinder d ab. Die Gasdurchlässigkeit v wird ausgedrückt durch die Kubikzentimeter Luft, die unter dem Druck von 1 cm Wassersäule in einer Sekunde durch einen Zylinder von 1 cm² Querschnitt und 1 cm Höhe hindurchgeht. Für praktische Zwecke wird diese Größe entsprechend multipliziert, etwa so, daß die Anzahl Liter angegeben wird, die in einer Stunde durch eine Fläche von 1 m² und eine Steinstärke von 1 m hindurchgeht. Ist p_0 der Druck im Gasometer g und q die Luftmenge in Litern, die in t Minuten unter dem Druck von $p - p_0$ durch einen Zylinder von S m² Querschnitt und 1 cm Höhe hindurchgeht, so ist die Durchlässigkeit

$$V = \frac{1000\,1 \cdot q}{t \cdot (p - p_0) \cdot S \cdot 60}.$$

Je höher die Dichte der Steine ist, desto kleiner ihre Durchlässigkeit.

Ein anderer Apparat für den gleichen Zweck wird von *Ludwig* angegeben. Eine Probe des keramischen Werkstoffes wird bis auf zwei gegenüberliegende Flächen von 5 cm ⌀ allseitig mit Lack gasdicht abgedeckt. Auf der einen Seite wird ein Trichter aufgekittet und mit umgelegten Schellen aufgepreßt. Ein graduierter Zylinder wird mit Wasser gefüllt und durch einen doppelt durchbohrten Stopfen abgeschlossen. Durch die eine Bohrung geht ein rechtwinklig gebogenes Rohr in den Zylinder, das im Zylinder durch ein Bunsenventil abgeschlossen ist. In die andere Bohrung ist ein gerades Rohr eingesetzt, das mit Gummischlauch und Quetschhahn

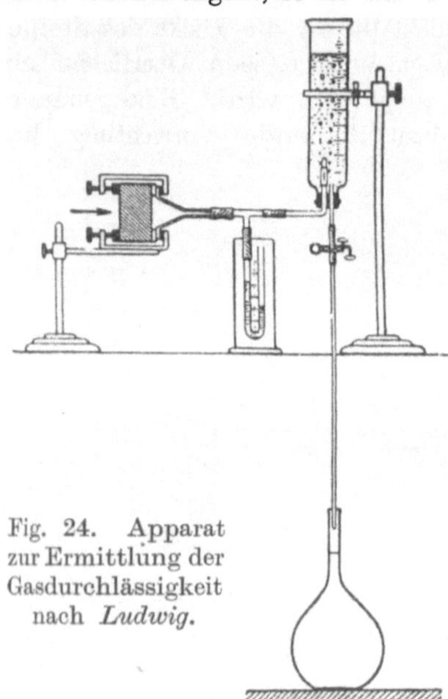

Fig. 24. Apparat zur Ermittlung der Gasdurchlässigkeit nach *Ludwig*.

abgeschlossen ist. Der Zylinder wird umgedreht eingespannt, das gerade Rohr mit einem Abflußrohr verbunden, das in ein beliebiges Gefäß mündet; das gebogene Rohr durch ein T-Stück, an dessen einem Ende sich ein Manometer befindet, mit dem Trichterrohr verbunden. Nachdem der Quetschhahn geöffnet ist, stellt sich das Manometer nach einiger Zeit auf einen konstanten Druck. Man mißt die Zeit, die der gleichzeitig sinkende Meniskus der Flüssigkeit vom Passieren eines Teilstriches bis zu einem 1000 oder 2000 ccm tieferliegenden benötigt (Fig. 24).

b) Prüfung der thermischen Eigenschaften.

Zu den thermischen Eigenschaften der Werkstoffe gehören zunächst die Wärmeausdehnung, die spezifische Wärme, die Wärmeleitfähigkeit, die Änderung des Aggregatzustandes mit der Temperatur. Die Prüfung dieser Eigenschaften, die für das allgemeine Verhalten der Werkstoffe sehr maßgebend sind, soll aber hier nicht behandelt werden, da sie in jedem Lehrbuch der Physik, insbesondere aber in den bekannten Werken von *Ostwald-Luther*,

Physiko-chemische Messungen, sowie *Kohlrausch*, Lehrbuch der praktischen Physik, sehr ausführlich beschrieben sind. Hier sollen nur die übrigen technisch bedeutungsvollen thermischen Eigenschaften und ihre Meßmethoden kurz geschildert werden.

Von Interesse ist bei metallischen Werkstoffen das Verhalten beim Erwärmen und Abkühlen. Wenn man ein Metall in einem Ofen erwärmt und nach Erreichung einer bestimmten Temperatur wieder im Ofen abkühlen läßt, wobei man die Temperatur des Probestücks und die Zeit beobachtet, so ergibt sich ein Linienzug, der nicht einen gleichmäßigen Abfall, sondern bei gewissen Temperaturen einen längeren Halt erkennen läßt. Aus diesen Haltepunkten, welche den Übergang zu einem Körper mit einem anderen Energieinhalt anzeigen, ist zu ersehen, daß sich in der physikalischen Zusammensetzung des Werkstoffs eine Änderung vollzogen hat. Diese Änderung betrifft das Gefüge des Metalls, worüber noch später kurz gesprochen werden soll. Da also im Verlauf der Wärmeeinwirkung die metallischen Werkstoffe ihre physikalische Zusammensetzung ändern, so ist es weiter nicht zu verwundern, daß auch die Festigkeitseigenschaften entsprechenden Veränderungen ausgesetzt sind. Es wird deshalb die Prüfung der Festigkeitseigenschaften auch bei höheren Temperaturen vorgenommen. Die Zugversuche bei höheren Temperaturen finden so statt, daß die Versuchsstäbe sich während der Zerreißprobe in Öfen befinden, die durch Gas oder elektrischen Strom geheizt werden. Ein solcher Ofen ist in Fig. 25 wiedergegeben. Die Prüfung der elastischen Formänderung geschieht dabei mit Hilfe von Spiegelapparaten, die man mit entsprechend langen Spiegelträgern versieht, damit die Spiegel nicht der Wärmestrahlung aus

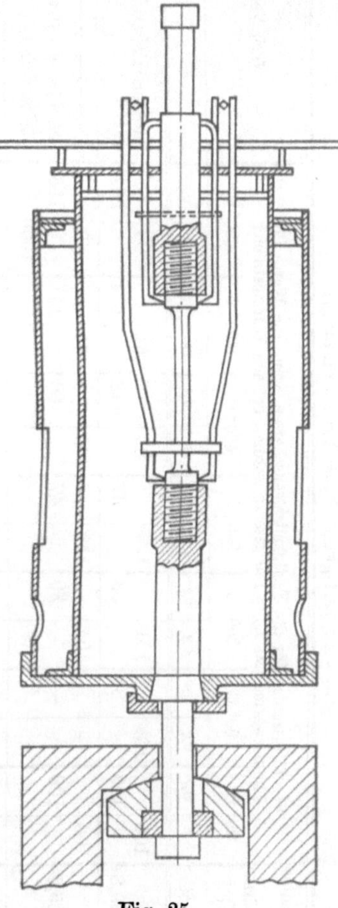

Fig. 25.

dem Ofen unterworfen sind. Wie die verschiedenen metallischen Werkstoffe mit steigender Temperatur ihre Festigkeitseigenschaften ändern, geht aus der Tabelle 1 hervor, die dem Buch von *Memmler*, Materialprüfungswesen, Band II, S. 22 bis 23, entnommen ist. Auch die vorhergehenden Bearbeitungen in heißem Zustande (Schmieden, Walzen, Schweißen) äußern ihre Einflüsse auf die Festigkeitseigenschaften des Metalls, doch sind die diesbezüglichen Prüfungsmethoden von den früher geschilderten nicht verschieden, da es sich ja dabei um Prüfungen bei gewöhnlicher Temperatur handelt. Auch die anderen

Tabelle 1. Einfluß der Wärme auf die Festigkeitseigenschaften von Eisen, Metallen und Legierungen.
(σ_B = Zugfestigkeit, δ_B = Bruchdehnung.)

| Material | Eigenschaften in Zimmerwärme (20° C) | | Verhältniszahlen für die Festigkeitseigenschaften, wenn die Werte für Zimmerwärme (20° C) = 100 gesetzt werden, bei den Wärmestufen: | | | | | | | | | | | | | | Nach Versuchen von: |
| | | | 20° C | | 100° C | | 200° C | | 300° C | | 400° C | | 500° C | | 600° C | | |
	kg/qm	%	σ_B	δ_B	σ_B	δ_B	σ_B	δ_B	σ_B	δ_B	σ_B	δ_B	σ_B	δ_B	σ_B	δ_B	
Flußeisen	3800	29,8	100	100	104	81	131	53	125	67	89	118	51	169	28	258	*Martens:* Mitteilungen 1890, S. 159
Stahlguß	4285	25,5	100	100	—	—	105	30	112	47	93	60	69	131	48	155 (550° C)	*Bach:* Ztschr. d. Ver. d. Ing. 1903, S. 1762; 1904, S. 385; *Rudeloff:* Mitteilungen 1900, S. 293
Gußeisen	2360	—	100	—	—	—	—	—	99	—	92	—	76	—	52	—	*Bach:* Ztschr. d. Ver. d. Ing. 1901, S. 168 u. 1477; *Rudeloff:* Mitteil. 1900, S. 293 (bis 300° C keine Beeinflussung)
	—		100	—	—	—	—	—	88	—	107	—	68	—	38	—	
Temperguß	3200	—	100	—	106	—	116	—	119	—	106	—	78	—	41	—	*Rudeloff:* Mitteilungen 1900, S. 293 (δ_B wenig beeinflußt, da an sich gering)
Kupfer (hartgezogen)	4400	8	100	100	95	86	91	97	83	129	67	64	24	720	15	(630)	*Rudeloff:* Mitteilungen 1893, S.292 u. 1898, S. 171, außerdem Versuche vorliegend von *Le Chatelier:* Baumaterialkde. 1901, S. 157; *Stribeck:* Ztschr. d. Ver. d. Ing. 1903, S. 559
Kupfer (geglüht)	2860	48,6	100	100	93	93	89	102	89	98	70	(45)	40	108	24	133	
Bronze, geschmiedet (Messing 58 %, Kupfer, 42 % Zink)	4520	35,9	100	100	96	110	82	111	64	203 (250° C)	41	(183) (290° C)	21	204 (350° C)	11	189 (400° C)	*Rudeloff:* Mitteilungen 1900, S.292
Bronze (86 bis 91 % Kupfer, 9 bis 6 % Zinn, 4 bis 39% Zink)	2400	36,3	100	100	101	98	94	91	54	33	26	—	18	—	—	—	*Bach:* Ztschr. d. Ver. d. Ing. 1900, S. 1749

Jede Werkstoffzeile enthält zwei übereinander gesetzte Verhältniswerte (oben σ_B, unten δ_B); die in Klammern beigefügten Werte sind die zugehörigen Versuchstemperaturen.

Werkstoff	σ_B / δ_B	100 / 100						Quelle
Manganbronze (5 bis 6% Mangan)	3590 / 40	100 / 100	99 / 81	99 / 91	93 / 95	72 / (59)	— / — — / —	*Rudeloff:* Mitteilungen 1895, S. 29
Gewalztes Delta-Metall[1]	4300 / 39,2	100 / 100	93 / 109	72 / 159	49 / —	16 / 185	— / — — / —	*Rudeloff:* Mitteilungen 1893, S. 293
Gegossenes Delta-Metall	3300 / 21,2	100 / 100	100 / 124	82 / 134	62 / 262	19 / (140)	— / — — / —	*Rudeloff:* Mitteilungen 1893, S. 293
Aluminium (geglüht bei 350° C)	1160 / 19	100 / 100	86 / 126 (75° C)	66 / 169 (135° C)	22 / 206 (310° C)	11 / 222 (403° C)	5 / 237 (510° C) 3 / 222	
Nickel (geglüht bei 900° C)	4930 / 26	100 / 100	91 / 100 (195° C)	91 / 119 (300° C)	62 / 77 (455° C)	42 / 62 (593° C)	19 / 42 (800° C) 8 / 42 (1000° C)	
Packfong[2] (Neusilber) (geglüht bei 700° C)	4280 / 31	100 / 100	— / —	110 / 68	102 / 16 (405° C)	46 / 132 (515° C)	25 / 129 (605° C) 5 / 84 (825° C)	*Ludwik:* Ztschr. d. Ver. d. Ing. 1915, S. 657
Blei (geglüht bei 100° C)	135 / 31	100 / 100	59 / 77 (82° C)	37 / 106 (150° C)	30 / 65 (195° C)	15 / 65 (265° C)	— / — — / —	
Zink (geglüht bei 200° C)	1130 / 5	100 / 100	64 / 160 (112° C)	44 / 140 (150° C)	20 / 120 (247° C)	11 / 160 (330° C)	3 / 40 (405° C) — / —	
Zinn (geglüht bei 50° C)	275 / 40	100 / 100	64 / 113 (53° C)	38 / 113 (100° C)	24 / 103 (153° C)	16 / 25 (180 C°)	9 / — (270° C) — / —	
Magnesium (geglüht bei 350° C)	1700 / —	100 / —	79 / — (83° C)	40 / — (175° C)	17 / — (273° C)	9 / — (355° C)	1,8 / — (550° C) — / —	

[1] Legierung aus 55 bis 56 Proz. Kupfer, 40 bis 43 Proz. Zink, 1 Proz. Eisen, Rest Mangan, Blei, Nickel, Phosphor.
[2] Legierung aus 53 bis 81 Proz. Kupfer, 6 bis 30 Proz. Zink, 7 bis 30 Proz. Nickel.
Die in Klammern gesetzten Verhältniswerte für σ_B und δ_B sind unsicher.

Prüfungen, und zwar sowohl bei statischer wie bei dynamischer Beanspruchung werden bei höheren Temperaturen vorgenommen, wobei besonders eingerichtete Apparate zur Verwendung gelangen. Im allgemeinen läßt sich sagen, daß sich die Festigkeitseigenschaften mit höherer Temperatur verschlechtern.

Zur Beurteilung der Beständigkeit metallischer Werkstoffe gegen Oxydation bei hoher Temperatur wird die Menge des Oxyds in Gramm ermittelt, die sich bei einstündigem oder 24stündigem Glühen auf 1 m² Oberfläche bei der betreffenden Temperatur bildet. Diese Prüfung kann auch so ausgeführt werden, daß ein gewalzter oder gezogener Draht aus dem zu untersuchenden Metall schraubenförmig aufgewunden und durch Durchleiten elektrischen Stromes auf hohe Temperatur erhitzt wird. Nach der bestimmten Zeit kühlt sich der Draht ab, ein Teil des gebildeten Oxyds springt von der Oberfläche ab, es wird aufgefangen und gewogen. Seine Menge bezogen auf die Oberflächeneinheit des Drahtes bildet ein Maß für die Güte des Metalls. Dann wird der Draht wieder gereckt und gegebenenfalls um 2 bis 3 Proz. gedehnt. Das bei dieser Behandlung abblätternde Oxyd wird wieder gewogen. Der Draht wird sodann wieder schraubenförmig aufgewunden. Derselbe Vorgang wird so oft wiederholt, bis der Draht bricht. Die Zahl der Aufwicklungen, Glühungen und Wiederausreckungen bis zum Bruch dient dann als Maß für die beim Gebrauch eintretende Strukturverschlechterung.

Besondere Wichtigkeit hat die Prüfung der thermischen Eigenschaften bei den Werkstoffen, die in erster Linie bei hohen Temperaturen beansprucht werden, das sind die keramischen Stoffe, insbesondere die feuerfesten Massen. Da die Prüfungsverfahren bei diesen Werkstoffen zum Teil von denen der Metalle abweichen, so soll auf sie etwas näher eingegangen werden.

Für die Verwendung keramischer Stoffe spielt vor allem ihre Wärmedurchlässigkeit eine große Rolle. Sie wird bestimmt durch eine Reihe von Größen, wie beispielsweise die Wärmedurchgangszahl oder äußere Wärmeleitfähigkeit, die angibt, wieviel kcal in einer Stunde von der Flächeneinheit einer Oberfläche an eine um 1° kältere Umgebung im Dauerzustand übergehen (diese Größe ist wichtig, aber nicht spezifisch für ein bestimmtes Material); die Strahlungskonstante, d. i. die Wärme, die von der Oberflächeneinheit eines inneren konvexen Körpers an eine konkave Hülle in der Zeiteinheit abgegeben wird; die Wärmeleitfähigkeit, d. i. die Zahl, die angibt, wieviel kcal in einer Stunde 1 m² einer 1 m dicken Platte im Dauerzustande durchströmen, wenn die Temperatur der beiden Flächen der Platte sich um 1° unterscheidet und seitliches Abströmen von Wärme vollständig verhindert wird. Die Wärmemenge, die t Stunden durch eine Platte von der Fläche F und der Dicke D unter Einwirkung einer Temperaturdifferenz $\vartheta_1 - \vartheta_2$ strömt, läßt sich durch die Gleichung wiedergeben

$$W = \frac{\lambda \cdot F \cdot (\vartheta_1 - \vartheta_2) \cdot t}{D}.$$

λ ist die Wärmeleitzahl, die nach verschiedenen Methoden bestimmt werden kann, von denen einige hier kurz beschrieben werden sollen. Als Formen für die Versuchsmaterialien kann man Hohlkugeln, Hohlzylinder und Platten anwenden. Beispielsweise hat *Nusselt* eine Einrichtung angegeben, bei der sich eine dickwandige Hohlkugel aus dem zu prüfenden keramischen Stoff zwischen zwei konzentrischen Blechhohlkugeln befindet. Im Innern der kleinen Kugel befindet sich ein elektrischer Heizkörper, bestehend aus einer mit einem Widerstandsdraht umwickelten Porzellankugel. Gemessen wird die vom Heizkörper in t Stunden abgegebene Wärmemenge so wie die Temperaturen ϑ_1, ϑ_2 in verschiedenen Abständen r_1, r_2 vom Kugelmittelpunkt. Die Wärmeleitzahl λ berechnet sich dann aus den beobachteten Größen zu

$$\lambda = \frac{W}{4\,\pi} \cdot \frac{r_1 - r_2}{\vartheta_2 - \vartheta_1} \cdot \frac{1}{r_1 r_2} \cdot \frac{1}{t}.$$

Den praktischen Bedürfnissen entsprechen aber eher Messungen in hohlzylindrischen Formen. — Keramische Massen, die sich gut als Platten formen lassen, können auch als solche untersucht werden. So hat *Poensgen* mit Hilfe eines in Fig. 26 dargestellten Apparates die Wärmeleitzahl von großen Platten ermittelt. In der Fig. 26 sind P_1, P_2 zwei möglichst gleiche Platten aus dem Versuchsstoff, H_p ein quadratischer, H_r ein diesen ringförmig umgebender plattenförmiger elektrischer Heizkörper, K_1, K_2 von Wasser durchströmte Kühlplatten, D Distanzbolzen, F Führungsstifte und K ein mit einem

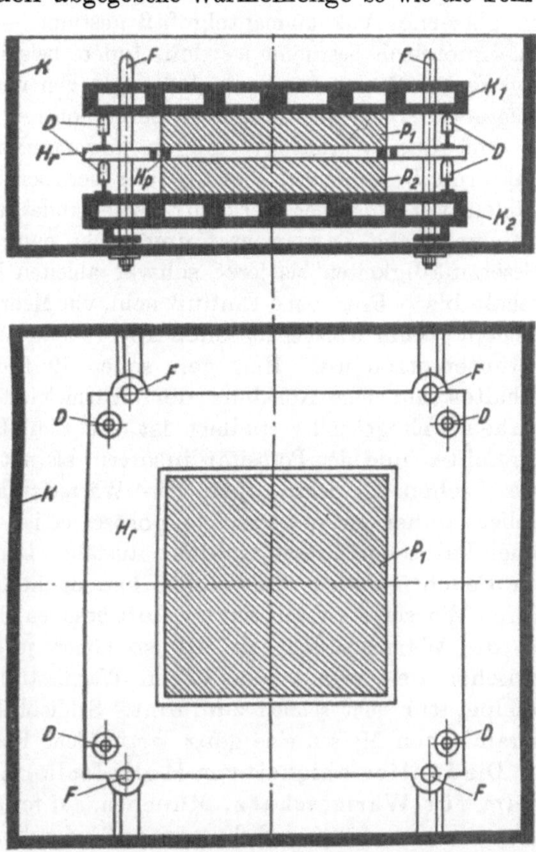

Fig. 26. Apparat zur Messung der Wärmeströmung
nach *Poensgen*.

Wärmeisoliermaterial ausgefüllter Blechkasten. Die Temperaturen werden mit Thermoelementen gemessen, die an den auf den Versuchsplatten aufliegenden Flächen der Heiz- und Kühlkörper befestigt sind. Die Temperaturen von H_o und H_r werden durch Stromregelung gleichgehalten. Die in H_p erzeugte Wärme strömt dann nur quer durch die Platten hindurch. Die Wärmeleitfähigkeit ist dann $\lambda = \dfrac{W \cdot D}{2\,F(\vartheta_1 - \vartheta_2) \cdot t}$. Wenn nur kleine Platten zur Verfügung stehen, kann die Versuchsanordnung der Physikalisch-technischen Reichsanstalt angewendet werden, die aus einer runden, zwischen zwei Kupferplatten gelagerten Versuchsplatte besteht. Sie wird von oben nach unten von Wärme durchströmt, die von einem auf die obere Kupferplatte aufgesetzten elektrischen Heizkörper erzeugt wird. Die aus der unteren Kupferplatte austretende Wärme wird von einem Metallzylinder, auf dem das ganze System aufruht, aufgenommen und an ein strömendes Mittel weitergegeben. Zur Verminderung der Wärmeverluste wird über das Ganze ein gläsernes Vakuummantelgefäß gestülpt. — Die Wärmemenge kann auch calorimetrisch bestimmt werden, indem beispielsweise bei der Untersuchung feuerfester Steine der Versuchskörper von unten geheizt wird, während ein aufgesetztes Wassercalorimeter seiner oberen Fläche Wärme entzieht.

Auf das Wärmeleitvermögen keramischer Stoffe haben verschiedene Faktoren bedeutenden Einfluß, der berücksichtigt werden muß, wenn man Zahlen verschiedener Herkunft miteinander vergleichen will. Zunächst ist die chemische Zusammensetzung nicht ohne Bedeutung, wenn sich auch Gesetzmäßigkeiten bis jetzt schwer ableiten lassen. So soll ein Magnesiagehalt bis 5 Proz. ohne Einfluß sein, ein Mehrgehalt aber eine Zunahme bedingen. Beim Kalkgehalt sollen 10 Proz. die Wärmeleitfähigkeit um 50 Proz. heruntersetzen usw. Hingegen sollen 10 Proz. Zunahme des Kieselsäuregehaltes nur eine Abnahme der Wärmeleitfähigkeit um etwa 4 Proz. bewirken. Eingehender studiert ist der Einfluß des scheinbaren spezifischen Gewichtes und der Porosität insofern, als mit dem Steigen des scheinbaren spezifischen Gewichtes auch die Wärmeleitfähigkeit zunimmt. Ein Stoff isoliert daher um so besser, je poröser er ist, und je kleiner demgemäß sein scheinbares spezifisches Gewicht ausfällt. Demzufolge ist auch der Einfluß der Feuchtigkeit so, daß feuchte keramische Stoffe, d. h. solche, die in den Poren Wasser statt isolierender Luft besitzen, die Wärme besser leiten. Ferner ist die Wärmeleitfähigkeit um so höher, je höher die Temperatur ist, da zwischen den Wänden der Poren Wärmestrahlung stattfindet, die mit der Temperatur sehr schnell zunimmt. Schließlich spielt auch das Gefüge der keramischen Massen eine ganz wesentliche Rolle.

Die Isolierfähigkeit von Rohr-Isoliermassen prüft das Forschungsheim für Wärmeschutz, München, auf folgende Weise: Auf ein Versuchsrohr von 2 m Länge und 60 mm Außendurchmesser wird die naß angerührte Wärmeschutzmasse schichtweise aufgetragen, wobei jedesmal die Trocknung der einzelnen Schichten abgewartet wird. Während des Aufbringens wird das Rohr elektrisch geheizt. Wenn die Isolierschicht die Stärke von 60 mm erreicht hat und vollständig abgetrocknet ist, wird sie mit einer Nesselbinde umwickelt und ein luftdichter Anstrich aufgetragen. Im Inneren des Rohres befindet sich ein elektrischer Heizkörper, der mit konstantem elektrischen Strom geheizt wird und die Temperatur der Isoliermasse so lange steigert, bis ein Beharrungszustand eintritt, indem vom Rohr außen ebensoviel Wärme an die Umgebung abgegeben wird, wie die elektrische Heizung im Inneren erzeugt. Die Temperaturmessung geschieht mit Thermoelementen aus Kupfer-Konstantan. Auf dem Eisenrohr sind 4 Elemente an verschiedenen Stellen angebracht, mit denen die Temperatur der inneren zylindrischen Oberfläche der Isoliermasse gemessen wird. Desgleichen sind an der äußeren Oberfläche an 4 Stellen 4 Thermoelemente unter der Nesselbinde angebracht. Durch Veränderung der Stärke der Heizung erhält man eine Reihe von Dauerzuständen und kann auf diese Weise die Wärmeleitzahl für einen größeren Temperaturbereich bestimmen. Bezeichnet man mit

E die Spannung des Heizstromes,

d_a den äußeren Durchmesser der Isolierung,

d_i den inneren Durchmesser der Isolierung,

t_i die Temperatur des Eisenrohres,

t_a die Temperatur am äußeren Umfang der Isolierung, so läßt sich daraus die Wärmeleitzahl berechnen nach der Gleichung

$$\lambda = \frac{0{,}86 \cdot E \cdot J \cdot \lg \mathrm{nat}\, \dfrac{d_a}{d_i}}{2\,\pi\,(t_i - t_a)}.$$

Feuerfeste Steine werden auf Schwerschmelzbarkeit untersucht, die durch den Vergleich mit Segerkegeln festgestellt wird.

Dies sind kleine, etwa 5 cm hohe Tetraeder, welche aus den für keramische Massen verwendeten Rohstoffen hergestellt sind und durch ihre wechselnde Zusammensetzung eine Reihe bilden derart, daß jede mit einer höheren Nummer bezeichnete Masse später schmilzt als die vorhergehende. Wie aus der Tabelle 2 hervorgeht, entspricht einer jeden Zusammensetzung auch eine bestimmte Schmelztemperatur, doch ist diese Übereinstimmung nicht beabsichtigt. Der Erfinder *Seger* hatte

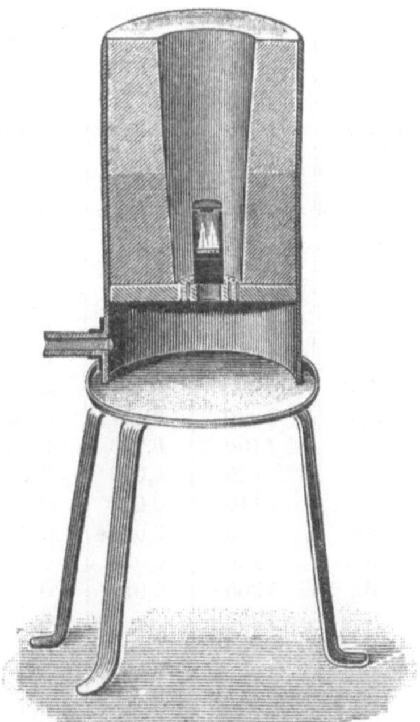

Fig. 27. *Deville*-Ofen.

lediglich im Auge, ein Maß zu schaffen, welches gestatten sollte, bestimmte Massen von gleichmäßiger Zusammensetzung herzustellen, deren Schmelzpunkt dann dem des Probekörpers entsprechen mußte. Beim Erhitzen erweichen die Segerkegel immer mehr und neigen schließlich ihre Spitze. Als geschmolzen gelten sie, wenn die Spitze die Unterlage berührt. Es muß berücksichtigt werden, daß die Segerkegel in oxydierender und reduzierender Ofenatmosphäre nicht bei gleicher Temperatur schmelzen. In reduzierender Atmosphäre liegt der Schmelzpunkt etwas höher. Die Prüfung der Feuerfestigkeit wird entweder in Graphit-, Gas- oder elektrisch beheizten Öfen vorgenommen. Der älteste Prüfofen ist der mit Retortengraphit beheizte *Deville*-Ofen (s. Fig. 27). Ein Zylinder aus hochfeuerfestem Material ist unten durch eine starke eiserne Platte abgeschlossen und hat ringsherum einen Eisenblechmantel. Der Innenraum

Tabelle 2. Tabelle der Segerkegel.

Nr.	Schmelz-punkt in °C	MgO	CaO	Na_2O	K_2O	B_2O_3	Al_2O_3	SiO_2
021	650	0,25	0,25	0,50	—	1	0,02	1,04
020	670	0,25	0,25	0,50	—	1	0,04	1,08
019	690	0,25	0,25	0,50	—	1	0,08	1,16
018	710	0,25	0,25	0,50	—	1	0,13	1,26
017	730	0,25	0,25	0,50	—	1	0,2	1,4
016	750	0,25	0,25	0,50	—	1	0,31	1,61
015a	790	0,136	0,432	0,432	—	0,86	0,34	2,06
014a	815	0,230	0,385	0,385	—	0,77	0,34	1,92
013a	835	0,314	0,343	0,343	—	0,69	0,34	1,78
012a	855	0,314	0,341	0,345	—	0,68	0,365	2,04
011a	880	0,311	0,340	0,349	—	0,68	0,4	2,38
010a	900	0,313	0,338	0,338	0,011	0,675	0,423	2,626
09a	920	0,311	0,335	0,336	0,018	0,671	0,468	3,087
08a	940	0,314	0,369	0,279	0,038	0,559	0,543	2,691
07a	960	0,293	0,391	0,261	0,055	0,521	0,554	2,984
06a	980	0,277	0,407	0,247	0,069	0,493	0,561	3,197
05a	1000	0,257	0,428	0,229	0,086	0,457	0,571	3,467
04a	1020	0,229	0,458	0,204	0,109	0,407	0,586	3,860
03a	1040	0,204	0,484	0,182	0,130	0,363	0,598	4,199
02a	1060	0,177	0,513	0,157	0,153	0,314	0,611	4,572
01a	1080	0,151	0,541	0,134	0,174	0,268	0,625	4,931
1a	1100	0,122	0,571	0,109	0,198	0,217	0,639	5,320
2a	1120	0,096	0,599	0,085	0,220	0,170	0,652	5,687
3a	1140	0,067	0,630	0,059	0,244	0,119	0,667	6,083
4a	1160	0,048	0,649	0,043	0,260	0,086	0,676	6,339
5a	1180	0,032	0,666	0,028	0,274	0,056	0,684	6,565
6a	1200	0,014	0,685	0,013	0,288	0,026	0,693	6,801
7	1230	—	0,7	—	0,3	—	0,7	7,0
8	1250	—	0,7	—	0,3	—	0,8	8,0
9	1280	—	0,7	—	0,3	—	0,9	9,0
10	1300	—	0,7	—	0,3	—	1	10,0
11	1320	—	0,7	—	0,3	—	1,2	12,0
12	1350	—	0,7	—	0,3	—	1,4	14,0
13	1380	—	0,7	—	0,3	—	1,6	16,0
14	1410	—	0,7	—	0,3	—	1,8	18,0
15	1435	—	0,7	—	0,3	—	2,1	21,0
16	1460	—	0,7	—	0,3	—	2,4	24,0
17	1480	—	0,7	—	0,3	—	2,7	27,0
18	1500	—	0,7	—	0,3	—	3,1	31,0
19	1520	—	0,7	—	0,3	—	3,5	35,0
20	1530	—	0,7	—	0,3	—	3,9	39,0
26	1580	—	0,7	—	0,3	—	7,0	72,0
27	1610	—	0,7	—	0,3	—	20	200
28	1630	—	—	—	—	—	1	10
29	1650	—	—	—	—	—	1	8
30	1670	—	—	—	—	—	1	6
31	1690	—	—	—	—	—	1	5
32	1710	—	—	—	—	—	1	4
33	1730	—	—	—	—	—	1	3

Tabelle 2. Tabelle der Segerkegel (Fortsetzung).

Nr.	Schmelz-punkt in ° C	Chemische Zusammensetzung						
		MgO	CaO	Na_2O	K_2O	B_2O_3	Al_2O_3	SiO_2
34	1750	—	—	—	—	—	1	2,5
35	1770	—	—	—	—	—	1	2
26	1790	—	—	—	—	—	1	1,66
37	1825	—	—	—	—	—	1	1,33
38	1850	—	—	—	—	—	1	1,0
39	1880	—	—	—	—	—	1	0,66
40	1920	—	—	—	—	—	1	0,33
41	1960	—	—	—	—	—	1	0,13
42	2000	—	—	—	—	—	1	—

ist nach oben etwas konisch erweitert. In der Mitte der Bodenplatte ist
eine Öffnung von 3 cm Durchmesser, um diese herum mehrere Löcher von
6 mm Durchmesser angeordnet. Unter der Bodenplatte befindet sich ein
Windkessel, in den die Verbrennungsluft hineingedrückt wird. Die Proben
selbst befinden sich in Tiegeln, die aus hochfeuerfestem Material geformt
sind, und in denen auf einer Schicht von Aluminiumoxyd die Probekörper
und die Segerkegel in einem Kreise in gleichem Abstand von der Tiegelwand
angeordnet sind. Zur Erkennung der Reihenfolge ist ein prismatischer Körper
in den Kreis gestellt. Die Reihenfolge zeichnet man sich zwecks besserer
Kontrolle auf Papier auf. Der Tiegel wird zugedeckt und auf einem Tiegel-
untersatz über die große Öffnung der Bodenplatte gesetzt. Mit einer bestimmten Menge (100 g) glühender und (100 g) kalter Holzkohle, die man
in den Ofen einbringt, wird er angeblasen und sodann Retortengraphit in
genau abgewogener Menge nachgefüllt. Die Luft wird bei konstantem Druck
ausgeblasen, bis der Graphit heruntergebrannt ist. Der Tiegel wird heraus-
genommen und der Inhalt auf Schmelzerscheinungen geprüft. Wie aus dieser
Beschreibung ersichtlich, kann man die Kegel während des Versuchs nicht
beobachten. Ebenso kann die Temperatur nur durch die Luftmenge und
durch den Druck der Luft geregelt werden. Man hat deshalb Öfen mit Gas-
heizung gebaut, die eine Regelung der Temperatur eher gestatten, und deren
Heizung nicht so umständlich ist wie die des Deville-Ofens. Von diesen
Öfen sei der Gebläseofen der Staatlichen Porzellanmanufaktur Berlin erwähnt, der in etwa 5 Stunden auf 1700 bis 1800° gebracht werden kann.
Er ist im Schnitt in Fig. 28 wiedergegeben. Wie man sieht, besteht er aus
einem Mantel aus feuerfester Schamotte, der aus einzelnen Ringen zusammengesetzt ist und deshalb auch durch Zwischenlage einzelner Ringstücke erhöht
werden kann. Der Mantel sitzt auf einer Bodenplatte auf, durch die die
einzelnen Brenner *18, 19* im Kreise angeordnet hindurchgehen. Die Verbrennung findet in dem Ringraum *15* statt, die Feuergase gehen hoch, schlagen
um die Feuerbrücke *7*, bespülen die Muffel *8* und gehen durch das Abzugs-
rohr *17* abwärts nach dem Schornstein. Der Schamotteofen ist von einem
Eisenblechmantel *20* umgeben, von dem er zusammengehalten wird. Die

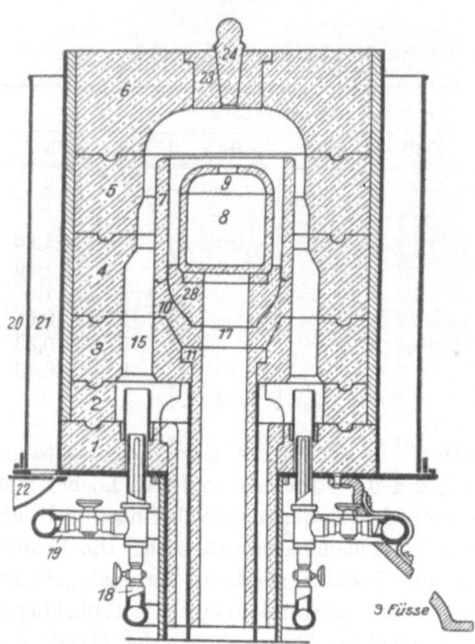

Fig. 28. Gas-Preßluft-Ofen der Staatl. Porzellan-Manufaktur, Berlin.

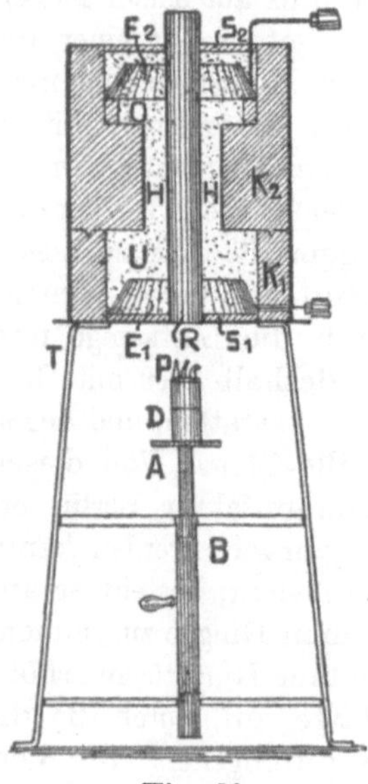

Fig. 29.

zu prüfenden Körper werden zusammen mit den Segerkegeln in die Muffel *8* eingesetzt. Der Schmelzvorgang kann nach Herausnahme des Stöpsels *24* beobachtet werden. Ebenso läßt sich die Temperatur auch noch mittels eines optischen Pyrometers oder eines Bolometers messen.

Die bequemste Schmelztemperaturbestimmung läßt sich in einem elektrischen Ofen ausführen. Bei der Heizung mit Brennstoff ist der Wärmeverlust durch die abströmenden Rauchgase sehr hoch und verhindert die Erreichung der höchsten Temperaturen. Diese Verluste kommen bei elektrischen Öfen nicht vor. Man hat es jederzeit in der Hand, die Wärmezufuhr höher zu halten als die Wärmeabgabe, die sich insbesondere in der Abstrahlung äußert. Infolgedessen gibt es für die erreichbaren Höchsttemperaturen nur die Grenze der Wärmewiderstandsfähigkeit des Materials. Die elektrischen Öfen werden als Lichtbogenöfen, als Induktionsöfen und als Widerstandsöfen gebaut. Für Prüfzwecke kommen nahezu ausschließlich die letzteren in Frage. Als Widerstände können Metallfolien oder -drähte, Kohle in gekörnter oder gepreßter Form oder als Graphit, oder Carborund Verwendung finden. Für die hier in Frage kommenden Prüfzwecke haben sich besonders die Kohlegrießöfen bewährt, die in verschiedenen Bauarten in Betrieb stehen. Ein solcher ist beispielsweise der Ofen des Chemischen Laboratoriums für Tonindustrie, Berlin (Fig. 29). Dieser Ofen besteht im wesentlichen aus dem Rohr R, das in einer Kohlegrießschicht U eingebettet ist, den beiden Elektroden E_1 und E_2 und dem Mantel K_1 K_2. Die Stromeinführung zu den Elektroden erfolgt durch den Mantel und von oben durch den Deckel. Das Brennrohr ist unten offen. Durch die untere Öffnung werden die auf einem Tischchen A stehenden Proben in das Rohr eingeführt. Das Brennrohr R besteht aus einem Material, das der Temperatur von Segerkegel (SK) *37* (etwa 1825°) Widerstand leistet. Dieser Ofen kann mit jeder Stromart betrieben werden, doch muß derselbe auf geringe Spannung und hohe Stromstärke transformiert werden. Die Spannung soll etwa 70 bis 80 Volt, die Stromstärke bis 130 Ampère betragen. Was die Beobachtung und Messung der Temperatur anlangt, so ist sie bequemer als bei den vorhergenannten Gasöfen. — Von der beschriebenen Art sind auch die Öfen, mit deren Hilfe die Druckfestigkeit bei höherer Temperatur (s. oben) bestimmt wird.

c) Elektrische Eigenschaften.

Die elektrischen Eigenschaften bestimmter Werkstoffe haben in der chemischen Industrie vor allem deswegen allgemeine Bedeutung, weil der Antrieb der beweglichen Teile der Apparate im überwiegenden Maße durch elektrische Kraftübertragung erfolgt und der chemische Betrieb demzufolge von Stromleitungen, Motoren, Messinstrumenten usw. vollkommen durchsetzt ist. Immerhin ist aber gerade dieser Teil des Betriebes das Sondergebiet des Elektrotechnikers und nicht Sache des Chemikers. Es wird im allgemeinen vom Chemiker nicht verlangt, ein Leitungs- oder Wicklungsmaterial gegen ein anderes auszutauschen und gleichzeitig die Leitfähigkeit oder den Widerstand der neuen Materialien zu bestimmen. Wohl aber gibt es Gebiete, wo der Chemiker in elektrischen Dingen zumeist auf sich selbst gestellt ist und daher über die elektrischen Eigenschaften von Werkstoffen Bescheid wissen muß, und zwar sind dies die elektrische Heizung und die Elektrolyse.

Bei vielen chemischen Prozessen geschieht die Heizung mit Hilfe des elektrischen Stromes, und zwar aus folgenden Gründen. Da die elektrische Heizung stofflos ist und zur Wärmebildung im Ofen keinerlei Stoffumsetzung notwendig ist, somit auch keinerlei Verbrennungsprodukte, wie Gase, Schlacken usw. vorkommen, so ist sie vor allem dort zu verwenden, wo Gewicht auf besondere Reinheit der Ausgangsstoffe und Produkte gelegt wird. Sie eignet sich ferner dort, wo höchste Temperaturen erzielt werden sollen, insbesondere auch für Fälle, wo die Erhitzung auf einen bestimmten Raum begrenzt werden soll. Die elektrische Erhitzung ist nicht an Ofenwände gebunden, sondern das Material wird nur dort erhitzt, wo es als Widerstand oder als Lichtbogengut zwischen elektrischen Polen eingeschaltet ist. Vielfach kann ja das zu erhitzende Gut selbst als Widerstandsmaterial dienen, so daß jeder Verlust durch Wärmeübertragung, Strahlung oder Leitung, wegfällt. Die elektrische Heizung zeichnet sich ferner durch leichte Handhabung aus und ferner dadurch, daß der erforderliche Strom von weither übertragen werden kann. Die für die elektrische Widerstandsheizung angewendeten Werkstoffe — Metalldrähte oder Folien, Kohle in Korn- oder Stabform, Siliciumverbindungen in Form von Stäben u. dgl. — müssen auf ihre Leitfähigkeit bzw. deren reziproken Wert, den Widerstand, geprüft werden. Es ist ferner notwendig, den Temperaturkoeffizienten des Widerstandsmaterials zu kennen, das ist die Zahl, die angibt, um wieviel sich der Widerstand eines Leiters bei Erhöhung seiner Temperatur um $1°$ ändert.

Die elektrische Heizung beruht auf der Eigenschaft des elektrischen Stromes, sich beim Durchgang durch Körper unmittelbar oder mittelbar über die Lichtenergie in Wärme umsetzen zu können. Diese Umsetzung erfolgt nach dem Gesetz von *Joule*, das sich durch folgende Gleichungen ausdrücken läßt:

$$Q = C \cdot i^2 r t \tag{1}$$
$$Q = C \cdot e i t. \tag{2}$$

Hierin bedeuten:

Q die erzeugte Wärmemenge in g Cal.,
i die Stromstärke in Ampere,
r den Widerstand in Ohm,
e die Spannung in Volt,
t die Zeitdauer des Stromdurchgangs in Sekunden,
C eine Konstante, die bei den angewandten Maßeinheiten 0,24 beträgt.

Das Wärmeäquivalent des elektrischen Stromes beträgt:

1 Wattstunde = 864,5 g Cal.,
1 elektrische PS-Stunde = 636,3 kg Cal.

Bei Gleichstrom ist die elektrische Leistung in Watt bestimmt durch das Produkt $V \cdot A$, bei Wechselstrom tritt noch der Koeffizient der Phasenverschiebung $\cos\varphi$ hinzu, so daß dann die Leistung dem Produkt $V \cdot A \cdot \cos\varphi$ entspricht. Aus Gleichung (1) ist zu ersehen, daß die Wärmeumsetzung proportional ist der Zeit, dem Widerstand und dem Quadrat der Stromstärke. Der Widerstand ist eine Materialeigenschaft und muß daher ermittelt werden. Diese Ermittlung geschieht im allgemeinen durch Vergleich des unbekannten Widerstandes mit einem bekannten. Beispielsweise schließt man laut beistehendem Schaltungsschema (Fig. 30) eine konstante Stromquelle E durch einen Stromzeiger S und den unbekannten Widerstand X bzw. den Stöpselrheostaten R, von denen je einer wechselweise durch den Schalter U in den Stromkreis gelegt werden kann. Man schaltet zuerst den unbekannten Widerstand, ein Stück des zu prüfenden Widerstandsmaterials von bekannter Länge und bekanntem Querschnitt ein und beobachtet den Ausschlag α auf dem Stromzeiger. Sodann schaltet man auf den Rheostaten um und zieht so lange Stöpsel, bis der Ausschlag α wieder hergestellt ist. Jetzt ist der unbekannte Widerstand X gleich dem bekannten Widerstand R. Voraussetzung ist, daß die elektromotorische Kraft E sich nicht inzwischen geändert hat, was unbedingt zu prüfen ist. — Eine andere Messung des Widerstandes ist die aus Spannung und Stromstärke. Wenn durch den zu messenden Widerstand der in einem Strommesser gemessene Strom J fließt, so muß der Spannungsunterschied $e = J \cdot X$ bestehen. Letzteren mißt man im Voltmeter, woraus sich ergibt: $X = \dfrac{e}{J}$. Besonders häufig wird der Widerstand mit Hilfe der *Wheatstone*schen Brücke gemessen. Diese Methode erfordert nicht Konstanz der Stromquelle wie die vorhergehenden. Zur Feststellung der Stromlosigkeit der Brücke bedient man sich dabei entweder eines Galvanometers oder eines Telephons. Für besonders feine Messungen kann man auch ein Quadrantelektrometer hierzu benützen. — Aus dem ermittelten

Widerstand des zu prüfenden Werkstoffes, seiner Länge und seinem Querschnitt kann man seinen spezifischen Widerstand nach der Formel $r_s = r \cdot \dfrac{e}{q}$ berechnen.

Der Temperaturkoeffizient

$$\alpha_{o,t} = \frac{1}{R_o} \cdot \frac{R_t - R_o}{t}$$

des elektrischen Widerstandes bei metallischem Widerstandsmaterial wächst mit steigender Reinheit der Metalle. Schon geringe Beimengungen fremder Stoffe können ihn herabdrücken. Verkleinert wird er durch mechanische Härtung, ebenso durch Ausglühen über eine bestimmte Temperatur hinaus. Der Temperaturkoeffizient $\alpha_{0,100} \cdot 10^5$ einiger reiner Metalle zwischen 0 und 100° ist in folgender Tabelle angegeben:

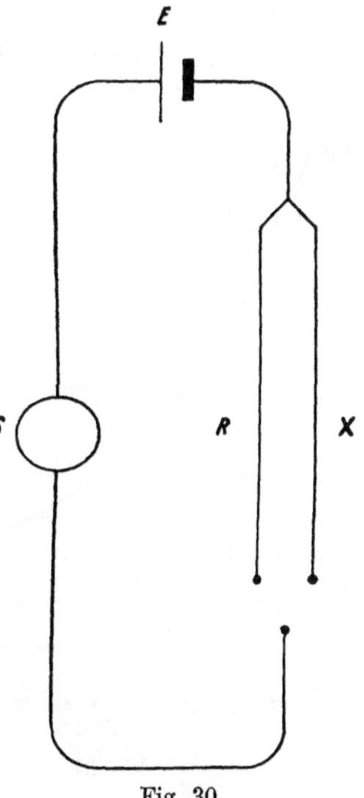

Fig. 30.

Aluminium	423 bis	474
Eisen	557 „	657
Kupfer	426 „	438
Nickel	620 „	675
Platin	367 „	392
Quecksilber	99	
Silber	400 „	410
Wolfram	453 „	510

Wo zwei Zahlen angegeben sind, ist die größte und kleinste Zahl verschiedener Beobachter gemeint.

Die Stromzuleitungen bei elektrochemischen Prozessen, die sog. Elektroden, sind je nach der Art des Prozesses aus verschiedenen Werkstoffen hergestellt. Die Elektroden für elektrothermische Zwecke, wie z. B. die Carbidfabrikation, die Elektrostahlerzeugung, bestehen zumeist aus Kohlenstoff. Ihre Herstellung ist im speziellen Teil behandelt. Ebenso sind die Anoden bei Schmelzelektrolysen aus Kohle und werden auf gleiche Weise hergestellt. Als Kathoden werden im letzteren Falle Metalle verwendet, zumeist Eisen, doch kommt zuweilen auch ein anderes Metall, wie beispielsweise Nickel oder Blei, in Frage. Für elektrische Metallraffination werden als Anoden Platten aus dem unreinen Metall, als Kathoden solche aus dem gereinigten Metall verwendet. Bei der Chlor-Alkali-Elektrolyse wird als Anodenmaterial auch Kohle benutzt, doch ist sie zum Teil durch Elektroden aus Magnetit ersetzt. Für Elektrodenmaterial wird im allgemeinen große chemische Widerstandsfähigkeit, genügende mechanische Festigkeit, sehr gute Leitfähigkeit und die Möglichkeit bequemen Einbauens verlangt. Eine Methode zur Prüfung der mechanischen Widerstandsfähigkeit gibt Arndt[1] an. Es ist dies ein Fall-

---

[1] V. D. I.-Zeitschrift 1927, S. 1363.

gerät, bei welchem ein beschwerter Meißel eine genau abgegrenzte Ecke abschlägt. Das Produkt aus Fallgewicht und Fallhöhe gibt ein brauchbares Maß für die relative Festigkeit. Die elektrische Widerstandsfähigkeit der Elektrodenkohle wird durch hohe Erhitzung und Umwandlung in Graphit erzielt. Durch die Graphitierung wird der elektrische Widerstand der Elektrodenkohle auf etwa ein Zehntel vermindert. Dabei wird die Kohle so weich, daß man sie auf der Drehbank bearbeiten kann. Es läßt sich daher der Grad der Graphitierung durch die Ritzhärte prüfen. Auch dafür hat *Arndt* einen Ritzhärteprüfer konstruiert, der aus einer mit einem bekannten Gewicht beschwerten gehärteten Stahlspitze besteht, die auf der Elektrodenplatte einen Ritz erzeugt, dessen Breite mit dem Okularmikrometer gemessen wird.

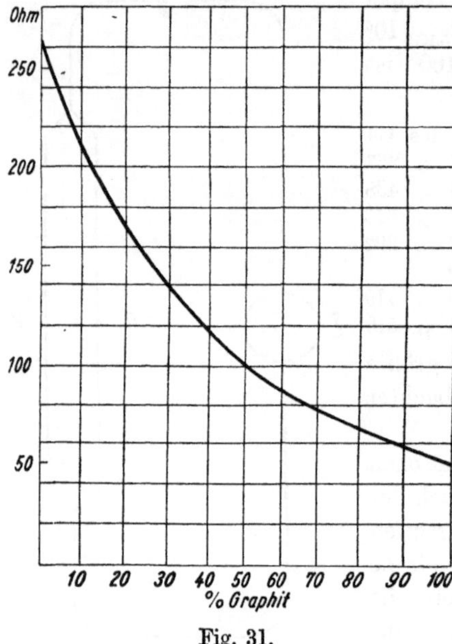

Fig. 31.

Diese Prüfung ist analog der von *Martens* angegebenen Methode (s. oben). Einen anderen Anhalt für den Grad der Graphitierung erhält man durch die Bestimmung der elektrischen Leitfähigkeit. Eine Probe des zu prüfenden Materials wird zu Pulver zermahlen, auf eine bestimmte Korngröße abgesiebt und das so erhaltene Pulver in einem dickwandigen Porzellanrohr einem bekannten hohen Druck unterworfen, worauf der Widerstand dieser Graphitsäule mit Hilfe der *Wheatstone*schen Brücke bestimmt wird. Der Übergangswiderstand von den Stempeln zum Pulver ist bei einem Druck von 175 Atmosphären zu vernachlässigen. Der spezifische Widerstand des Graphits ist auch abhängig von der Größe der Pulverteilchen, weshalb die Gleichmäßigkeit der Körnung Voraussetzung für eine zuverlässige Messung ist. Aus dem spezifischen Widerstand teilweise graphitierter Elektrodenkohle läßt sich der Graphitgehalt ungefähr bestimmen, wie aus beistehender Darstellung[1] (Fig. 31) beispielsweise zu ersehen ist. Während die ungraphitierte Kohle einen spezifischen Widerstand von 263 Ohm hat, hat die vollständig graphitierte einen solchen von **49**.

Während es sich in den bisher genannten Fällen darum handelt, die Leitfähigkeit und den Widerstand von leitenden Werkstoffen zu ermitteln, ist bei einer zweiten Gruppe gerade die Bestimmung der Isolierfähigkeit, des elektrischen Nichtleitens, die Hauptsache. In der modernen Hochspannungstechnik spielt die Frage der Isolation spannungsführender Teile die wichtigste Rolle. Die Isoliermaterialien, die bei niedrig gespanntem

---

[1] Angew. Chemie 1922, S. 442.

Strom nur wenig beansprucht werden, unterliegen einer ganz besonders starken Beanspruchung, je höher der fortzuleitende Strom gespannt ist. Derjenige Teil der elektrochemischen Industrie, der große Energiemengen verbraucht (wie Carbidfabrikation, Elektrometallurgie), empfängt den elektrischen Strom, auch wenn er aus Betriebsgründen mit geringerer Spannung, dafür aber höherer Stromstärke arbeitet, in hochgespanntem Zustande. Es sind also zu seiner Fortleitung auch innerhalb des Betriebes hochwertige Isoliermaterialien notwendig. Für die Beurteilung der Güte eines Isoliermaterials kommen in Betracht: der Oberflächenwiderstand, die Durchschlagsfestigkeit, die Überschlagsfestigkeit, daneben auch die Dielektrizitätskonstante, der Stromwärmeverlust und der dielektrische Verlust. Diese Eigenschaften werden geprüft nach den „Prüfvorschriften für die Untersuchung elektrischer Werkstoffe"[1].

Der Oberflächenwiderstand eines Isolierstoffes ist der Widerstand der auf der Oberfläche ruhenden dünnen, aus niedergeschlagener Feuchtigkeit und Schmutzteilchen gebildeten Schicht. Er hat mit dem Material selbst nichts zu tun, kann also nicht als eine Materialkonstante angesehen werden, weshalb von der Beschreibung des Bestimmungsverfahrens hier Abstand genommen werden soll.

Eine dem Material selbst innewohnende Eigenschaft ist aber der Durchgangswiderstand. Einen absoluten Isolator gibt es nicht, es fließt daher auch durch den Isolierstoff Strom hindurch, wenn er unter Spannung gesetzt wird. Dieser Widerstand wird nach dem *Ohm*schen Gesetz durch die Formel

$$w_D = \frac{E}{i_D} \cdot 10^{-6} \text{ Megohm}$$

wiedergegeben. Wenn man den Widerstand in einem Isoliermaterial von bestimmtem Querschnitt und bestimmter Länge ermittelt, kann man daraus den spezifischen Widerstand, z. B. bezogen auf einen Würfel von 10 cm Seitenlänge und als reziproken Wert davon die Leitfähigkeit des betreffenden Isolierstoffs, berechnen. Die Messung des Durchgangswiderstandes geschieht zweckmäßig an ebenen Platten mittels Gleichstromes, wobei die Elektroden so an den Prüfkörper angelegt werden, daß der Strom durch den Isolierstoff hindurchfließen muß. Die Spannung beträgt 1000 Volt. Die Schaltung der Prüfanordnung entspricht dem umstehenden Schema (Fig. 32). Wenn E die am Voltmeter abgelesene Spannung, α den Galvanometerausschlag, C die Galvanometerkonstanten, c die am Nebenschluß eingestellte Empfindlichkeit bedeutet, so ist der Durchgangswiderstand

$$w_D = \frac{E \cdot c}{C \cdot \alpha} \cdot 10^{-6} \text{ Megohm}.$$

Der Durchgangswiderstand hängt ab von der Prüfspannung, insofern als er mit zunehmender Prüfspannung geringer wird, von der Dauer des Stromdurchganges und von der Temperatur. Mit wachsender Temperatur sinkt

---

[1] Elektrotechn. Ztschr. 1922.

der Widerstand. Manche Isolierstoffe sind bei hohen Temperaturen Leiter und werden erst bei niedrigerer Temperatur wieder Isolatoren.

Die elektrische Durchschlagsfestigkeit ist diejenige dielektrische Beanspruchung des Isolierstoffs in Kilovolt pro cm, bei welcher in einem homogenen elektrischen Felde eine Funkenentladung durch den Isolierstoff hindurch erfolgt und damit an der betreffenden Stelle den Isolierstoff zerstört. Die Messung geschieht so, daß der zu untersuchende Stoff in Form einer planparallelen Platte in ein möglichst homogenes elektrisches Feld, beispielsweise zwischen zwei große parallele Metallplatten gebracht wird, diese mit den Klemmen

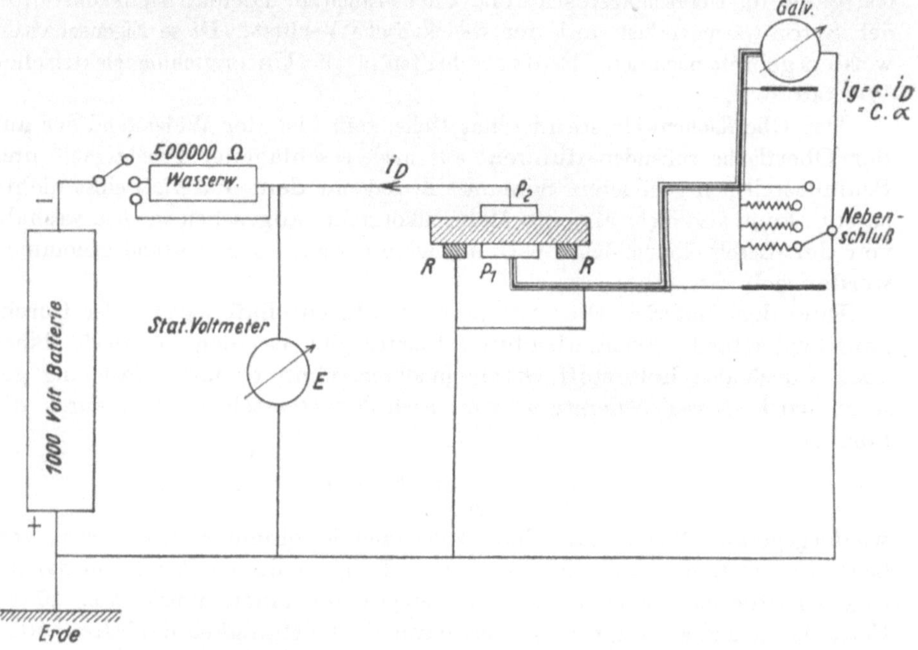

Fig. 32. Schaltungsschema zur Messung des Durchgangswiderstandes.

eines Hochspannungstransformators verbunden werden, worauf man die Spannung so lange steigert, bis Durchschlag erfolgt. Die Durchschlagsfestigkeit berechnet sich nach der Formel

$$e = \frac{\sqrt{2} \cdot E_d}{d} \text{ Kilovolt/cm,}$$

wenn E_d den Effektivwert der gemessenen Durchschlagsspannung in Kilovolt und d die Plattendicke des Isolierstoffes an der Durchschlagstelle bedeuten. Bei dieser Messung ist zu berücksichtigen, daß die Durchschlagsspannung von der Elektrodengröße abhängig ist, und zwar bei größerem Elektrodendurchmesser niedriger wird, ferner bei zunehmendem Auflagedruck wächst. Bei steigender Temperatur nimmt die Durchschlagsspannung unabhängig von der Elektrodengröße ab. Länger andauernde Beanspruchung setzt die Durchschlagsfestigkeit jedenfalls infolge der Erwärmung und der Ermüdung des Isolierstoffes herunter. (Vgl. analoge Verhältnisse bei der mechanischen Prüfung.)

Die Überschlagsfestigkeit ist die elektrische Beanspruchung eines festen Isolierstoffes längs seiner Oberfläche. Der Überschlag ist aber ein Luftdurchschlag, auf den die elektrischen Eigenschaften des Isolierstoffes selbst keinen besonderen Einfluß ausüben, so daß auch diese Eigenschaft nicht als eine Materialeigenschaft angesehen werden kann.

Die Dielektrizitätskonstante eines Isoliermaterials ist die Zahl, die angibt, wievielmal größer unter sonst gleichen Umständen die elektrische Kraftliniendichte im Isolierstoff gegenüber der elektrischen Feldstärke in Luft ist. Die Messung beruht auf der Messung der Kapazität der Isolierstoffe. Die Anordnung ist durch beistehendes Schema (Fig. 33) wiedergegeben. Aus zwei gleich großen, im Abstand d sich parallel gegenüber stehenden Metallplatten von der Fläche F, die durch eine planparallele Platte des zu prüfenden Isolierstoffes von der Dicke d voneinander getrennt sind, stellt man sich einen Kondensator her, dessen Kapazität dann ist

$$C_x = \frac{\varepsilon \cdot F}{4\,\pi\,d} \cdot \frac{1}{9 \cdot 10^5}\text{Mikrofarad (MF)},$$

worin ε die Dielektrizitätskonstante des Isolierstoffes bedeutet und d in cm und F in qm ausgedrückt sind. Die Kapazität des Kondensators wird durch Vergleich mit einem Normalluftkondensator von bekannter Kapazität C_1 gemessen. Es verhält sich dann

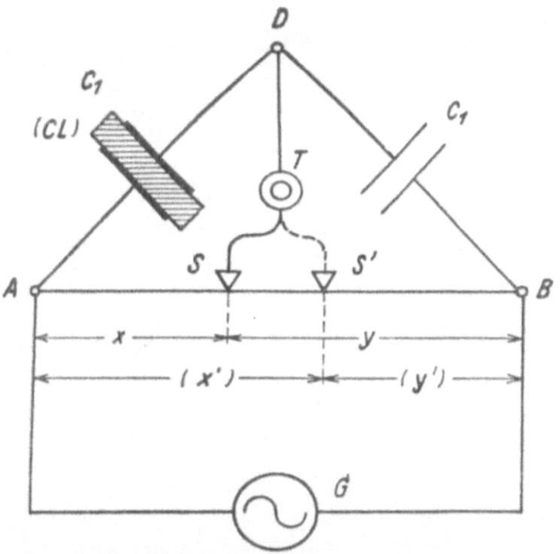

Fig. 33. Wechselstrom-Telephonmeßbrücke zur Ermittlung der Dielektrizitätskonstante.

$$C_x : C_1 \text{ wie } y : x.$$

Hieraus ergibt sich $C_x = C_1 \cdot \dfrac{y}{x}$ Mikrofarad. Wird dieser Wert in die erste Gleichung eingesetzt, d und F gemessen, so ist die gesuchte Dielektrizitätskonstante

$$\varepsilon = C_x \frac{4\,d}{F} \cdot 9 \cdot 10^5 = C_1 \frac{y}{x} \frac{4\,d}{F} \cdot 9 \cdot 10^5.$$

Stromwärmeverlust. Der Durchschlagswiderstand jedes Isolierstoffes bewirkt, daß ein Teil des durchgehenden Stromes sich in Wärme umsetzt und verloren geht. Dieser Verlust sowie der durch den Oberflächenwiderstand verursachte haben zusammen die Größe

$$V_s = T_o{}^2 \cdot W_o + T_d{}^2 \cdot W_d = E^2 \left(\frac{1}{W_o} + \frac{1}{W_d} \right) \text{Watt,}$$

beziehungsweise ist, da eine Wattstunde eine Wärmemenge von 860 g Cal. hervorbringt, die pro Sekunde im Isolierstoff erzeugte Wärmemenge

$$Q = 0{,}24 \left(T_o{}^2 \cdot W_o + T_d{}^2 \cdot W_d \right) \text{ g Cal/sec.}$$

Bei Wechselstrom treten im Isolierstoff noch weitere Verluste auf, die sog. dielektrischen Verluste infolge der dielektrischen Nachwirkung, die bei Gleichstrom nicht vorkommen. Sie entsprechen der zur Umelektrisierung des Dielektrikums erforderlichen elektrischen Arbeit und haben eine gewisse Ähnlichkeit mit den bei der Ummagnetisierung von Eisen auftretenden Hysteresisverlusten.

II. Prüfung der chemischen Eigenschaften.

Die chemische Eigenschaft der Werkstoffe, die für den Apparatebau vor allem von Bedeutung ist, ist die Widerstandsfähigkeit gegen chemische Angriffe. Die Zusammensetzung der Werkstoffe wird mit Hilfe analytischer Verfahren festgestellt, deren Behandlung im Rahmen des vorliegenden Buches zu weit gehen würde, so daß auf das bezügliche, sehr reichhaltige Schrifttum hingewiesen werden kann. Damit soll nicht etwa behauptet werden, daß die chemische Zusammensetzung von geringem Einfluß auf die Widerstandsfähigkeit der Werkstoffe wäre. Im Gegenteil wird gerade durch Änderung der chemischen Zusammensetzung in bestimmtem Sinne die chemische Widerstandsfähigkeit beeinflußt, wie später im speziellen Teil noch eingehender gezeigt werden soll. Dennoch sollen hier nur die Methoden beschrieben werden, die es ermöglichen, daß man sich auch ohne den umständlichen und zeitraubenden Weg der chemischen Analyse über die Widerstandsfähigkeit der Werkstoffe und damit ihre Eignung zum Bau von Apparaten unterrichten kann.

Die chemischen Angriffe können verschiedener Art sein. Grundsätzlich muß man zwei Arten unterscheiden. Erstens solche, deren Eintreten man voraussieht, und gegen die man sich deshalb von vornherein zu schützen versucht. Zweitens solche, die vielleicht nicht unerwartet kommen, über deren Wirkung man sich jedoch von vornherein nicht das richtige Bild macht, so daß man erst nach Eintreten von Schäden auf Schutzmaßnahmen bedacht ist.

Zu den Angriffen ersterer Art gehören die durch aggressive chemische Substanzen, wie Säuren oder Alkalien. Es ist wohl überflüssig zu sagen, daß man zur Durchführung von Prozessen, bei denen das Reaktionsgemisch ausgesprochen sauer ist, nicht Apparate aus Metallen verwenden wird, die sich in der Säure leicht lösen, oder daß man zu einer Alkalischmelze nicht ein Gefäß aus Quarz oder einem solchen Scherben verwendet, der im Überschuß Kieselsäure enthält. Aber selbst bei Werkstoffen, die an sich eine gewisse Widerstandsfähigkeit erhoffen lassen, ist eine Prüfung für jeden besonderen Fall geboten, wenn man sie nicht schon an sich für unbedingt erforderlich ansieht.

Die chemischen Angriffe erfolgen entweder durch gasförmige Stoffe, durch Stoffe in wässriger Lösung oder durch solche im Schmelzfluß, wobei zu den letzteren auch die Fälle gezählt werden sollen, wo feste Körper aufeinander bei hoher Temperatur einwirken und dabei Reaktionen unterhalb des Schmelzpunktes der Ausgangsstoffe eintreten.

Methoden zur Prüfung der Widerstandsfähigkeit gegen gasförmige Stoffe werden nur verhältnismäßig selten angewendet. Es ist ja bekannt, daß viele stark wirkenden Gase nur in Gegenwart von Feuchtigkeit angreifen, und daß diese Wirkung dann gleich oder zumindest sehr ähnlich derjenigen ist, die die gleichen gasförmigen Stoffe in wässeriger Lösung ausüben. Die Einwirkung von trockenen Gasen auf Werkstoffe wird am besten so geprüft, daß man das Material in einen geeigneten geschlossenen Raum bei bestimmter Temperatur und eine bestimmte Zeitlang mit dem Gas zusammenbringt und so seinem Einfluß aussetzt. Am zweckmäßigsten besteht der ganze Raum aus dem zu prüfenden Werkstoff. Die Prüfung der angegriffenen Flächen erfolgt dann auf chemischem oder mikroskopischem Wege. Besondere Bedeutung hat dieses Prüfungsverfahren für Rohrleitungen, durch die solche Gase geführt werden, sowie für Öfen und sonstige Apparate aus feuerfesten Stoffen, die der Einwirkung heißer, trockener Gase ausgesetzt werden. Die mikroskopische Prüfung kann dann entweder an Dünnschliffen im durchfallenden oder am unbehandelten Material im auffallenden Licht erfolgen. Diese Prüfungsmethoden sollen noch weiter unten behandelt werden.

Für die Prüfung auf Widerstandsfähigkeit gegen Angriffe von wässerigen Flüssigkeiten, wie Säuren, Laugen, Salzlösungen, kennt man eine Reihe von Verfahren, für deren Durchführung aber noch keine einheitlichen Vorschriften bestehen. Es ist nicht gleichgültig und ergibt vollständig verschiedene Resultate, ob man die betreffenden Werkstoffe in zusammenhängender Form, also beispielsweise als Bleche, Drähte, Stäbe, Blöcke, oder ob man sie in zerkleinertem Zustande der Einwirkung der Flüssigkeiten aussetzt. Bei keramischen Massen hat sich die Methode durchgesetzt, daß man sie zunächst auf eine bestimmte Korngröße, z. B. auf ein Produkt, das durch das Sieb von 60 Maschen pro cm² hindurchgeht und auf dem Sieb von 120 Maschen pro cm² liegen bleibt, zerkleinert, bis auf 110° trocknet und eine gewogene Menge dieses Pulvers eine bestimmte Zeit der Einwirkung des Reagens in der Kälte, in der Kochhitze, oder in der Kochhitze unter erhöhtem Druck im Autoklaven aussetzt, wobei man besonders darauf zu achten hat, daß das Reagens im Maße des Wegsiedens ergänzt wird. Der Rückstand wird sodann gewaschen, getrocknet und gewogen. Die Differenz zwischen dem Gewicht des angewandten Stoffes und dem des Rückstandes, in Prozenten ausgedrückt, ergibt die Löslichkeit und damit die Angreifbarkeit des Werkstoffes gegen das betreffende Reagens. Normen gibt es nicht. Die einzige allgemein gültige Vorschrift für derartige Prüfungen ist in dem Bleigesetz vom 25. Juni 1887 und 22. März 1888 angegeben: „Eß-, Trink- und Kochgeschirre sowie Flüssigkeitsmasse dürfen nicht mit Emaille oder Glasur versehen sein, welche bei halbstündigem Kochen mit einem in 100 Gewichtsteilen 4 Gewichtsteile Essigsäure enthaltenden Essig an den letzteren Blei abgeben." Die in Lösung gegangene Menge Blei wird mit Hilfe eines kolorimetrischen Verfahrens festgestellt, so zwar, daß man sich aus Bleiacetat Lösungen von bekanntem Bleigehalt herstellt, sie mit Schwefelwasserstoffwasser versetzt und die Stärke der dabei entstehenden braunen Farbe von Schwefelblei mit der ebenfalls mit Schwefelwasserstoffwasser versetzten essigsauren Lösung von der Bleiprobe im Colorimeter vergleicht. Auch diese Methode liefert nach den bisherigen Erfahrungen untereinander sehr verschiedene Ergebnisse.

Zur Prüfung von Metallen auf ihre Löslichkeit in Säuren schlägt *Stenkhoff*[1] zwei sehr beachtenswerte Verfahren vor. Beide beruhen auf der Tatsache, daß der Säureangriff zur Menge des entwickelten Wasserstoffs in einem bestimmten Verhältnis steht. Nach dem ersten der beiden Verfahren ist es nicht nötig, die Wasserstoffmenge zu messen, sondern man läßt bei allen Versuchen den gleichen Gasdruck sich einstellen und bestimmt dann die Zeit, innerhalb welcher dieser Druck erreicht wird. Bei schwerlöslichem Werkstoff wird dieser Druck in entsprechend längerer Zeit erreicht werden als bei Verwendung von leichter löslichem Material. Die einzelnen Teile der Vorrichtung sind aus beistehender Zeichnung (Fig. 34) ersichtlich. Das würfelförmige Probestück, das auf einem Schleifpapier von der Körnung 00 abgeschliffen wurde, wird sogleich nach dem Abschleifen in das Lösungsgefäß gegeben, wo es auf ein Glasgestell gelagert ist. Das Lösungsgefäß wird sodann mit dem Oberteil verbunden und bei geöffnetem Gasablaßhahn mittels des Fülltrichters die Lösungssäure zur unteren Kugel eingefüllt. Wird dann der Gasablaßhahn geschlossen und gleichzeitig eine Stoppuhr in Tätigkeit gesetzt, so kann man

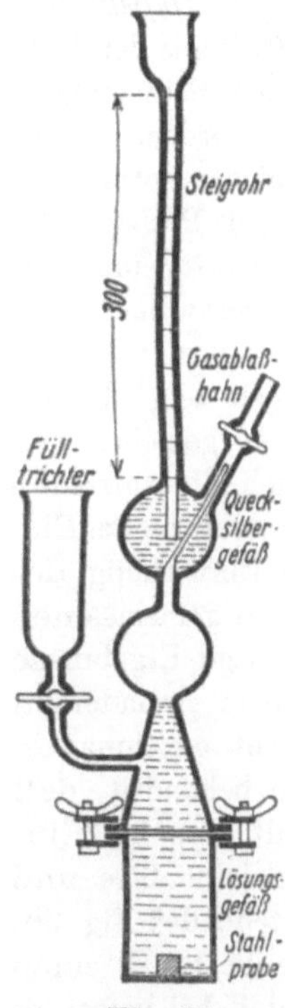

Fig. 34.

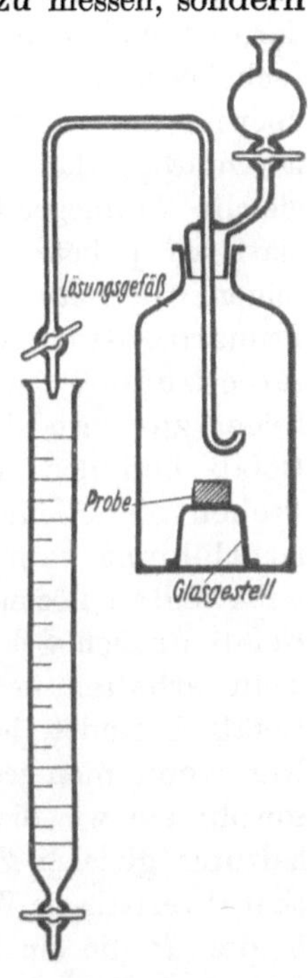

Fig. 35.

bestimmen, innerhalb welcher Zeit der Quecksilberspiegel im Steigrohr die einzelnen Teilstriche erreicht. Die beobachtete Zeit gibt eine Zahl, die zur Säurelöslichkeit in einem bestimmten Verhältnis steht. Die Temperatur der Lösungssäure sowie ihre Konzentration muß vor allem zu vergleichenden Versuchen stets konstant gehalten werden. Das zweite Verfahren besteht darin, daß der entwickelte Wasserstoff im Lösungsgefäß aufgefangen wird und eine gleich große Menge Lösungssäure durch einen Heber in eine Bürette fließt (Fig. 35). An der letzteren kann man dann die Anzahl ccm des entwickelten Wasserstoffs ablesen. Diese Methode hat vor der ersteren den Vorzug, daß sehr geringe Lösungs-

---

[1] Nach einer Privatmitteilung, für die Herrn Dr. *Stenkhoff* bestens gedankt sei.

4*

unterschiede noch festgestellt werden können, weil man die Lösungsdauer beliebig wählen kann. Man muß aber bei dieser Methode darauf achten, daß nicht zu viel Lösungssäure durch Abfließen der Reaktion entzogen wird, weil sich sonst aus Säuremangel die Lösungsgeschwindigkeit verringern würde.

Während diese beiden Methoden für Lösungsversuche verwendet werden, bei denen sich durch die Einwirkung des Reagens auf den Werkstoff Gas entwickelt, empfiehlt sich für solche Fälle, wo kein Gas entwickelt wird, eine andere Methode, die ähnlich wie die bereits für keramische Stoffe beschriebene auf der Gewichtsabnahme gewogener Probekörper beruht. *V. Duffek*[1] hat darüber eine Reihe von Versuchen angestellt. Er hat die Einflüsse der Versuchsbedingungen studiert und gefunden, daß unter folgenden Bedingungen übereinstimmende und gut reproduzierbare Werte erhalten werden. Es ist notwendig, daß die Proben gleiche Oberflächengröße, gleiche Form und gleiche Homogenität besitzen. Es empfiehlt sich nicht, die Probestücke glatt zu polieren, da in diesem Falle sich leicht Passivitätserscheinungen zeigen, die entweder auf eine schützende Gasbildung, eine Deckschicht aus Primäroxyden oder auf eine kleinporige Sperrschicht von Verbindungen zurückzuführen sind. Das Probestück soll daher geschmirgelt sein. Es ist ferner zu vermeiden, daß mehrere Probestücke sich in einem gemeinsamen Gefäß befinden. Selbst wenn man darauf achtet, daß sich die einzelnen Proben nicht leitend berühren und so eine störende elektromotorische Elementbildung verhindert wird, so zeigt sich doch, daß die Einwirkung des unbewegten Lösungsmittels auf die einzelnen Proben in einem gemeinsamen Gefäß großen Schwankungen unterworfen ist und gleichwertige Ergebnisse nicht erhalten werden. Auch wenn jede Probe sich in einem gesonderten Gefäß befindet, ist bei unbewegter Probe der Angriff nicht gleichmäßig. Nur wenn man jede Probe in einem gesonderten Gefäß so behandelt, daß sowohl sie wie die Lösungsflüssigkeit bewegt werden, erhält man bei Einhaltung gleicher Zeiten, beispielsweise von 24 Stunden, gleichmäßige und charakteristische Werte. Die Anordnung entspricht der beistehenden Fig. 36, in der *P* die am besten an einem Pferdehaar aufgehängte Probe, *R* einen Rührer bedeutet. Es ist selbstverständlich vorausgesetzt, daß bei verschiedenen Proben das Lösungsmittel immer in gleicher Konzentration zur Anwendung gelangt, und daß auch die Menge pro 1 cm² Probenoberfläche für alle Proben gleich ist.

Zur Prüfung der Widerstandsfähigkeit gegen feste und geschmolzene Stoffe gelangt zumeist keramisches Material, insbesondere feuerfeste Steine, Tiegel, Muffeln, Retorten, da für die hohen Temperaturen, bei denen die chemischen Reaktionen im Schmelzfluß ausgeführt werden, nur feuerfestes Material in Frage kommt. Man formt und brennt aus dem keramischen Material Blöcke geeigneter Form, beispielsweise Würfel von 7 cm Seitenlänge mit rechteckigen Vertiefungen von z. B. 4 × 4 cm Fläche und 2,5 cm

---

[1] Korrosion und Metallschutz 1926, S. 149 bis 152.

Tiefe. Man füllt dann diese Vertiefungen mit den Agentien, deren Angriff geprüft werden soll, wie Schlacken, Aschen, Glas, Salzen u. dgl. und erhitzt den Körper eine bestimmte Zeit auf eine bestimmte Temperatur. Nach dem Erkalten wird er zersägt und der Angriff der Schlacke nach der Tiefe ihres Eindringens in die keramische Masse beurteilt. Nach einer amerikanischen Vorschrift werden auf die zu untersuchenden Proben feuerfesten Materials Ringe aus gleichfalls feuerfestem Material aufgesetzt, deren Widerstandsfähigkeit gegen Schlackenangriff bekannt ist. Die Ringe werden mit 63 mm innerem Durchmesser und einer Höhe von 12,7 mm ausgeführt. In den von dem zu prüfendem Material und dem Ring gebildeten Raum wird die Schlacke bestimmter Zusammensetzung hineingetan. Beispielsweise wird eine Schlacke verwendet, deren Zusammensetzung folgendermaßen ist:

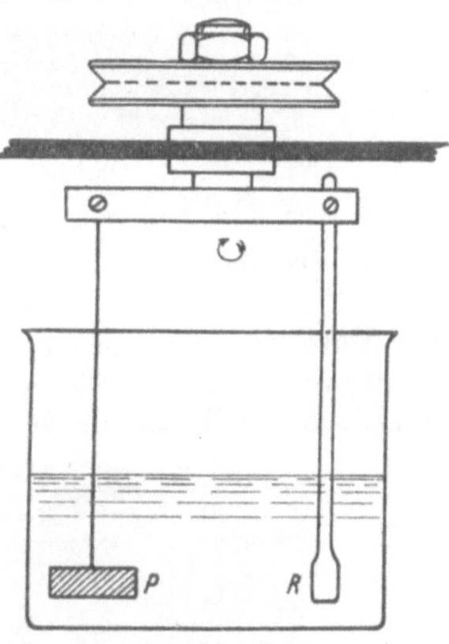

SiO_2 . . . . 19,00 Proz.
Al_2O_3 . . . . 12,89 „
Fe_2O_3 . . . . 15,73 „
CaO . . . . 33,50 „
MgO . . . . 6,93 „
MnO . . . . 3,52 „
Na_2O . . . . 8,50 „

Diese Schlacke wird soweit zerkleinert, bis sie durch ein 200 Maschensieb hindurchgeht. Die Versuchsstücke werden ohne Schlacke in die Mitte eines kalten Ofens gesetzt und innerhalb 5 Stunden auf 1350° erhitzt. Bei dieser Temperatur gibt man 35 g des künstlichen Schlackengemisches in die Ringe auf dem Probestein, worauf die Temperatur noch 2 Stunden auf 1350° gehalten wird. Man läßt 2 Stunden im Ofen erkalten. Sodann werden die Proben durchschnitten. Die angegriffene Fläche wird mit dem Planimeter ausgemessen und mit der nicht angegriffenen ins Verhältnis gebracht.

Fig. 36.

Dieses Verhältnis ist das offizielle Maß. Auf diese bis ins kleinste Detail normierte Weise können auch bei diesen schwierigen Prüfungen gleichmäßige Ergebnisse erhalten werden. Auf umstehender Fig. 37 a und b sieht man feuerfeste Steine, von denen der eine eine weitgehende Schlackeneindringung zeigt, während der zweite gegen Schlackeneindringung widerstandsfähiger war.

Es wurde oben gesagt, daß die andere Art der Angriffe so ist, daß man sich über ihre Wirkung, vor allem aber über ihren Grad, nicht das richtige Bild machen kann. Diese Art von Angriffen soll als Korrosion bezeichnet werden. *Fraenkel*[1] gibt für Korrosion folgende Definition: „Korrosion ist der unbeabsichtigte, mit dem Gebrauch des Werkstoffes nicht notwendig verknüpfte Angriff eines metallischen Gegenstandes.“ *Werner*[2] versteht unter

---

[1] Ztschr. f. Metallkunde 1923, S. 91.
[2] Korrosion und Metallschutz 1926, S. 182.

Korrosion ganz allgemein einen unerwünschten chemischen Angriff an Metallen und Metallegierungen. *Maaß* meint, daß unter Korrosion nur der nicht beabsichtigte, mit einer chemischen Umwandlung verbundene Angriff

Fig. 37a. Feuerfester Stein, der die Eindringung der Schlacke zeigt.

des Materials zu verstehen sei. Diese Begriffbestimmungen scheinen doch etwas weit zu gehen. Die Korrosion ist darin in Gegensatz gestellt zu den Angriffen auf Metalle, die herbeigeführt werden in der Absicht, die Metalle

Fig. 37b. Feuerfester Stein, der gegen Schlackeneindringung widerstandsfähig war.

zu lösen, beispielsweise zwecks Herstellung von Metallsalzen. In den vorliegenden Ausführungen soll der Begriff der Korrosion etwas enger gefaßt werden, und zwar soll damit der Angriff verstanden sein, auf den man bei der Anwendung eines Metalls oder eines anderen Werkstoffes von vornherein nicht gefaßt ist. Wenn man beispielsweise Wasser von neutraler Reaktion durch eiserne Röhren schickt, so tut man dies in der bestimmten Erwartung, daß die Röhren durch das Wasser nicht angegriffen werden. Tritt ein Angriff ein, dann stellt man erst Untersuchungen darüber an, auf welche Ursachen derselbe zurückzuführen ist. Wenn man Alkohol für sich oder in Mischung in einem Blechgefäß aufbewahrt, so tut man dies auch in der Erwartung, daß der Alkohol oder das Gemisch kraft seiner reinen Beschaffenheit das Material des Behälters nicht angreifen wird. Wenn man nach kürzerer oder längerer Zeit beispielsweise einen starken Angriff auf irgendeinen metallischen Tank feststellt, dann ist man überrascht und stellt sich die Frage, was die Ursache dieses Angriffes ist. Solcher Beispiele ließen sich noch viele aufzählen. Es soll daher hier unter Korrosion der nicht vorausgesehene Angriff an sich vielleicht harmloser Agentien auf Werkstoffe verstanden werden, für den man erst nach Eintreten von Schäden Erklärungen und Schutzmaßnahmen sucht. Für die nachfolgende Besprechung der Korrosion von Metallen sollen die Ausführungen von *Maaß* und *Liebreich*[1] herangezogen werden.

Bei Korrosionserscheinungen spielen sowohl elektrochemische als auch rein chemische Vorgänge eine Rolle. Man hat seit Einührung des Begriffes der Lösungstension bei Metallen durch *Nernst* die Korrosion von Metallen vielfach mit der jedem Metall charakteristischen Neigung, Ionen in Lösung zu senden, identifiziert. Sobald ein Elektrolyt mit einem Metall in Berührung kommt, sendet es geringe Mengen in Form von positiv geladenen Ionen in Lösung. Zwischen dem negativ geladenen Metall und den positiv geladenen Metallionen bildet sich dann eine elektrische Doppelschicht aus. Kompensieren die elektrostatischen Ladungen die Wirkung der Lösungstension des Metalles, so tritt ein Gleichgewichtszustand ein: das Metall geht nicht weiter in Lösung. Die Lösungstension eines Metalles kann aber einen so hohen Wert haben, daß weitere Atome als Ionen gelöst und anderweitige positive Ionen, z. B. Wassertstoffionen, herausgetrieben werden, die sich auf dem Metall niederschlagen und entladen. Sind in der Lösung von Anfang an Ionen desselben Metalls, so wirkt ihr osmotischer Druck dem Lösungsdruck des Metalls entgegen. Es ist also die Lösungstension der Metalle eine Materialkonstante, die in ihrer relativen Größe in der sog. elektrochemischen Spannungsreihe eingeordnet ist. Die Metalle werden danach in solche eingeteilt, welche Wasserstoffionen heraustreiben, und solche, welche diese Fähigkeit nicht besitzen. Bei den ersteren regelt sich die Auflösungsgeschwindigkeit durch die Diffusionsgeschwindigkeit des unverbrauchten Elektrolyten zur Grenzschicht Metall-Elektrolyt. Gerade die in dieser Grenzschicht auftretenden chemischen Reaktionen komplizieren den Vorgang der Korrosion. Ferner müßten die Metalle elektrochemisch einheitliche homogene Körper sein, an deren Oberfläche sich durch Verunreinigungen und Gefügeunterschiede keine elektrochemischen Potentialdifferenzen ausbilden können. Chemisch reine Metalle werden daher nur sehr schwer angegriffen, da hier keinerlei Lokalströme sich überlagern und das Gefüge zerstören. Wesentlich wichtiger für die

---

[1] Korrosion und Metallschutz 1925, S. 3.

Auflösungsgeschwindigkeit ist die Zusammensetzung des Elektrolyten, in den das Metall taucht, und die Art der chemischen Bedingungen in der Umgebung des Metalls, vor allem der Löslichkeitsgrad des durch den Angriff entstandenen Metallsalzes in dem betreffenden Elektrolyten. Ist er groß, so werden sich keine schützenden Deckschichten ausbilden, und die Auflösung wird weiter vor sich gehen. Im anderen Falle wird das Metallsalz ausfallen und unter Umständen durch Adsorption sich auf der Metalloberfläche niederschlagen und dieselbe vor der unmittelbaren Berührung mit dem Elektrolyten schützen. Dieser Schutz hängt seinerseits von der physikalischen Beschaffenheit der Deckschichten ab, nämlich ob sie krystallines Gefüge haben und leicht durchlässig sind, oder ob sie kolloidaler Natur sind und infolgedessen einen guten Schutz gewähren. Solche Schichten können über den eigentlichen elektrochemischen Charakter des Metalles täuschen. So verhält sich beispielsweise Zink, welches an sich in Säuren leicht löslich ist, eben infolge der schützenden Deckschicht von Zinkoxyd beinahe wie ein edles Metall. Man muß deshalb zur Beurteilung der Korrosionssicherheit die eigentlichen chemischen Eigenschaften der Metalle heranziehen und jedes Metall für sich unter den markantesten chemischen Bedingungen gesondert studieren. Die Prüfung der Metalle auf ihre Widerstandsfähigkeit gegen Korrosion wird am einfachsten so ausgeführt, daß man Bleche bestimmter Größe eine bestimmte Zeitlang der Wirkung der Reagentien aussetzt, die mit dem Metall bei seiner Verwendung in Berührung kommen werden, beispielsweise mit dem Leitungswasser, mit destilliertem Wasser, mit Seewasser oder sonstigen Salzlösungen. In bestimmten Zeitabschnitten, beispielsweise nach 8 Tagen, nach 3 Wochen und nach 6 Wochen werden die Bleche aus den Lösungen genommen, ihre Oberfläche gereinigt, im Exsiccator getrocknet und die eingetretene Korrosion durch Bestimmung des Gewichtsverlustes festgestellt. Die während der Versuchsdauer verdunstete Flüssigkeit muß durch destilliertes Wasser wieder ersetzt werden. Man kann ferner die Blechproben auch verschiedenen atmosphärischen Einflüssen aussetzen, indem man sie an Glashaken aufhängt. Diese Prüfungsmethoden erfordern, wie schon aus den genannten Zahlen ersichtlich, ziemlich lange Zeit und sind deshalb dort nicht verwendbar, wo es darauf ankommt, schnell zu einem Urteil zu kommen. Für solche Zwecke hat man einen besonderen Tauchtrommelapparat, der durch ein Uhrwerk angetrieben wird, und an welchem die Bleche während 20 Minuten durch Wasser geführt werden, worauf sie sich während 40 Minuten an der Luft befinden, um dann abermals durch das Wasser gezogen zu werden. Auf diese Weise kann man schon in kürzerer Zeit den Einfluß der betreffenden Flüssigkeit auf das Metall kennenlernen.

Der für Apparatebau wichtigste Werkstoff, das Eisen bzw. die aus ihm erhaltenen veredelten Produkte wie Stahl, sind, wie bekannt, stark dem Rosten unterworfen. Die Ursache des Rostvorganges ist ja noch nicht bis ins Letzte geklärt. Es gibt drei Theorien, von denen allerdings die elektrochemische die älteren Theorien, die Kohlensäure- und die Wasserstoffsuperoxydtheorie, nahezu völlig verdrängt hat. Nach der elektrochemischen Theorie muß das

Eisen, wenn es auf nassem Wege in Rost umgewandelt werden soll, zunächst in Lösung gehen. Dabei werden Ferroionen gebildet, die durch den Sauerstoff der Luft sekundär zu Ferriionen oxydiert und als Ferrihydroxyd ausgeschieden werden. Diese Auflösung geht, da die Lösung nicht mehr mit Ferriionen gesättigt ist, weiter, so lange genügend Flüssigkeit und Sauerstoff vorhanden ist. Es ist nun gezeigt worden, daß die Geschwindigkeit des Rostens im Wasser eine Funktion des Partialdruckes des über dem Wasser befindlichen Sauerstoffs ist. Zur Bestimmung der Rostgeschwindigkeit verschiedener Stähle hat *V. Duffek*[1] eine Methode ausgearbeitet, für die er den aus den Fig. 38 und 39 ersichtlichen Apparat verwendet. Es wird darin der Stahlprobe eine Quecksilberelektrode gegenübergestellt, die beide in das Wasser tauchen und so die Pole eines Elementes bilden, an denen die Spannung mit Hilfe eines Voltmeters gemessen wird. In der Figur bedeutet P den Probekörper, der in den Dimensionen $10 \times 10 \times 80$ mm in ein Gefäß mit Wasser taucht. Über diesem Gefäß befindet sich eine Glasglocke, welche in einer kreisförmigen Nut einer Hartgummiplatte D steht. Die Nut wird mit Quecksilber gefüllt und der Raum innerhalb der Glocke damit vollständig abgedichtet. Im oberen Teil der Glocke befinden sich 3 Tuben. In den linken ist die Quecksilberelektrode durch einen Kautschukstopfen abgedichtet eingesetzt. Der mittlere trägt das Rohr O zum Einleiten von Sauerstoff und gleichzeitig ein S-förmiges Glasrohr, welches durch eine syphonartige Quecksilberdichtung die Stromableitung von der Probe P ermöglicht. In den rechten Tubus ist ein Dreiwegehahn eingesetzt, der entweder durch M die Verbindung mit einem Manometer zur Messung des Gasdruckes oder durch D mit einem Blasenzähler für den Sauerstoff herstellt. Die Stahlprobe P wird durch eine Klemme gehalten, so zwar, daß sich immer 4 cm der Probe in 400 ccm Wasser befinden. Der Versuch wird so durchgeführt, daß nach Zusammenbau des Apparates und Einsetzen der Probe vermittels eines Reduzierventils aus einer Sauerstoffbombe das Gas durch das Glasrohr O ins Wasser einströmt, und zwar mit einer Geschwindigkeit von 2 Blasen, gemessen am Blasenzähler, ins Freie tritt. Nach 10 Minuten

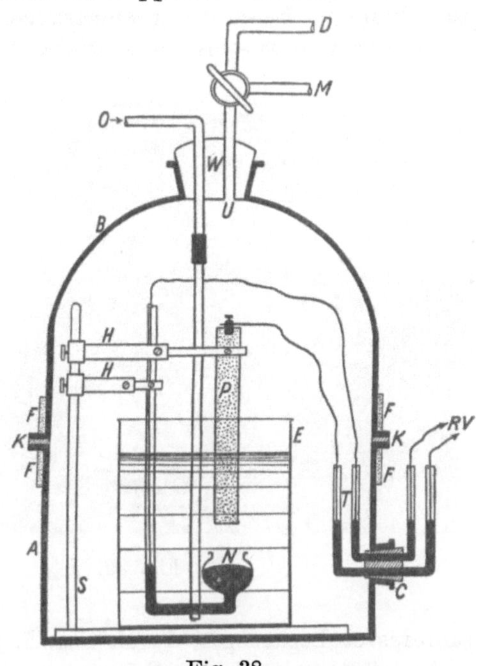

Fig. 38.

---

[1] Korrosion und Metallschutz 1926, S. 183.

wird der Gasfluß abgesperrt und auf das Manometer umgeschaltet. Der Sauerstoffüberdruck soll während des Versuches 60 mm Wassersäule betragen. Da die Oxydverbindungen des Eisens ein edleres Potential aufweisen als Eisen selbst, so werden die ersten Rostspuren ein stärkeres In-Lösung-Gehen des Eisens hervorrufen, was sich in einem Steigen der Spannung auf die unedlere Seite hin ausdrücken muß; ferner wird das edle Potential des Rostüberzuges aber nur dann erhalten, wenn der Überzug frei von Poren ist. Je besser also die Oxydschicht das Eisen deckt, desto edler wird das Potential, desto schwächer rostet das Eisen. Die Spannung, die während des Rostvorganges aufgezeichnet wird, gibt daher die Geschwindigkeit des Rostens zu erkennen. Neben dieser elektrischen Messung wird die Stahlprobe dann auch durch Abbürsten von Rost befreit, gewogen und der Gewichtsverlust in Prozenten festgestellt.

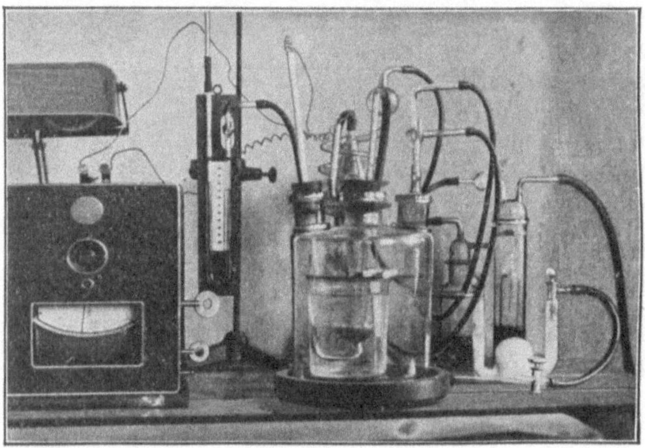

Fig. 39.

Metalle und Metallegierungen, insbesondere aber Eisen und Stahl, leiden, wie bereits erwähnt, unter der korrodierenden Wirkung atmosphärischer Einflüsse. Während man bei Apparaten, die für chemisch aggressive Stoffe bestimmt sind, für einen entsprechenden Schutz durch Anwendung säurefester Legierungen, durch Emaillieren oder durch Metallüberzüge sorgt, so begnügt man sich zum Schutz gegen die korrodierenden atmosphärischen Einflüsse mit rostsicheren Anstrichen. Wie wichtig diese Anstriche zur Erhaltung des Werkstoffes sind, geht aus einer Statistik des schottischen Eisen- und Stahlinstituts hervor, wonach in den Jahren 1890 bis 1923 bei einer Eisenerzeugung von 1760 Millionen Tonnen 718 Millionen der Korrosion anheim gefallen sind, d. i. $\sim$ 40 Proz.

Es ist schwierig, die Eigenschaften und den Wert solcher Anstriche zu beurteilen, da die obenerwähnten Einflüsse sich erst im Verlaufe größerer Zeiträume äußern und man daher darauf angewiesen ist, die Wirksamkeit der Schutzanstriche auf entsprechend hergerichteten Metallproben oder Werkstücken lange Zeit hindurch zu beobachten, wodurch der Wert der Prüfung illusorisch wird. Man hat deshalb darauf gesonnen, die zu erwartenden Einflüsse in intensivierter Form kurze Zeit auf die Anstriche einwirken zu lassen und auf Grund des Widerstandes, den diese solchen Einflüssen entgegensetzen, ihren Wert festzustellen. Die Einflüsse, die da zunächst in Frage kommen, sind die chemisch stark wirksamen ultravioletten Strahlen des Sonnenlichts, der Feuchtigkeitsgehalt der Luft und der Wechsel derselben, Temperaturschwankungen, schließlich chemisch wirkende Gase, wie beispielsweise Rauch- und andere Gase.

Man hat sich gegen diese Kurzprüfungen vielfach deswegen ausgesprochen, weil jede einzelne Prüfung für sich ausgeführt wurde, während die tatsächliche Beanspruchung niemals einem einzigen Einfluß zuzuschreiben ist, sondern der gemeinsamen Wirkung vieler Einflüsse. Es sind in neuester Zeit aber doch Wege gefunden worden, um die verschiedenen Faktoren — Licht, Feuchtigkeit, Wärme, ätzende Gase — gleichzeitig zur Einwirkung zu bringen.

Die ultravioletten Strahlen kann man mit Hilfe der Quarz-Quecksilberdampf-Lampen im Laboratorium herstellen. Man kann durch entsprechendes Nahebringen der Probe an die Lampe die Intensität der Strahlung beliebig verstärken, ferner diese Lichteinwirkung verbinden mit einem ständigen Wechsel von Trockenheit und Feuchtigkeit. Die Farbfilme sind kolloidchemisch betrachtet Gele, die je nach dem Feuchtigkeitsgehalt der Luft quellen und wieder Wasser abgeben. Diese dauernde Wasseraufnahme und -abgabe gibt Anlaß zu Ermüdungserscheinungen, welche die Elastizität der Anstriche ungünstig beeinflussen. Den gleichen ungünstigen Einfluß übt der Wechsel von Wärme und Kälte aus, da die durch die erstgenannten Einwirkungen schon hervorgerufene verminderte Elastizität der Anstriche der Ausdehnung und Zusammenziehung des Anstrichträgers nicht mehr folgen kann und auf diese Weise sich Risse bilden, die das Metall bloßlegen und dem Rostangriff aussetzen. Über den Einfluß chemisch wirkender Gase braucht wohl nichts gesagt zu werden. Aus diesen Ausführungen ergeben sich die Anforderungen, die man an einen Anstrich stellen muß.

Zu ihrer Kurzprüfung verwendet die Versuchsanstalt der Deutschen Reichsbahngesellschaft[1] einen äußerst zweckmäßigen Apparat. Die Versuchsplatten sind auf einem Kettenband befestigt, das um ein Rad herumgelegt ist und durch dieses in gleichmäßiger Bewegung erhalten wird. Das Rad mit dem Kettenband ist in einem verschließbaren Kasten untergebracht. In dem Raum innerhalb des Kettenbandes befinden sich die zur Bestrahlung verwendeten Quarzlampen. Die Platten werden durch die Bestrahlung auf 30 bis 50° erwärmt. Durch entsprechend angebrachte verstellbare Klappen kann die Temperatur im Innern des Schrankes beliebig geregelt werden. Im unteren Teil des Apparates ist ein Flüssigkeitsbehälter angebracht, dessen Inhalt durch eine Kühlschlange auf 0° und darunter abgekühlt und auch durch eine Heizschlange erwärmt werden kann. Durch diese Einrichtung können die Platten bei jedem Durchgang durch den Flüssigkeitsbehälter einem regelmäßig wiederholten Temperaturwechsel unterworfen werden. Der Behälter kann auch entleert und die Platten so in trockenem Zustande der Bestrahlung ausgesetzt werden.

---

[1] *Schulz:* Die Umschau 1928, S. 49 bis 53.

Eine derartige Prüfung ergibt in bedeutend kürzerer Zeit, als dies durch freie Lagerversuche möglich wäre, Anhaltspunkte zur Bewertung von Anstrichen auf dem Träger, für den sie bestimmt sind.

Die Elastizität eines Anstriches wird am besten geprüft, indem man ein mit einem Anstrich überzogenes Blech um eine Anzahl von Dornen biegt und ermittelt, bei welchem Durchmesser zuerst Sprünge oder Risse auftreten. Je größer der Durchmesser ist, bei dem dies geschieht, um so weniger elastisch ist der Anstrich. Man kann auch[1] ein gestrichenes Blech allmählich biegen und den Winkel feststellen, bei dem zuerst Sprünge auftreten. Eine weitere Prüfung ist die auf Härte des Anstriches, was man bisher durch Ritzen des Anstrichs mit einem Messer ausgeführt hat. Neuerdings werden diese Prüfungen mit Apparaten ausgeführt, bei denen das Messer still steht und der Anstrich mit Hilfe eines Schlittens darunter fortbewegt wird. An Stelle eines Messers wird auch ein Rädchen verwendet. Eine weitere Verbesserung dieses Apparates besteht darin, daß die Belastung des Rädchens im Verlaufe eines Striches vergrößert wird, so daß ein solcher Strich einen vollständigen Versuch darstellt, aus dem man entnehmen kann, bei welcher Belastung der Anstrich geritzt wird.

Eine der wichtigsten Prüfungen eines Anstriches ist die Wasserdurchlässigkeit. Es leuchtet ein, daß ein wasserdurchlässiger Anstrich seinen Wert vollständig verliert, da das Rosten unter dem Anstrich beginnt bzw. weitergeht. Zur Prüfung der Wasserdurchlässigkeit sind verschiedene Methoden vorgeschlagen worden. *Jäger* streicht eine eisenhaltige Schicht auf das Blech auf und trägt dann den Anstrich auf. Nach der Trocknung wird eine Rhodansalzlösung aufgetragen und festgestellt, ob sich eine Rotfärbung durch Eisenrhodanid zeigt. In letzterem Falle ist der Anstrich wasserdurchlässig. — Den Wasserdurchtritt kann man direkt beobachten, wenn man einen Anstrichfilm erzeugt, beispielsweise durch Tauchen von Drahtnetzen in ein Anstrichmittel, und diesen dann als Scheidewand am tiefsten Punkt kommunizierender Röhren einsetzt, von denen ein Schenkel mit Wasser gefüllt ist. Eine andere Methode und dazugehörige Vorrichtung, die insbesondere geeignet ist, auf Werkstücken befindliche Anstriche von Zeit zu Zeit auf ihre Wasserdurchlässigkeit zu prüfen, beschreibt *Wistinghausen*[2]: auf den zu untersuchenden Farbfilm werden zwei beiderseits offene Glaszylinder aufgesetzt, mit Plastilin aufgekittet und mit Wasser gefüllt. In die Vorrichtung ist eine Batterie und ein Galvanometer eingebaut, welch letzteres auch als Voltmeter geschaltet werden kann. Wenn man das Wasser in den Zylindern kurze Zeit, etwa 15 Minuten, hat auf den Anstrich einwirken lassen, taucht man Elektroden, die mit den entsprechenden Stellen der Vorrichtung verbunden sind, in das Wasser ein. Ist der Farbfilm wasserdurchlässig und hat sich das Wasser demnach einen Weg bis auf das Eisen bahnen können, so ist der Stromkreis geschlossen und wird vom Galvanometer angezeigt. Der Ausschlag gibt einen Anhalt zur Beurteilung des Wasserdurchlässigkeitsgrades. — Ein Unter-

---

[1] *Wolff:* Korrosion und Metallschutz 1926, S. 19.
[2] Korrosion und Metallschutz 1927, S. 134 ff.

suchungsverfahren, das aber nicht mit einem stromliefernden Element arbeitet, beschreibt *Herrmann*[1]. Als Stromlieferer wird das Element Eisen-Elektrolyt-Quecksilber benützt, welches man so herstellt, daß man dem Eisen durch Vermittlung eines Wattebausches, der mit einem Elektrolyten getränkt ist, eine Quecksilberelektrode gegenüberschaltet (beispielsweise eine *Ostwald*sche Normal-Kalomelelektrode). Bei der Spannungsmessung darf man der galvanischen Kette keinen Strom entnehmen, da die Strommenge, die durch das Rosten verfügbar wird, sehr gering ist. Man verwendet das Kompensationsverfahren, indem man der zu messenden Spannung eine bekannte Spannung entgegenschaltet und sie solange verändert, bis sich die beiden Spannungen das Gleichgewicht halten, d. h. bis das eingeschaltete empfindliche Galvanometer 0 anzeigt.

----

[1] Korrosion und Metallschutz 1925, S. 80 bis 81.

III. Metallographie.

Man versteht unter Metallographie die Lehre von den Metallen und den Metallegierungen. Sie befaßt sich mit der Feststellung der Gefügebildner von Legierungen, insbesondere der Ermittlung ihrer chemischen und physikalischen Eigenschaften und ihrer Anordnungsweise, ferner mit der Beobachtung der Veränderungen in der Art der Anordnung der Gefügebestandteile, die durch die verschiedenen Behandlungen des Metalls oder der Legierung (Erwärmen, Abschrecken, Formveränderungen, Oxydation, Kohlung, chemischer Angriff u. dgl.) hervorgerufen werden, schließlich mit der Feststellung der Eigenschaftsveränderungen, die durch die letztgenannten Gefügeänderungen bedingt werden.

Die Anführung dieses Aufgabenkreises genügt, um zu erkennen, wie groß der Umfang der metallographischen Prüfungsarbeit ist. Verfasser denkt auch nicht im entferntesten daran, an dieser Stelle eine erschöpfende Darstellung der Metallographie zu geben, was sich auch schon mit Rücksicht auf den zur Verfügung stehenden Raum verbieten würde. Die Wichtigkeit der metallographischen Prüfungsmethoden für die Werkstoffkunde ist aber so groß und im folgenden speziellen Teil ein zumindest oberflächliches Verständnis für die Ergebnisse der metallographischen Forschung vorausgesetzt, daß eine kurze Behandlung nebst entsprechenden Hinweisen auf das einschlägige Schrifttum unerläßlich erscheint. Die Metallographie erfordert, wenn sie einwandfreie Ergebnisse liefern soll, große Erfahrung und zur Ausschaltung allzu subjektiver Beobachtung eiches Vergleichsmaterial. Vo etzung ist ferner genügende Kenntnis der metallurgischen Vorgänge.

Die Metallographie bedient sich zur Lösung der oben angeführten Aufgaben zunächst der mikroskopischen Untersuchung. Die mikroskopische Prüfung hätte aber für sich allein nicht ausgereicht, um die Gefügebilder zu erklären. Dazu gehörte vor allem der von *Ledebur* herrührende Hinweis darauf, daß die Legierungen als Lösungen der Metalle ineinander aufzufassen seien. Es gehörte ferner dazu die Anwendung der Gesetze der Salzlösungen auf die Metallösungen, welche Erkenntnis den beiden Forschern *Osmond* und *Roberts-Austen* zu verdanken ist. Die technische Ausbildung der metallographischen Arbeitsverfahren rührt vor allem von *A. Martens*, dem ersten Leiter des Materialprüfungsamtes in Groß-Lichterfelde, her.

Die Technik der Metallographie gliedert sich in die Probenahme und Vorbereitung der Proben, in die Nachbehandlung und die Untersuchung. Die Probenahme richtet sich nach der Art des zu prüfenden Werkstoffes. Kleine geschmolzene Blöcke werden in der Längsrichtung durchgeschnitten und an verschiedenen Stellen untersucht, insbesondere am oberen Ende (Kopf) und am unteren Teil (Fuß). Bei profilierten Metallen wird eine 10 bis 15 mm starke Scheibe mit der Kaltsäge quer zur Längsrichtung abgeschnitten. Zur Feststellung von Fehlern wird man außer dem Querschnitt auch noch einen Schnitt senkrecht zur Bruchfläche legen. Die Versuchsstücke dürfen aber nicht zu schwer werden. Von Werkstoffen, die sich weder schneiden noch hobeln lassen, schlägt man ein Stück ab und schleift eine Fläche roh an. Hauptsache ist, daß bei der Probeentnahme keine Erwärmung des Materials stattfindet, da eine solche möglicherweise eine Veränderung der Struktur hervorruft. Da man zur Beobachtung Flächen, und zwar glatte Flächen, benötigt, so wird die Probe geschliffen. Das Schleifen erfolgt auf hölzernen Scheiben, die mit Schmirgelpapier verschiedener Korngröße beklebt sind. Die Scheiben können auf einer gewöhnlichen Mechanikerdrehbank aufgeschraubt sein. Ihr Durchmesser ist gewöhnlich 360 mm, die Umdrehungszahl 400 bis 500 Umdrehungen in der Minute. Das Schmirgelpapier wird in verschiedenen Körnungen verwendet, die folgende Bezeichnungen tragen:

$$
\begin{array}{ll}
3 & \text{gröbste Körnung} \\
2 & \\
\left.\begin{array}{l}
1\,\mathrm{G} \\
1\,\mathrm{M} \\
1\,\mathrm{F}
\end{array}\right\} & \text{mittlere Körnung} \\
0 & \\
00 & \\
000 & \text{feinste Körnung.}
\end{array}
$$

Das Schleifen wird so ausgeführt, daß man die Probe mit der zu schleifenden Fläche an die Scheibe mit möglichst geringem Druck anhält. Zu starker Druck muß vermieden werden, damit nicht Schmirgelkörnchen in den Werkstoff sich eindrücken und den Beobachter zu falschen Schlüssen verleiten. Beim Schleifen geht man von der gröberen Schleifscheibe bis zur feinsten über, wobei man einzelne Körnungen aber auch überspringen kann. Auf den Scheiben 3 bis 00 wird trocken geschliffen, auf der Scheibe 000 unter Benetzung mit einem Tropfen Maschinenöl. Auf das Schleifen folgt das Polieren der Probe, was auf rotierenden Scheiben erfolgt, die mit feinem Tuch bespannt sind. Man bedient sich hierbei eines Poliermittels (Polierrot, Tonerde od. dgl., und Wasser). Die Polierscheiben werden mit höherer Umdrehungsgeschwindigkeit gedreht als die Schleifscheiben. Man kann sie beispielsweise direkt auf die Achse eines Elektromotors aufschrauben und erzielt dann Drehzahlen von 1000 bis 1200 in der Minute. Das Poliermittel wird auf die Tuchscheibe aufgetragen und mit einer reinen Bürste mit Wasser darauf verrieben. Mit leichtem Druck hält man den Schliff gegen die Tuchfläche und dreht ihn langsam um seine Achse senkrecht zur Tuchfläche. Ist die Fläche vollständig spiegelnd, kann man das Polieren beendigen. Das Poliermittel wird unter Wasser abgespült, das Wasser durch Alkohol verdrängt und der Schliff schließlich durch Abtupfen mit einem weichen Tuch getrocknet. Außer dem Polierrot verwendet man Aluminiumoxyd (aus Ammoniakalaun hergestellt), geschlemmtes Schmirgelpapier sowie aus Ammoniumbichromat hergestelltes

Chromoxyd. Die Poliermittel werden je nach dem zu polierenden Material in verschiedenen Feinheiten hergestellt.

Die polierten Flächen sind für die mikroskopische Beobachtung nur dann geeignet, wenn die einzelnen Gefügebildner genügende Unterschiede in der Farbe zeigen. Ist dies nicht der Fall — und das ist die Mehrzahl der Fälle —, dann müssen die Schliffe einer Nachbehandlung unterzogen werden. Eine solche ist beispielsweise das Reliefpolieren, das den Zweck hat, Härteunterschiede der einzelnen Gefügebildner deutlich hervortreten zu lassen. Dies geschieht so, daß der Schliff mit wenig Polierrot und Wasser auf einer Unterlage von weichem Gummi weiterpoliert wird. Hierbei darf ein sanfter Druck ausgeübt werden. Die härteren Bestandteile leisten diesem Abschleifen Widerstand, während die weicheren abgeschliffen werden. Man hört mit dem Polieren auf, sobald unter dem Mikroskop ein deutliches Relief sich erkennen läßt. Man kann das Reliefpolieren durch Einwirkung chemisch wirkender Flüssigkeiten unterstützen und beschleunigen. Als solche Flüssigkeiten verwendet man entweder eine zweiprozentige Ammoniumnitratlösung oder einen Süßholzextrakt. Eine andere Nachbehandlung ist das Anlassen. Diese besteht im Anwärmen einer Metallfläche an der Luft. Infolge der Oxydation entstehen dabei die bekannten Anlauffarben, durch die sich die leichter oxydierbaren Gefügebestandteile von den anderen unterscheiden. Die Anlauffarben erscheinen dabei in einer bestimmten Reihenfolge, die im folgenden angeführt ist:

Farbenordnung	Farbe im reflektierten Licht	Farbenordnung	Farben im reflektierten Licht
I	schwarz	II	purpur
	dunkel lavendelgrau		violett
	heller „		indigo
	sehr hell „		himmelblau
	bläulichweiß		heller himmelblau
	grünlichweiß		sehr hell blaugrün
	gelblichweiß bis blaß		hellgrün
	strohgelb		gelbgrün
	braungelb		gelb
	orange		hellorange
	rot		rot

Voraussetzung des Anlassens ist, daß durch die Erwärmung keine Änderung des Gefüges eintritt. Ausgeführt wird es, indem man den Schliff mit der polierten Seite nach oben auf ein dünnes Blech legt, das von unten durch einen Bunsenbrenner langsam erwärmt wird. Beim Eintreten der gewünschten Anlauffarbe wird der Schliff durch Eintauchen in kaltes Wasser schnell abgekühlt, so zwar, daß die Schlifffläche nicht benetzt wird.

Die häufigste Nachbehandlung ist das Ätzen. Zu diesem Behufe wird die Schlifffläche zunächst mit Alkohol vollständig entfettet, sodann die Ätzung in einem Bade vorgenommen. Als Ätzmittel verwendet man z. B. Kupferammoniumchlorid in einer Lösung, die 10 g käufliches Kupferammoniumchlorid in 120 g Wasser enthält. Man läßt diese Lösung 1 Minute auf das

Probestück unter dauernder Bewegung einwirken. Da sich Kupfer in schwammiger Form auf der geschliffenen Fläche abscheidet, wird die Probe nach der Ätzung in einem Wasserbad durch Abwischen mit Watte von dem Kupferbeschlag befreit. Diese Ätzung gibt Aufschlüsse über stellenweise erhöhten Kohlenstoffgehalt, über Phosphoranreicherungen sowie über bleibende Formänderungen in der Kälte, die der Werkstoff durchgemacht hat. Ein anderes Ätzmittel ist die alkoholische Salzsäure, die man herstellt, indem man 1 ccm Salzsäure vom spezifischen Gewicht 1,19 in 100 ccm absolutem Alkohol löst. Die Dauer beträgt hier 3 bis 15 Minuten, bei gehärtetem Stahl bis zu 1 Stunde. Man verwendet auch alkoholische Salpetersäure, die 4 ccm Salpetersäure von 1,14 spezifischem Gewicht auf 100 ccm absolutem Alkohol enthält. Dieses Ätzmittel eignet sich besser als die alkoholische Salzsäure für Gußeisen, Nickel-, Chrom- und Wolframstahlsorten. — Für Kupfer und Kupferlegierungen wird besonders ammoniakalisches Kupferammoniumchlorid verwendet, das aus der Kupferammoniumchloridlösung so hergestellt wird, daß man ihr solange Ammoniak zufügt, bis die erst auftretende blaue Fällung wieder in Lösung geht. Für Messing wird auch eine 10proz. wässerige Lösung von Ammoniumpersulfat angewendet, die zwar langsam angreift, aber dafür das Gefüge klar zum Ausdruck bringt.

Zur Feststellung der einzelnen Gefügebestandteile bedient man sich auch des bereits früher erwähnten Ritzhärteprüfers nach *Martens*. Wenn man die Diamantspitze bei gleichmäßiger Belastung über den zu prüfenden Schliff führt, so dringt sie mehr oder weniger tief in das Material ein, so daß die durch das Mikroskop feststellbare Breite des Ritzes um so größer ist, je weicher der Gefügebestandteil ist.

Die Untersuchung der Schliffe erfolgt mikroskopisch, wobei grundsätzlich daran festgehalten werden soll, daß der mikroskopischen stets eine makroskopische Betrachtung des Schliffes vorangeht und man auch bei der Untersuchung mit dem Mikroskop mit einer schwachen Vergrößerung beginnt und zu einer stärkeren erst übergeht, wenn man mit der ersteren einen größeren Teil des Schliffes überblickt hat. Die mikroskopische Untersuchung erfolgt stets im auffallenden Lichte. Dünnschliffe, wie bei Gesteinen, werden nicht hergestellt. Eine ganze Reihe Sonderausführungen metallographischer Mikroskope sind bekannt und in Verwendung. Es soll hier auf das *Martens*sche Kugelmikroskop hingewiesen werden, das sich durch besondere Eignung auszeichnet. Der Tisch sowohl als auch das Stativ besitzen Kugellagerungen, so daß die Betrachtung in jeder Lage ermöglicht wird. Die Beleuchtung geschieht entweder durch den reflektierenden Schliff selbst, wobei allerdings wegen der Schrägstellung des Schliffes nur ein schmaler Streifen scharf eingestellt werden kann, während der andere Teil Unschärfen enthält. Daher sind die anderen Beleuchtungsarten — entweder mit Hilfe eines reflektierenden Prismas oder eines planparallelen Glases — vorzuziehen. Außer Tageslicht wird auch künstliches Licht angewendet, mit Vorliebe kleine Bogenlampen mit punktförmiger Lichtquelle, die man beliebig abschwächen kann. Außer der subjektiven Betrachtung der Schliffe macht sich auch die objektive notwendig, wenn die gemachten Beobachtungen für anderweitigen Gebrauch festgehalten werden sollen. Hierzu dient die Mikrophotographie, deren Behelfe sich unschwer an den Mikroskopen anbringen lassen. Viele Konstruktionen sind auch eigens für mikrophotographische Zwecke erdacht und ermöglichen ein verhältnismäßig leichtes, dabei doch einwandfreies Arbeiten.

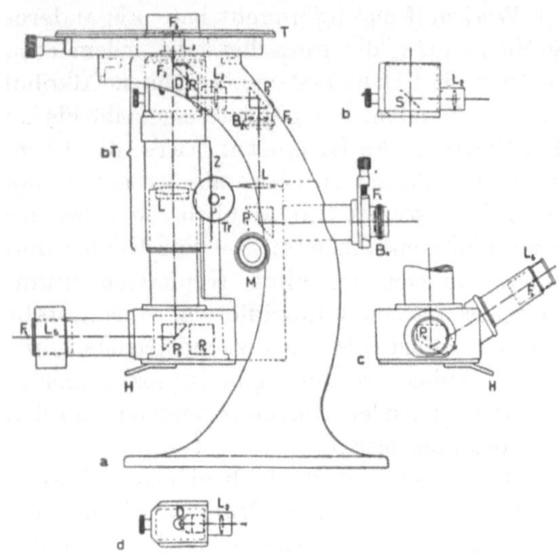

Fig. 40 zeigt ein Mikroskopstativ von *Zeiss* im Schema und Fig. 41 dasselbe mit der Kamera und der Beleuchtungseinrichtung. Die mikroskopischen Werkstoffuntersuchungen haben neuerdings eine solche Verbreitung gefunden, daß man sie selbst in der Werkstatt nicht missen mag und auch für diesen verhältnismäßig groben Zweck geeignete Instrumente geschaffen worden sind. Solche Mikroskope können an die Werkstücke selbst herangebracht werden und ermöglichen die Beobachtung ohne die mühselige Vorbereitung der Proben.

Fig. 40.

Die photographische Technik darf wohl als bekannt vorausgesetzt werden und soll deshalb hier nicht behandelt sein.

Von Hilfsmitteln zur metallographischen Untersuchung sollen dann noch die für Wärmebehandlung notwendigen Öfen erwähnt werden. Im Abschnitt

„Thermische Eigenschaften der Werkstoffe" ist bereits eine Reihe von Öfen eingehend beschrieben worden. Grundsätzlich sind auch die Öfen für metallographische Untersuchungen nicht anders gebaut. Auch hier verwendet man gasgeheizte

Fig. 41.

und elektrisch geheizte Öfen in etwas kleineren Abmessungen, als sie in dem genannten Abschnitt beschrieben sind. Es erübrigt sich daher, auf dieselben hier noch näher einzugehen.

Zur Temperaturbestimmung verwendet man außer Quecksilberthermometern vor allem die aus Thermoelementen und Galvanometern bestehenden *Le Chatelier*schen Pyrometer. Die Thermoelemente, deren Meßbereich zwischen 200 und 1600° liegt, bestehen aus Platin-Platinrhodium. Für niedrigere Temperaturen können auch andere Thermoelemente, wie beispielsweise

Nickel-Nickelchrom, Silber-Konstantan, Kupfer-Konstantan und Eisen-Konstantan verwendet werden. Das erstere hat einen Meßbereich bis etwa 1100°, während die letzteren nur etwa bis 600° brauchbar sind. Zu diesen Pyrometern kommen noch die optischen Pyrometer, wie beispielsweise das von *Wanner* oder von *Féry*, die aber für metallographische Arbeiten weniger gebraucht werden.

Die Öfen und Pyrometer sind wertvolle Apparate vor allem zur Prüfung der Schmelz- und Erstarrungstemperaturen von Metallen und Legierungen. Sie sind ferner sehr wichtig zur Bestimmung der sog. Haltepunkte. Unter letzterer Bezeichnung sollen die Temperaturen verstanden sein, bei denen auch in bereits erstarrten Metallen noch Umwandlungen vor sich gehen,

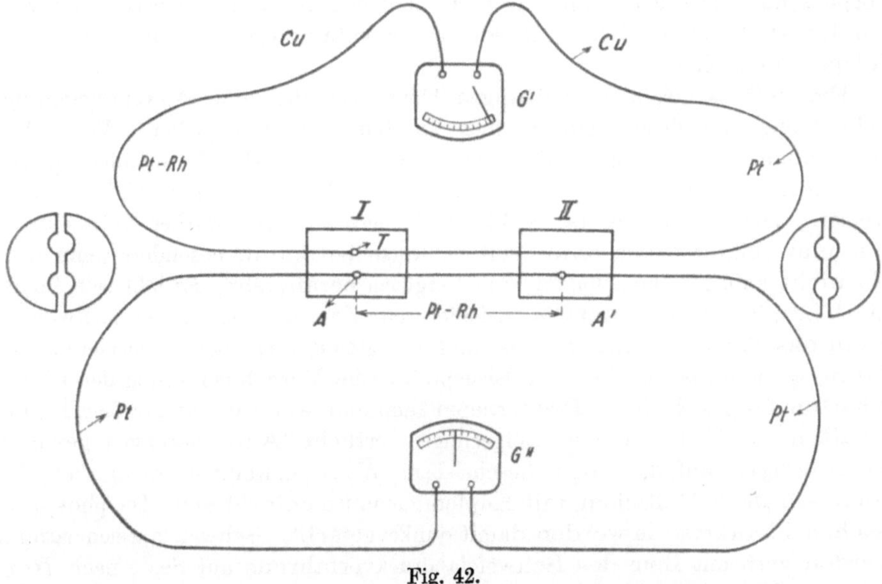

Fig. 42.

welche mit einer Änderung des Energieinhaltes verbunden sind. Eine Versuchsanordnung zur Ermittlung der Haltepunkte ist auf beistehendem Schema (Fig. 42) wiedergegeben und rührt in ihren Prinzipien von *Roberts-Austen* her.

I ist ein Metallkörper, dessen Haltepunkte bestimmt werden sollen, *G* ein zur Temperaturanzeige dienendes Galvanometer, das mit einem Platin-Platinrhodium-Element verbunden ist. *II* ist ein Zylinder aus Platin oder feuerfestem Ton, der die gleichen Abmessungen und die gleiche Form hat wie *I*. *G'* ist ein hochempfindliches Galvanometer, das an zwei Platindrähte angeschlossen ist, die durch ein kurzes Verbindungsstück Platin-Rhodiumdraht verbunden sind, so zwar, daß die beiden Lötstellen *A*, *A'* je in einem der beiden Zylinder *I* und *II* sich befinden. Die Lötstelle des ersten Thermoelements befindet sich in *I*. Solange die beiden Lötstellen *A*, *A'* gleiche Temperatur haben, so halten sich die elektromotorischen Kräfte das Gleichgewicht: *G'* zeigt keinen Strom an. Geht aber in Körper *I* eine Umwandlung vor sich, bei der Wärme frei oder gebunden wird, so wird der Temperaturunterschied zwischen den beiden Lötstellen vergrößert und das Galvanometer G' zeigt Strom an. Diese Methode ist sehr empfindlich, jedenfalls bedeutend empfindlicher, als wenn man die beim Abkühlen auftretende Temperaturänderung zeitlich verfolgt und auf diese Weise eine Verzögerung des Sinkens feststellen muß. Die Haltepunkte treten am besten in Erscheinung, wenn man die Zeiten und Temperaturen auf ein Koordinatennetz aufträgt. Sie können auch mit Hilfe der sog. Dilatometer festgestellt werden, da die eintretenden Umwandlungen in den meisten Fällen mit einer Volumveränderung verbunden sind. Die Dilatometer beruhen zumeist darauf, daß die Ausdehnungen des zu prüfenden Körpers und eines bekannten Vergleichskörpers auf Hebel übertragen werden, die mit einer Schreibvorrichtung verbunden sind und die Unterschiede in der Volumenveränderung der beiden Körper aufzeichnen.

Die mikroskopischen Prüfungen bieten verschiedene Anwendungsmöglichkeiten, von denen einige hier angeführt werden sollen. Von physikalischen Veränderungen läßt sich beispielsweise die Formänderung bei gewöhnlicher Temperatur, das sog. Kaltrecken beim Eisen im Gefüge nachweisen. Die Ferritkörner (s. S. 134) verlängern sich bei starker Kaltreckung, was man mikroskopisch ohne weiteres feststellen kann, besonders wenn man ein nicht kalt gerecktes Eisen zum Vergleich heranzieht. Es läßt sich ferner die Überhitzung eines Metalls, beispielsweise des Eisens, ebenso nachweisen, wenn das Bruchkorn sehr grob ist und man gleichzeitig bei der mechanischen Prüfung, beispielsweise bei der Biegeprobe, eine Verschlechterung der Eigenschaften festgestellt hat. Des ferneren kann man auch die chemischen Eigenschaften, wie z. B. die sog. Seigerungen, örtliche Anreicherungen gewisser Fremdkörper, auf die oben beschriebene Weise erkennen, wenn man bei Gußeisen die Schliffflächen mit Kupferammoniumchlorid ätzt. Die phosphorreichen Ferritkrystalle werden damit dunkel gefärbt. Schwefelanreicherungen werden gern mit Hilfe des Schwefelabdruckverfahrens auf Seide nach *Heyn* und *Bauer* nachgewiesen. Ein auf die Schlifffläche aufgelegtes Seidenläppchen, das mit einer salzsauren Quecksilberchloridlösung befeuchtet ist, zeigt dort, wo sich Schwefelanreicherungen befinden, schwarze Stellen, herrührend von dem entwickelten Schwefelwasserstoff. Diese Beispiele sollen genügen, um den Wert der metallographischen Untersuchungsmethoden auf die Erkennung der Metalleigenschaften darzutun. Es muß aber, wie eingangs dieses Abschnittes, nochmals darauf hingewiesen werden, daß die Erkenntnis der Struktureigenschaften der Metalle und Metallegierungen erst mit Hilfe der Metallographie möglich war, und daß es mit ihrer Hilfe weiterhin gelungen ist, die in neuerer Zeit gerade für die chemische Technik so wichtigen Metallegierungen zu erschmelzen.

IV. Werkstoffprüfung mit Röntgenstrahlen.

a) Untersuchung der Grobstruktur.

Ebenso wie man in der Medizin die Eigenschaft der Röntgenstrahlen, durch feste Körper hindurchzugehen, zu diagnostischen Zwecken dort verwendet, wo die oberflächliche Betrachtung nicht ausreicht, anatomische Beobachtung sich aber mit Rücksicht auf das lebende Objekt von selbst verbietet, so macht man auch in der Werkstoffprüfung neuerdings von dieser Eigenschaft weitgehenden Gebrauch, weil man damit Werkstoffe in beliebigem Fertigungszustand ohne mechanische oder chemische Beanspruchung und ohne Zerstörung untersuchen kann. Diese Prüfungsart soll vor allem zur Erkennung von Fehleinschlüssen, Lunkern und Seigerungen in Gußstücken, daneben aber auch zur Untersuchung anderer Werkstoffe und -stücke auf ihre Gleichmäßigkeit dienen. Die Durchdringungsfähigkeit der Röntgenstrahlen hängt zunächst von dem Atomgewicht der Stoffe, so zwar, daß sie mit wachsendem Atomgewicht abnimmt, sodann von der Dicke des durchstrahlten Körpers ab. Das Verfahren wird so ausgeführt, daß man den zu prüfenden Körper in den Strahlenkegel einer Röntgenröhre bringt. Die aus dem Körper austretende Strahlung wird entweder auf einem Leuchtschirm unmittelbar beobachtet oder auf einer photographischen Platte aufgefangen, auf der sie festgehalten wird. Das letztere Verfahren ist bedeutend empfindlicher und ermöglicht die Durchstrahlung von ungefähr 10 cm starkem Eisen und 40 cm starkem Aluminium, wobei noch Lufteinschlüsse ermittelt werden können, die nur 0,5 bis 1 Proz. der gesamten Materialstärke ausmachen. Bei Verwendung von Leuchtschirmen läßt sich Eisen nur bis zu 3 cm, Aluminium bis zu 5 cm Stärke beobachten, wobei sich Fehleinschlüsse in der Ausdehnung von etwa 10 Proz. der Materialstärke feststellen lassen. — Was die Technik dieser Prüfungsart anlangt, so ist es wichtig, die photographische Platte vor Streustrahlung zu schützen, da dadurch ein störender Schleier auf der Platte entsteht. Die Belichtungsdauer ist um so kürzer, je höher die Röhrenspannung ist. Übermäßige Spannungssteigerung ist zu vermeiden.

Tabelle 3[1] gibt Anhaltspunkte für die Belichtungszeiten.

Scheitelwert der Röhrenspannung in Kilovolt	Dicke des durchleuchteten Stückes			m A × min
	Bronze mm	Eisen mm	Aluminium mm	
95	10	25	160	240
115	16	30	210	200
130	22	36	240	200
185	38	60	330	160
230	52	80	400	80

---

[1] Werkstoffhandbuch „Nichteisenmetalle" C·2.

b) Untersuchung der Feinstruktur.

Die Anwendung der Röntgenstrahlen zur Ermittlung der Feinstruktur von Werkstoffen gehört nicht zu den technischen Untersuchungsmethoden. Sie soll aber dennoch hier kurz gestreift werden, weil die weiter unten behandelte Theorie der Legierungen mit Hilfe dieser Methoden gestützt worden ist und deshalb ihre Kenntnis voraussetzt. Diese Untersuchungsverfahren beruhen auf der Beugung der Röntgenstrahlen beim Durchgang durch natürliche Krystalle. Gewöhnliches Licht wird gebeugt durch ein Gitter, bestehend aus fein gezogenen Linien auf Glas oder Metall. Röntgenstrahlen werden durch ein solches Gitter nicht abgebeugt, da sie zu kurze Wellenlängen haben. Es gibt aber natürliche Beugungsgitter für Röntgenstrahlen, und zwar die Krystalle. In diesen gibt es infolge der inneren Anordnung der strukturellen Einheiten parallele Flächen mit gleichen Abständen, welch letztere von der gleichen Größenordnung sind wie die Wellenlängen der Röntgenstrahlen. Infolgedessen kann der Krystall als Beugungsgitter für Röntgenstrahlen dienen. Die einfache Grundgleichung für die Beugung der Röntgenstrahlen durch einen Krystall ist

$$n\,\lambda = 2\,d\,sin\,\vartheta ,$$

worin λ die Wellenlänge der Strahlen, d den Abstand zwischen den parallelen Flächen und ϑ den Einfallswinkel der Röntgenstrahlen auf die Flächenschar bedeutet. Auf diese Weise kann festgestellt werden, ob eine Substanz krystallinisch ist oder nicht. Die Größe der Beugungswinkel ist abhängig von der Wellenlänge der einfallenden Strahlung und der Lage der Atome im Krystall. Die Kenntnis der Wellenlänge und des Abbeugungswinkels ermöglicht deshalb die Berechnung der Lage der Atome. Wie später gezeigt werden soll, hängen die technologischen Eigenschaften eines Werkstoffs, beispielsweise einer Metallegierung, von der räumlichen Anordnung der Atome, dem sog. Raumgitter, ab. — Zur Zeit sind drei Verfahren zur Strukturuntersuchung mittels Röntgenstrahlen bekannt:

1. Die Methode von *M. von Laue*. Bei dieser wird ein Krystall mittels Goniometers genau justiert in den Gang eines fein ausgeblendeten Bündels von heterogenen Röntgenstrahlen gebracht. Von den getroffenen Krystallteilen werden die Strahlen abgebeugt und erzeugen auf der photographischen Platte ein Interferenzbild, das in gewisser Weise den Bau des Raumgitters wiedergibt. Eine zahlenmäßige Auswertung dieses Bildes ist aber nur möglich, wenn das Krystallsystem der untersuchten Substanz bekannt ist.

2. Das Verfahren nach *Bragg*. Bei dieser Methode wird ein strichförmig abgeblendetes Bündel homogener Röntgenstrahlen angewendet. Die Strahlung fällt auf einen einzelnen Krystall, der große und schön ausgebildete Flächen besitzen muß. Der Krystall wird während der Aufnahme gedreht. Die Beugung erfolgt nur in bestimmten krystallographischen Richtungen, die auf einem um den Krystall herum angeordneten Film Schwärzungsstreifen in gleichmäßigen Abständen erzeugen. Abgebildet werden nur die Beugungslinien, die in der durch Blende und Krystall gelegten, zur Drehachse des Krystalls senkrechten Ebene liegen. Auch bei diesem Verfahren ist die Kenntnis

des Krystallsystems Voraussetzung, da man sonst gar nicht in der Lage ist, den Krystall so zu orientieren, daß eine gewünschte Netzebene zur Reflexion kommt.

3. Wenn man von einer Substanz keine großen schön ausgebildeten Krystalle besitzt, wendet man die von *P. Debye* und *P. Scherrer* angegebene Methode an, bei welcher es genügt, die Substanz in Form eines feinen Pulvers, Drahtes oder Bleches zu haben. Auch ist hier die Kenntnis des Krystallsystems nicht notwendig, da dieses aus der Aufnahme selbst erschlossen wird. In einem solchen Pulver od. dgl. kommen die Kryställchen und damit die Netzebenen in allen möglichen Orientierungen vor. Wird ein solches Pulver mit einem dünnen Bündel monochromatischer Röntgenstrahlen durchstrahlt, so werden immer gewisse Kryställchen so orientiert sein, daß eine bestimmte Netzebenenschar die Strahlen entsprechend reflektiert. Die Interferenzen werden auf einem kreisförmig um das Untersuchungsmaterial angeordneten Film aufgenommen. Man benutzt hierzu eine zylindrische Kamera, in deren Achse das Krystallpulver in Form eines gepreßten Stäbchens aufgestellt wird. Aus der Lage der Beugungskreise kann man die Krystallstruktur berechnen, aus der Verteilung der Schwärze auf den Kreisen die Lage der Krystallite bestimmen.

Die angeführten Methoden werden praktisch angewendet zunächst zur Beantwortung der grundsätzlichen Frage, ob ein krystallines oder amorphes Material vorliegt. Die Beugung der Röntgenstrahlen gibt bei Stoffen, bei denen eine Regelmäßigkeit der Atom- oder Molekularanordnung nicht besteht, nur eine gleichmäßige Schwärzung der photographischen Platte. Dies ist aber nur bei wenigen Stoffen der Fall. Die überwiegende Mehrheit der sog. amorphen Stoffe gibt Bilder, die gekennzeichnet sind durch einen oder mehrere breite Ringe. Es steht fest, daß krystalline Stoffe im kolloiden Zustand Abbeugungsbilder geben mit den Linien in den gleichen Stellungen wie derselbe Stoff in massiver Form. Die Linien werden aber umso breiter, je kleiner die kolloiden Teilchen werden. Je breiter sie aber werden, desto mehr verlieren sie an Intensität, da die Energie über eine größere Fläche zerstreut ist. Daraus ergibt sich dann, daß die Linien an sich nicht mehr festgestellt werden können und ein Zustand erreicht wird, daß man nur 1 2 oder 3 breite Bänder sieht.

Bei Krystallen lassen sich auf dem Wege der Röntgenstrukturuntersuchung folgende Feststellungen machen:

1. Die Anordnung der Atome im Krystallgitter. Diese Untersuchung hat besonders Interesse bei Stoffen, die in verschiedenen Systemen krystallisieren.

2. Die Abstände der Atome voneinander, was besonders für die Untersuchung der Legierungen wertvoll ist.

3. Das gleichzeitige Vorhandensein verschiedener Gittertypen nebeneinander. Dies dient besonders zur Beantwortung der Frage, ob eine chemische Verbindung, ein Gemenge oder Mischkrystalle vorliegen.

4. Deformation des Raumgitters, wie sie durch mechanische oder Wärmebehandlung zustandekommen kann.

5. Die Lage der Krystallite im Werkstoff und die Korngröße derselben.

B. Spezieller Teil.

I. Nichtmetalle.

1. Glas.

Wenn das Glas an die Spitze dieser Betrachtungen gesetzt wird, so geschieht dies keineswegs, um demselben eine wesentliche Rolle für den Bau der chemischen Großapparatur zuzumessen, sondern weil der Chemiker im Laboratorium, gewohnt, seine Apparatur, in der er zuerst die verschiedenen Verfahren ausarbeitet, zunächst aus Glas aufzubauen, mit der Verwendung dieses Materials sehr vertraut ist. Unter Glas soll hier die Masse verstanden werden, die durch Zusammenschmelzen verschiedener Oxyde, und zwar vornehmlich der Kieselsäure mit basischen Oxyden, entsteht[1]. Der Zustand des Glases ist der einer stark unterkühlten Schmelze, die bei gewöhnlicher Temperatur eine zu hohe Viskosität hat, um ihren flüssigen Zustand in Erscheinung treten zu lassen. Wir können deshalb auch nicht von einem Schmelzpunkte des Glases sprechen, sondern nur von einer bei steigender Temperatur infolge des Fallens der Viskosität immer weiter gehenden Erweichung. Der glasige Zustand ist im übrigen nicht von der obenerwähnten Zusammensetzung abhängig. Auch andere organische und anorganische Körper erstarren glasig. Es sei hier an Harze, wie Bernstein, Kolophonium, ferner an die glasige Phosphorsäure, die arsenige Säure und andere erinnert. Die Gläser sind keine bestimmten chemischen Verbindungen. Die in molekularen Mengen zusammenschmelzenden Silicate (Borate u. a.) haben ein großes Lösungsvermögen für andere Oxyde, so daß schließlich keine stöchiometrischen Verhältnisse mehr festzustellen sind.

Die in den Gläsern enthaltenen Oxyde sind in der Hauptsache SiO_2, B_2O_3, Al_2O_3, Na_2O, K_2O, MgO, CaO, ZnO, BaO, PbO, ferner P_2O_5, Sb_2O_3. Die Mischung der Rohstoffe, die beim nachträglichen Aufschmelzen das Glas ergibt, nennt man den Glassatz. Die genannten Oxyde werden in den Glassatz in Gestalt folgender Rohstoffe eingeführt:

SiO_2 als Sand, Quarz, Feuerstein, Kieselgur, Kaolin, Feldspat, Phonolith u. dgl.,
B_2O_3 „ Borsäure, Borax oder andere Borverbindungen,
P_2O_5 „ Phosphorsäure oder Bariumphosphat,
Al_2O_3 „ Tonerdehydrat, Kaolin oder Feldspat,
Na_2O „ als Glaubersalz oder Soda,

---

[1] Für optische Zwecke werden auch Gläser erzeugt, die Borsäure oder Phosphorsäure als saures Oxyd anstatt der Kieselsäure enthalten (s. Tabelle 1).

K_2O als Pottasche,
MgO   „ gebrannte Magnesia,
CaO   „ gebrannter Kalk, Kalkspat u. a. kohlensaure Kalksalze,
PbO   „ Mennige,
BaO   „ Schwerspat, Witherit oder anderes Bariumcarbonat,
ZnO   „ Zinkoxyd,
Sb_2O_3 „ Antimonoxyd.

Der Glassatz wird in den sog. Häfen verschmolzen. Die Einschmelztemperatur liegt je nach der Glasart zwischen 950 und 1500°. Die physikalischen Eigenschaften der Gläser sind von wesentlicher Bedeutung für ihre Verwendung. Insbesondere die uns interessierenden Verwendungsarten für chemische Zwecke stellen an die Eigenschaften der Gläser hohe Anforderungen. Jeder Verwendungszweck erfordert ein Glas von bestimmten Eigenschaften, die sich aus der chemischen Zusammensetzung des Glases ergeben. Die Empirie, die früher auf dem Gebiete des Glasmachens geherrscht hat, hat seit *Abbe* und *Schott* einer zielbewußten wissenschaftlichen und technischen Erforschung Platz gemacht, so daß Glas heute mit zu den bestdurchforschten Werkstoffen gehört. Auf Grund der Arbeiten von *Winkelmann* und *Schott* ist es möglich, die physikalischen Konstanten eines Glases aus der Zusammensetzung zu berechnen, umgekehrt natürlich auch die gewünschten physikalischen Eigenschaften durch entsprechende Variationen des Glassatzes zu erzielen. Das spezifische Gewicht des Glases schwankt zwischen 2 und 5. Spezifisch schwere Oxyde, wie z. B. Bleioxyd, erhöhen auch das spezifische Gewicht des daraus hergestellten Glases. Der kubische Ausdehnungskoeffizient $(3\alpha \cdot 10^{-7})$ bewegt sich zwischen 100 und etwa 400. Die Werte für die meisten Gebrauchsgläser liegen zwischen 150 und 250. Die spezifische Wärme beträgt 0,2 bis 0,25, doch werden auch Gläser bis zu einer spezifischen Wärme von 0,1 hergestellt. Die thermische Ausdehnung hat besondere Bedeutung für die Thermometergläser. Der Nullpunkt der neu angefertigten Thermometer steigt im Laufe der Zeit, wobei der Anstieg zuerst schneller, später immer langsamer erfolgt. Wird ein neues Thermometer zuerst auf höhere Temperatur erhitzt und rasch abgekühlt, so wird infolge der Ausdehnung des Quecksilbergefäßes der Nullpunkt gesenkt. Diese Depression geht auch im Anfang schneller, später langsamer vor sich. Diese Erscheinungen, die eine Veränderung der Fixpunkte der Thermometer zur Folge haben, bezeichnet man mit dem Ausdruck Altern. Zur Ausschaltung des Alterns beim Gebrauch der Thermometer werden die für genauere Messungen bestimmten Instrumente künstlich gealtert, was dadurch geschieht, daß man sie längere Zeit auf höheren Temperaturen erhält und dann möglichst langsam kühlt. Die Depression des Nullpunktes beträgt bei Erhitzen auf etwa 200° schon 1°, bei höherem Erhitzen entsprechend mehr. *Schott & Gen.* haben nach langen Versuchen das sog. Jenaer Normalthermometerglas herausgebracht, das in immer gleichbleibender Zusammensetzung geliefert wird und die Eigenheit besitzt, daß sich die Depression nach kurzer Zeit wieder ausgleicht. — Die thermische Widerstandsfähigkeit von Glas ist im allgemeinen gering. Plötzliche Temperaturänderungen bewirken zumeist ein Springen des Glases. Da die Gläser

Druckspannung viel leichter ertragen als Zugspannung, so sind sie gegen plötzliche Erwärmung widerstandsfähiger als gegen plötzliche Abkühlung. Die Zusammensetzung des Glases ist auch hier von großem Einfluß. Dem Beispiel der Jenaer Glaswerke sind auch die anderen Glaswerke, die Geräteglas erzeugen, gefolgt, und stellen Gläser her, die beispielsweise direkt ohne Drahtnetz erhitzt werden können, ohne zu springen. Besonders wichtig ist eine hohe thermische Widerstandsfähigkeit bei Wasserstandsgläsern. Für diesen Zweck haben *Schott & Gen.* ein Glas hergestellt, das nach Art der Überfanggläser aus zwei Gläsern von verschiedenem Ausdehnungskoeffizienten besteht, so zwar, daß das Glas mit dem geringeren Ausdehnungskoeffizienten innen ist. Das äußere dickere Glas erfährt durch die Abkühlung Druckspannung, die innere Fläche ebenfalls Druckspannung. Die vergleichende experimentelle Prüfung dieses Glases mit französischem und englischem Glas ergab 4- bis 5fache Widerstandsfähigkeit.

Die Härte der Gläser nach der *Mohs*schen Skala schwankt zwischen 5 und 7. Bei der Bestimmung der Härte ist man von der Ritzmethode abgekommen und verwendet ein Verfahren, das sich der *Shore*schen Skleroskopmethode nähert. Eine gehärtete Stahlkugel fällt aus einer bekannten Höhe auf die zu prüfende Platte, springt wieder zurück. Die Sprunghöhe wird gemessen. Die Fallhöhe wird dann so lange erhöht, bis beim Aufschlagen ein kreisförmiger Sprung entsteht. Aus der Sprunghöhe im letzteren Falle, dem Elastizitätsmodul des Stahls und dem des Glases, wird dann die Härte berechnet. Diese beträgt beispielsweise für Spiegelglas in kg pro qmm 321. Die Druckfestigkeit, die ebenfalls experimentell und rechnerisch bestimmt wurde, beträgt für Spiegelglas etwa 12000 kg pro qcm, für die meisten Gläser darunter, für manche noch mehr.

Für Gase ist Glas wohl von allen Werkstoffen am wenigsten durchlässig. So hat *Quincke* festgestellt, daß durch ein 1,5 mm dickes Glasrohr in dem gewiß langen Zeitraum von 17 Jahren selbst bei einem Druck bis zu 120 Atmosphären keine nachweisbaren Mengen von Kohlensäure oder Wasserstoff hindurchgepreßt werden konnten. Auch andere Forscher haben die Undurchlässigkeit des Glases für Gase bestätigt. Bezüglich der elektrischen Leitfähigkeit ist es wohl allgemein bekannt, daß das Glas bei Zimmertemperatur im trockenen Zustand als Nichtleiter zu gelten hat. Erhitztes Glas, besonders wenn die Temperatur sich der Erweichung des Glases nähert, ebenso feuchtes Glas sind Leiter der Elektrizität. Auch die Zusammensetzung des Glases spielt dabei eine Rolle, indem der elektrische Widerstand mit zunehmendem Natron- und Kaligehalt abnimmt, mit steigendem Blei- und Bariumgehalt hingegen zunimmt. Die elektrische Durchschlagsfestigkeit, die man definiert als die kleinste Funkenlänge in Zentimetern, die eine 1 cm dicke Schicht in weniger als 1 Minute durchbohrt, wurde bei gewöhnlichem Glas zu 16 bis 18 cm ermittelt, für weißes Alabasterglas zu 23, für schwarzes Alabasterglas zu 19 cm. Das elektrische Isolationsvermögen ist bei alkalireichen Gläsern wegen ihrer leichten Angreifbarkeit durch Feuchtigkeit und damit auch durch feuchte Luft schlecht. Für Isolatoren werden mit Vorteil Bleigläser oder alkalifreie Baryt- oder Borsäuregläser angewendet.

Tabelle 4.

	SiO₂	Na₂O	K₂O	CaO	Al₂O₃	Fe₂O₃	MgO	ZnO	Mn₂O₃	As₂O₃	B₂O₃	PbO	P₂O₅
Geräteglas:													
Schlechtes Glas	76,22	19,51	—	4,27	—	—	—	—	—	—	—	—	—
Mittelgutes „	74,69	8,37	8,64	7,85	0,45	—	—	—	—	—	—	—	—
Böhm. Glas v. Kavalier	78,3	1,4	13,3	6,8	0,5		—	—	—	—	—	—	—
Wiener Normalglas	74,0	9,69	5,51	7,76	0,66		0,16	0,24	0,01	—	2,15	—	—
Greiner & Friedrichs	68,0	10,17	1,82	4,80	2,32		5,04	2,40	0,14	0,24	5,53	—	—
Jenaer	64,66	7,21	—	0,08	6,74	0,10	0,13	10,12	—	—	11,14	—	—
Röhrenglas:													
Böhmisches	74,13	—	18,9	7,2	—	—	—	—	—	—	—	—	—
Greiner & Friedrichs Resistenz	73,2	13,95	1,75	9,12	1,98	—	—	—	—	—	—	—	—
Thüringer Thermometer	68,7	5,9	7,3	15,7	2,1	—	—	—	—	—	—	—	—
Sehr schlechtes Thermometerglas	69,0	15,0	10,5	—	5,0	—	—	—	—	—	—	—	—
Jenaer 16III	67,3	14,0	—	7,0	2,5	—	—	7,0	0,2	—	2,0	—	—
Jenaer 59III	72,0	11,0	—	—	5,0	—	—	—	0,05	—	12,0	—	—
Wasserstandsgläser I	78,9	1,0	14,0	5,8	0,2	—	—	—	0,1	—	—	—	—
„ II	69,6	13,6	0,4	15,1	0,4	0,3	0,4	—	—	—	—	—	—
„ III	73,0	12,9	1,8	11,0	1,3		—	—	—	—	—	—	—
„ IV	72,63	14,86	—	9,92	2,07		—	—	—	—	—	—	—
Flaschenglas:													
Grünes Siemens	61,92	8,53	0,63	13,22	8,73	1,81	4,12	—	0,50	—	—	—	—
Braunes „	54,90	10,41	1,0	13,2	10,12	1,25	0,056	—	7,47	—	—	—	—
Böhm. Champagnerfl.	63,34	4,17	2,01	21,34	4,72	4,42	—	—	—	—	—	—	—
Rheinisches Medizinglas	72,07	18,43	—	8,96	0,54		—	—	—	—	—	—	—
Fensterglas:													
Rheinisches	72,1	12,3	0,9	11,5	2,2		—	—	—	—	—	—	—
Hartes	68,0	10,10	—	14,3	7,60	—	—	—	—	—	—	—	—
Krystallglas:													
Belgisches	56,0	—	6,6	—	—	—	—	—	—	—	—	34,4	—
Englisches	51,4	—	9,4	—	2,0		—	—	—	—	—	37,4	—
Französisches	50,2	—	11,2	—	—		—	—	—	—	—	38,1	—
Optisches Glas:													
Hartes Kronglas	69,9	3,0	16,0	10,7	0,4	—	—	—	—	—	—	—	—
Phosphatkron	—	12,0	4,0	—	10,0	—	—	—	—	0,5	—	—	70,5
Boratflint	—	—	—	—	12,0	—	—	—	—	—	56,0	32,0	—

Tabelle 4.

Masse	Spez. Gewicht	Druckfestigkeit	Zugfestigkeit	Biegefestigkeit	Elastizitätsmodul	Torsionsfähigkeit
	s.	kg/qcm	kg/qcm	kg/qcm	kg/qmm	kg/qcm
Glas:						
Jenaer Normal-Thermometerglas M^{III}	2,558	—	9,06	—	7543	3010
Glas 59^{III}	2,394	126,4	7,73	—	7260	—
Minimalwerte } verschiedener {	2,2	60,6	3,53	—	4699	1840
Maximalwerte } Gläser {	6,33	126,4	9,06	—	7952	3290
Pyrexglas	2,25	—	—	—	6230	—

Bei Verwendung des Glases für chemische Zwecke ist die Widerstandsfähigkeit desselben gegen Einflüsse von Chemikalien von größtem Interesse. Es ist nachgewiesen worden, daß sich die chemische Widerstandsfähigkeit, im besonderen die Löslichkeit des Glases ähnlich verhält wie die Löslichkeit der im Glas enthaltenen Oxyde. Die Alkalisilicate sind an sich wasserlöslich (Kali- und Natronwasserglas). Der Eintritt anderer Oxyde erhöht ihre Schwerlöslichkeit. Immerhin ist beispielsweise die Wasserlöslichkeit von Gläsern, die neben Natron auch noch Kalk enthalten, recht bemerkbar. Bekannt ist die Erscheinung, daß Fensterglas an der Außenseite der Verwitterung infolge der Einwirkung der Atmosphärilien unterliegt. Als Maß der Zersetzung des Glases wird das durch Wasser freiwerdende Alkali angesehen. Durch dieses Alkali wird einer ätherischen Jodeosinlösung eine dem Alkali äquivalente Menge Eosin entzogen und diese Menge colorimetrisch bestimmt. Es kann auch das Ansteigen der Leitfähigkeit reinen Wassers bei Aufbewahrung in Glasgefäßen als Maß der Löslichkeit des Glases benutzt werden. Wird einerseits durch Wasser aus alkalireichen Gläsern das Alkali herausgelöst, so ist andererseits Alkali, besonders in Form von Ätzalkali, ein gutes Lösungsmittel für die Kieselsäure des Glases. So tritt beispielsweise nach Untersuchungen der Physikalisch-technischen Reichsanstalt beim dreistündigen Kochen von Jenaer Geräteglas mit einer 2n-Natronlauge auf 100 qcm ein Verlust von 59,2 mg auf. Ist die Natronlauge unter Druck, so ist die Lösungsfähigkeit noch entsprechend höher. Auch andere Lösungen, selbst von neutralen Salzen, greifen Glas in beachtenswertem Maße an. Diese Löslichkeit des Glases bzw. einzelner Glasbestandteile ist von besonderer Bedeutung bei Verwendung von Glasapparaten zur Herstellung chemisch reiner oder für medizinische Zwecke bestimmter chemischer Präparate. Für diese Zwecke werden Gläser bestimmter Zusammensetzung hergestellt. Bedeutend schwächer greifen Säuren das Glas an. Sowohl Schwefelsäure wie Salpeter- und

(Fortsetzung.)

Linearer Ausdehnungs-koeffizient	Wärmekapazität spez. Wärme zwischen 17 und 100° C	Thermischer Widerstandskoeffizient	Wärmeleitfähigkeit kcal m^{-1}, Std.$^{-1}$, Grad^{-1}	Dielektrizitätskonstante	Dielektrizitäts-verlustwinkel	Isolationswiderstand in Megohm (= 1000000 Ohm)	Durchschlagsfestigkeit
$8,1 \cdot 10^{-6}$	0,1988	9,54	0,878	—	—	bei 15°: 200 000 000 / „ 750°: 0,1 bis 0,4	—
$5,9 \cdot 10^{-6}$	0,2038	11,7	0,975	—	—	bei 18°: 500 000 / „ 145°: 100	—
$3,66 \cdot 10^{-6}$	0,01817	1,17	0,39	4,0	—	—	100 kV/cm
$11,2 \cdot 10^{-6}$	0,2318	9,8	1,0	16,97	—	—	500 kV/cm
$3,2 \cdot 10^{-6}$	0,2	—	—	—	—	—	—

Salzsäure haben ein geringeres Angriffsvermögen auf gute Gläser als etwa Alkalien. In demselben Ausmaße wirken die organischen Säuren, z. B. Oxalsäure. Phosphorsäure hingegen, die mit nahezu allen Glasbestandteilen Verbindungen eingeht, ist demzufolge ein stark korrodierendes Agens für Glas.

Die Einteilung der Gläser geschieht in erster Linie in Hinblick auf den Verwendungszweck. Von den 4 Gruppen: Hohlglas, Tafelglas, optisches Glas und Milch- bzw. Farbglas interessiert uns in erster Linie das Hohlglas, das in Form von Laboratoriumsgeräten, Wasserstandsröhren, Schaugläsern und Laternen ausschließlich durch Handarbeit (Blasen) hergestellt wird. Im Handel kommen drei verschiedene Typen vor, von denen das Thüringer Glas ein Kali-Natron-Kalk-Aluminium-Silicat ist, leicht schmelzbar und daher vor der Gebläselampe gut zu verarbeiten. Seine chemische und thermische Widerstandsfähigkeit ist nicht sehr groß. Das böhmische Geräteglas ist ein schwerer schmelzbares Kali-Kalk-Silicat. Das Jenaer Geräteglas ist ein Borosilicatglas von großer Widerstandsfähigkeit. Über die Thermometergläser wurde bereits oben gesprochen. Die Wasserstandsröhren müssen nicht nur gegen Temperatur- und chemische Einwirkungen, sondern auch gegen Druck äußerst widerstandsfähig sein. Das von den Jenaer Glaswerken hergestellte Durobaxglas widersteht, wie versuchsweise festgestellt, einem Druck von 31 Atmosphären, ohne beim Anspritzen mit kaltem Wasser zu springen. Ebenso widerstandsfähig sind die für Schaugläser verwendeten Maxosplatten, die sich insbesondere — ihrem Zweck entsprechend — durch chemische Widerstandsfähigkeit, selbst bei hohen Drucken, auszeichnen. Darauf deuten die Ergebnisse einer Versuchsreihe, bei welcher die Gewichtsabnahme im Gramm auf 1 qm bei 200 Stunden Betriebsdauer ermittelt wurde:

Kesselspeisewasser		Betriebsdruck		
		10 Atm	20 Atm	30 Atm
Reines Kondenswasser	Maxosglas	0	47	132
	anderes Glas	23	[1]	[1]
0,1 Proz. Natronlauge	Maxosglas	23	140	163
	anderes Glas	232	[1]	[1]
0,5 Proz. Sodalösung	Maxosglas	23	186	372
	anderes Glas	465	[1]	[1]

Eine Neuerung bedeuten die Jenaer Glasfiltergeräte, deren Filterscheiben aus einer gesinterten Masse von Jenaer Sondergläsern bestehen, die zermahlen und auf bestimmte Korngröße gesichtet werden. Die Gebrauchsfähigkeit dieser Filter, die sich als Luftfilter, Eintauchnutschen, ferner für Extraktionsapparate, dann zur Reinigung von Quecksilber eignen, ist vorläufig unbeschränkt.

Von Tafelglas ist für die Industrie im allgemeinen das Drahtglas von Interesse, das beispielsweise für Trockentische, als Schutzglas für Wasserstandsgläser, für Fenster, Oberlichte usw. sich verwenden läßt.

In Tabelle 3 wird die Zusammensetzung verschiedener Gläser wiedergegeben, in Tabelle 4 die physikalischen Konstanten einzelner Gläser.

2. Quarz.

Das Glas hat, wie bereits oben angeführt, gerade in thermischer Beziehung eine für viele Zwecke nicht hinreichende Widerstandsfähigkeit. Man hat deshalb nach Werkstoffen gesucht, die sowohl bei höherer Temperatur weich werden und schmelzen als das Glas, wie auch jähem Temperaturwechsel nach oben und nach unten einen hohen Widerstand entgegensetzen. Ein solches Material ist in der Natur durch den Quarz in seinen verschiedenen Arten gegeben. Quarz besteht aus reiner Kieselsäure, die, wie bekannt, sehr schwer schmelzbar ist. Ihre verhältnismäßig leichte Schmelzbarkeit im Glas beruht ja darauf, daß sie mit den basischen Oxyden zunächst chemische Verbindungen, die Silicate, eingeht. Für sich allein schmilzt sie erst bei bedeutend höherer Temperatur. Man hat ja bis zur Entdeckung des Knallgases Quarz überhaupt für unschmelzbar gehalten. In der Knallgasflamme läßt sich aber Quarz schmelzen. Diese erste wissenschaftlich entdeckte Schmelzmethode hat sich zum Teil in der Technik erhalten: Man schmilzt auch heute noch den Quarz im Knallgasgebläse, wenn man nicht die elektrische Erhitzung anwendet. Die aus Quarz hergestellten Werkstoffe sind in ihrem Aussehen und in ihren sonstigen Eigenschaften abhängig von den Rohstoffen, von denen man ausgeht. Verwendet man reinen Bergkrystall, so erhält man durchsichtige, dem Glas äußerlich gleichende Erzeugnisse. Aus Quarzsand entsteht beim Schmelzen ein undurchsichtiges Material, das aber in seinen Eigenschaften dem Quarzglas, wie das aus Bergkrystall erzeugte Produkt

---

[1] Diese Gläser zersprangen infolge starker Anfressung bereits nach etwa 3 Tagen in kleine Stücke; viele Gläser hielten nicht einmal den 10 Atm-Versuch aus.

genannt wird, sehr nahekommt. Das undurchsichtige geschmolzene Quarzmaterial wird als Quarzgut bezeichnet.

Das durchsichtige Quarzglas wird erzeugt, indem man den besten Bergkrystall in Stücke gebrochen im Knallgasgebläse oder im elektrischen Ofen in den glasigen Zustand überführt. Da es zum Zwecke der Erhaltung des hohen Schmelzpunktes wichtig ist, das Material während des Schmelzens vor Verunreinigungen zu schützen, so ist die Wahl der Schmelzgefäße naturgemäß sehr schwierig. Man hat Tiegel aus Iridium verwendet, die sehr kostspielig sind, hat Zirkonoxyd- oder Thoriumerdetiegel vorgeschlagen. Die einzelnen Gegenstände werden entweder so erzeugt, daß man einseitig geschlossene dickwandige Zylinder herstellt und durch Blasen vor der Lampe zu den gewünschten Formen verarbeitet, oder indem man auf ein Rohr aus geschmolzenem Bergkrystall bei ständiger Erhitzung feines Bergkrystallpulver aufstreut, dieses Rohr auszieht und daraus andere Gegenstände formt. Quarzglas hat das spezifische Gewicht 2,2, einen linearen Ausdehnungskoeffizienten zwischen $0°$ und $1000°$ von $0,00000054$. Gefäße aus diesem Material lassen sich daher in glühendem Zustande in kaltes Wasser ohne Gefahr des Springens eintauchen. Seine spezifische Wärme beträgt zwischen 20 und $100°$ $0,1860$. Seine Härte beträgt 233 kg pro qmm, ist also nicht höher als die des Glases und daher die Zerbrechlichkeit etwa von der gleichen Größenordnung. Die Durchlässigkeit des Quarzglases für Gase ist äußerst gering. Praktisch wurde für ein Rohr von 3 mm Stärke bei 30 Atmosphären Druck und $1000° C$ die Undurchlässigkeit für Wasserstoff und ebenso für Stickstoff ermittelt. Von besonderem Interesse ist die Lichtdurchlässigkeit des Quarzglases. Ultraviolettes Licht wird bis zur Wellenlänge von etwa $200\ \mu\mu$ durchgelassen, von welcher Eigenschaft in hohem Maße Gebrauch gemacht wird. Die elektrische Leitfähigkeit beträgt bei $101°$ $0,26 \cdot 10^{-11}$. Quarzglas ist in Wasser vollständig unlöslich. Stark angegriffen wird es von Fluor und von Fluorwasserstoff. Schwermetalle reagieren, sofern sie frei von Oxyden sind, nicht mit Quarzglas und können deshalb aus solchen Gefäßen destilliert werden. Metalloxyde bilden leicht Silicate. Ebenso lösen wässerige und geschmolzene Alkalien das Quarzglas unter Silicatbildung. Von Säuren greift nur Phosphorsäure beim Erhitzen auf Temperaturen über $300°$ das Quarzglas an. Quarzglas wird infolge seiner schwierigen Herstellung, die insbesondere die Verarbeitung größerer Mengen für technische Großapparate ausschließt, nur für Laboratoriumsgeräte verwendet. Apparate aus diesem Stoff können mit Vorteil auch Platingeräte ersetzen.

Quarzgut wird nach verschiedenen Verfahren hergestellt, meist durch Schmelzen des Quarzsandes in elektrisch beheizten Öfen. In diese, die zumeist drehbar angeordnet sind und nach dem Widerstandsprinzip erhitzt werden, wird der Sand eingebracht und erhitzt, bis er zu einer teigartigen Masse geschmolzen ist. Dieses so entstandene teigartig geschmolzene Rohr wird mittels einer Spezialzange herausgezogen und an eine bewegliche Preßluftleitung angeschlossen. Das freie Ende des Rohres wird durch Zusammendrücken verschlossen, das gesamte noch plastische Material in eine Form gebracht, die durch Ausblasen mit dem Material in allen Teilen erfüllt wird. Rohre mit dünnen Wandungen werden ähnlich wie Glasrohre frei in der Luft ausgezogen. Da infolge der Widerstandsbeheizung die Schmelzung nach diesem Verfahren von innen nach außen verläuft, so ist die innere Oberfläche der danach hergestellten Gegenstände glatt, die äußere rauh, da sie noch nicht vollständig geschmolzen ist. Man kann auch Gegenstände mit glatter äußerer Oberfläche herstellen, wenn man sie von außen durch eine beliebige Wärmequelle erhitzt. Die so erhaltenen Gegenstände sind durchscheinend und beiderseits vollständig glatt. Die physikalischen Eigenschaften des Quarzgutes sind denen des Quarzglases bis auf die Durchsichtigkeit annähernd gleich. Insbesondere ist die thermische Widerstandsfähigkeit ebenso hoch wie bei Quarzglas. Wenn Geräte aus geschmolzenem Quarz längere Zeit auf hohe Temperaturen erhitzt werden, so geht der amorphe Zustand in einen krystallinischen über, eine Erscheinung, die dem Entglasen analog ist. Diese krystallinische Modifikation heißt Cristobalit. Die Entglasung tritt aber erst über 1250° ein, so daß bei Benutzung der Gegenstände unterhalb dieser Temperatur die Gefahr des Entglasens ziemlich gering ist. Cristobalit hat ein höheres spezifisches Gewicht, daher ist mit der Umwandlung eine Lockerung des Gefüges der Geräte verbunden. Die elektrische Isolierfähigkeit des geschmolzenen Quarzes ist bedeutend höher als die von Glas, besonders bei höheren Temperaturen. Dies geht aus Tabelle 5 hervor.

Tabelle 5.

Geschmolzener Quarz		Glas (Kalksoda)		Jenaer Glas Verbrennungsröhrchen	
Temperatur °C	Widerstand Megohm / cm	Temperatur °C	Widerstand Megohm / cm	Temperatur °C	Widerstand Megohm / cm
15	über 200 000 000	18	500 000	16	über 200 000 000
150	„ 200 000 000	145	100	115	„ 36 000 000
230	„ 20 000 000	—	—	150	„ 18 000 000
250	„ 2 500 000	—	—	750	0,1 bis 0,4
350	„ 30 000	—	—	—	—
450	„ 800	—	—	—	—
800	ungefähr 20	—	—	—	—

Was die chemischen Eigenschaften des Quarzgutes anbelangt, so sind sie die gleichen wie die des Quarzglases.

Quarzgut ist ein Material, das infolge seiner hervorragenden Eigenschaften und seiner verhältnismäßig wenig kostspieligen Herstellungsweise auch in der chemischen Großapparatur Anwendung findet. So werden vor allem die früher zur Konzentration von Schwefelsäure angewendeten teuren Platinapparate durch Quarzapparate ersetzt. Diese Teile können ohne besondere Schutzmaßnahmen mit freier Flamme erhitzt werden. Ebenso werden aus Quarzgut Anlagen zur Herstellung von Salpetersäure, im besonderen Denitrierapparate für Restsäuren erbaut. Auch sonst nimmt die Anwendung von Quarzgut in der Industrie immer mehr zu. Die guten isolierenden Eigenschaften befähigen es zur Verwendung in der elektrotechnischen Industrie in ganz hervorragendem Maße.

Quarzgut ist auch unter dem Namen Vitreosil, Siloxyd, Firmazit usw. im Handel.

3. Schmelzbasalt.

Basalt ist ein Eruptivgestein, das im wesentlichen aus Kalknatronfeldspaten und Augiten besteht und in der krystallinen Grundmasse auch glasig erstarrte Lava eingebettet enthält. Chemisch ist er zusammengesetzt aus

40	bis	45 Proz.	Kieselsäure
10	„	15 „	Ton
5	„	10 „	Kalk
8	„	10 „	Mangan
10	„	20 „	Eisen
4	„	5 „	Alkalien
0,1	„	1 „	Titan

Das Gestein hat basischen Charakter. Sein spezifisches Gewicht beträgt 2,7 bis 3,2. Er schmilzt zwischen 900 und 1100° C. In Form von Splitt und Schotter wird er in gasgeheizten Schmelzöfen niedergeschmolzen, geht von da in flüssigem Zustande kontinuierlich in eine beheizte Läuterungs- und Gießtrommel und wird von da aus in Sand- oder Eisenformen abgegossen. Das oberflächlich erstarrte, aber noch heiße Gußstück wird in einen Kühlofen eingesetzt und daselbst auf einem endlosen Band ganz langsam und gleichmäßig abgekühlt. Nur durch die sorgfältige Überwachung des Schmelz- und Kühlprozesses wird ein durchwegs krystalliner Schmelzbasalt erreicht und der Übergang in den glasartigen spröden Zustand, in welchem das Material technisch wertlos ist, vermieden. Der so hergestellte Schmelzbasalt hat eine Druckfestigkeit von etwa 6000 kg/qcm, eine Biegefestigkeit von etwa 350 kg/qcm. Die Zugfestigkeit beträgt über 200 kg/qcm. Seine Verschleißfestigkeit, ermittelt mit Hilfe eines Sandstrahlgebläses, ist zu 0,06 ccm/qcm festgestellt worden. Seine Härte nach der *Mohs*schen Skala beträgt 9, die spezifische Wärme 0,2. Besonders die chemischen Eigenschaften machen den Schmelzbasalt wertvoll für seine Verwendung in der chemischen Industrie. Die Verluste durch Behandlung mit konzentrierten Säuren und Laugen lassen sich folgender Aufstellung entnehmen.

1. Kochend, Versuchszeit 2 Stunden.

Salzsäure	spez. Gewicht	1,19	= 3,46 mg/qcm	= 0,188 Gew.-Proz.
Salpetersäure	„	„ 1,40	= 1,50 „	„	= 0,082 „	„
Schwefelsäure	„	„ 1,84	= 0,47 „	„	= 0,025 „	„
Natronlauge (12 proz.)	„	„ 1,135	= 1,42 „	„	= 0,076 „	„

2. Bei Zimmertemperatur, Versuchszeit 31 Tage.

Salzsäure	spez. Gewicht	1,19	= 1,98 mg/qcm	= 0,107 Gew.-Proz.
Salpetersäure	„	„ 1,40	= 0,28 „	„	= 0,015 „	„
Schwefelsäure	„	„ 1,84	= 1,00 „	„	= 0,054 „	„
Natronlauge (12 proz.)	„	„ 1,135	= 0,47 „	„	= 0,025
Essigsäure (100 proz.)			= 0,00 „	„	= 0,00 „	„
Sodalösung gesättigt			= 0,00 „	„	= 0,000 „	„

Demzufolge eignet er sich nicht nur als Wandbekleidung und Bodenbelag, sondern vor allem auch als Auskleidungsmaterial für Behälter, Säuresilos, Kocher, ferner als Füllmaterial für Säuretürme und ähnliche Apparate, die ein chemischem Angriff widerstehendes Baumaterial erfordern.

Fürth, Werkstoffe.   6

4. Asbest.

Zu den natürlichen Silicaten, die in der chemischen Apparatur Verwendung finden, gehört auch der Asbest, der charakteristisch ist durch seine faserige Struktur, die es erlaubt, daß er zu einem lockeren spinn-, web- und verfilzbaren Material aufgeschlossen wird. Chemisch besteht er der Hauptmenge nach aus kieselsaurer Magnesia, Wasser und geringen Beimengungen von Eisenoxydul bzw. -oxyd und Tonerde. Er ist aus der Umwandlung von Silicatgesteinen hervorgegangen, namentlich aus Hornblende und aus Serpentin. Der Hornblendeasbest hat eine Zusammensetzung von SiO_2 54,60, MgO 27,85, Fe_2O_3 11,15, Al_2O_3 2,85, H_2O 3,55. Das Verhältnis von Säure zu Base ist 1:1, weshalb dieser Asbest eine besonders hohe Widerstandsfähigkeit gegen Säureeinwirkung, auch bei hohen Temperaturen, aufweist. Sein spezifisches Gewicht ist 2,9 bis 3. Er schmilzt bei etwa 1150°. Seine Fasern zeigen monokline Krystalle. Seine Farbe ist weiß bis grau. Der Gehalt an Eisen verleiht ihm zuweilen eine grünliche, bräunliche oder blaue Färbung. Der Serpentinasbest hat beispielsweise folgende Zusammensetzung: SiO_2 41,84, MgO 41,99, $FeO + Fe_2O_3$ 2,23, H_2O 14,28. Das Verhältnis Basis:Säure beträgt etwa 3:2. Das spezifische Gewicht dieses Asbests ist 2,3 bis 2,8. Seine Schmelztemperatur ist wesentlich höher, und zwar etwa 1550°. Dieser wertvollen Eigenschaft steht aber eine geringe Säurefestigkeit gegenüber. Alle Säuren, auch schwache organische, zerstören ihn in verhältnismäßig kurzer Zeit. Seine Fasern besitzen rhombische Krystallform. Er wird bergmännisch gewonnen, von seinem Muttergestein durch maschinelle Behandlung getrennt, nach Faserlänge sortiert. Die mechanische Aufbereitung besteht, nachdem die Fasern durch die erste Behandlung aufgelockert sind, in der Entfernung des Staubes und in der Aufschließung der Faser, die von Maschinen bewirkt wird, die nach Art der Reißwölfe gebaut sind. Die Verspinnung des Asbests bietet infolge der glatten Beschaffenheit und Stärke der einzelnen Fasern gewisse Schwierigkeiten. Im übrigen ist die Art seiner Verspinnung analog der von Baumwolle. Die feinen Garne lassen sich ohne Zusatz von Baumwolle nicht herstellen. Die Asbestfäden werden verwendet für Dichtungsmaterial, für Wärmeisolation, ferner zu Filter- und Preßtüchern. Der kurzfaserige Asbest und der beim Spinnen erzeugte Abfall wird zur Herstellung von Asbestpappen und Asbestpapier verwendet. Die Pappherstellung geschieht ähnlich wie die aus Cellulose bzw. Lumpen. Zwecks besseren Zusammenhaltes der Fasern wird der im Holländer erzeugte Brei mit Klebstoff versetzt. Die Weiterverarbeitung geschieht auf normalen Pappenmaschinen. Das Asbestpapier wird aus dem Brei auf Papiermaschinen in kontinuierlicher Bahn hergestellt. Asbestpappe und Asbestpapier werden in erster Linie in Form von Dichtungsringen, dann Asbestschalen u. ä. verwendet. Bemerkenswert ist eine weitere Verarbeitung des im Holländer erzeugten Breies zu Asbestschieferplatten, wozu man ihn mit Magnesit oder anderen Mineralien vermischt und schließlich bei etwa 25 Atm. preßt. Mit Portlandzement als Bindemittel wird der Asbestzementschiefer erzeugt. Letzterer kommt auch als Eternitschiefer in Handel, mit einer Zugfestigkeit von etwa 4,2 kg und einer Biegungsfestigkeit von 6,4 kg/mm². — Aus Asbestfasern und Kautschuklösung werden die Hochdruckdichtungsplatten erzeugt. Eine andere Verwendungsart soll weiter unten erwähnt werden.

5. Beton.

Beton ist die Bezeichnung für einen Kunststein, den man erhält, wenn man Portlandzement mit Wasser, feinem Sand und grobem Kies in bestimmten Verhältnissen mischt. Das Verhältnis ist je nach der zu gewärtigenden Beanspruchung verschieden, so zwar, daß man beispielsweise für stark beanspruchte Säulen und Träger auf 1 Teil Zement 1 Teil Sand und 2 Teile Kies, für Behälter, dünne Mauern 1 Teil Zement, 2 Teile Sand und 4 Teile Kies, und für Fundamente etwa 1 Teil Zement, 4 Teile Sand und 8 Teile Kies verwendet. Man unterscheidet Gußbeton und Stampfbeton. Im ersteren Falle gibt man der Mischung so viel Wasser zu, daß sie breiartige Konsistenz besitzt und sich von selbst dicht lagert. Im zweiten Falle ist die Masse nur erdfeucht und wird durch Stampfen verdichtet. Der Stampfbeton hat eine bedeutend größere Widerstandsfähigkeit als der Gußbeton. Die Mischung geschieht entweder von Hand oder maschinell durch Mischmaschinen verschiedener Konstruktion. Verlangt wird von Beton einerseits Druckfestigkeit, die bei fetten Mischungen bis 300 kg/qcm, bei mageren 60 bis 80 kg/qcm betragen soll, andererseits Raumbeständigkeit. Die Festigkeit und Raumbeständigkeit des Betons tritt erst nach einer gewissen Zeit, der sog. Abbindezeit, ein. Das Reißen oder Treiben des Betons, das häufig beobachtet wird, hat seinen Grund in der schlechten Zusammensetzung der Mischung oder in dem zu hohen Wassergehalt. Eisenbeton ist ein Beton, in dem Eisen oder Stahl eingebettet ist, und wird für besonders beanspruchte Gegenstände angewendet. Dabei soll das Eisen oder der Stahl mit seiner hohen Zugfestigkeit die Beanspruchung auf Zug- und der Beton mit seiner hohen Druckfestigkeit, aber geringen Zugfestigkeit, die Beanspruchung auf Druck aufnehmen. Diese Verbindung von Eisen und Beton ist gegründet auf die so nahe beisammenliegenden Ausdehnungskoeffizienten, für Eisen 0,000013, für Beton 0,000010. Die Eiseneinlagen müssen im Eisenbeton vollständig gegen chemische Einwirkung und Feuereinwirkung geschützt sein. Beton wird gewöhnlich nur auf Druckfestigkeit geprüft.. Aus der zu untersuchenden erdfeuchten Masse werden durch Stampfen in zerlegbaren eisernen Formen Würfel von bestimmter Größe hergestellt, die nach einer Erhärtungsdauer von 28 Tagen unter einer hydraulischen Presse bis zum Eintritt des Bruches belastet werden.

Eisenbeton wird in der chemischen Industrie in steigendem Ausmaße verwendet, nicht nur für Gebäude, sondern auch für Behälter, Gasreiniger, Schornsteine, Rohrleitungen, Maschinenfundamente usw. Die Kosten sind gegenüber Stahl bedeutend geringer, wohingegen er widerstandsfähiger, feuersicherer ist als jede Bauart aus anderem Material. Die Form der Eiseneinlagen ist verschieden und richtet sich nach dem Zweck. Gewöhnlich wird Rundeisen verwendet, Drahtgeflecht oder Streckmetall. Wichtig ist, daß die

Eiseneinlagen frei von Rost sind, da sie sonst mit dem Beton nicht abbinden. Eisenbetonbehälter werden zuweilen mit säurefesten Steinen ausgefüttert. Es ist aber notwendig, zwei Schichten Futtersteine übereinander zu mauern, weil sonst durch die Fugen der Behälterinhalt schädlich auf die Betonmasse einwirken kann. Beton wird häufig auch zur Erhöhung seiner Wasserdichtigkeit und Säurefestigkeit und zur Verminderung seiner Porosität mit verschiedenen Präparaten behandelt, so z. B. Chlorcalcium, Wasserglas, Chlormagnesium oder Teer, Pech und Bitumen. Ein solcher Beton ist z. B. der Prodorit.

Tabelle 6.

	Gewichtsdifferenz		Augenscheinliche Veränderung der	
	in %	in mg pro qcm Oberfläche	Probe	Lösung
A. Zimmertemperatur:				
Salzsäure $\frac{n}{10}$	0,0	0,0	keine	keine
Salzsäure conc. . . .	0,0	0,0	keine	keine
Schwefelsäure $\frac{n}{10}$ . .	0,0	+0,2	keine	keine
Schwefelsäure 70 % .	0,0	+0,1	keine	keine
Schwefelsäure 80 % .	−0,63	−44,0	beginnende Zerstörung	Braunfärbung
Salpetersäure 10 % .	−0,02	−1,4	keine	keine
Salpetersäure 50 % .	−0,07	−4,4	beginnende Gelbfärbung	beginnender Angriff
Schweflige Säurelösung.	0,0	0,0	keine	keine
Essigsäure 25 % . . .	0,0	+0,2	keine	keine
Phosphorsäure 20 %.	0,0	0,0	keine	keine
Kieselfluorwasserstoffsäure 10 % . .	0,0	0,0	keine	keine
Ammoniak verdünnt	0,0	0,0	keine	keine
Ammoniak conc. . .	0,0	+0,8	keine	keine
Natronlauge 10 %. .	+0,02	+1,5	keine	keine
Natronlauge 40 %. .	+0,13	+9,1	keine	keine
Natronlauge 50 %. .	+0,08	+4,8	keine	keine
Kalkmilch	0,0	0,0	keine	keine
Chlorzink 30 % . . .	0,0	0,0	keine	keine
Bisulfat 20 %. . . .	0,0	0,0	keine	keine
Flußsäure[1] 25 % . .	−0,02	−1,5	keine	keine
B. Bei 80°.				
Salzsäure $\frac{n}{10}$	0,0	0,0	keine	keine
Salzsäure conc. . . .	0,0	0,0	keine	keine
Schwefelsäure $\frac{n}{10}$ . .	0,0	0,0	keine	keine
Schwefelsäure 50 % .	0,0	0,0	keine	beginnende Gelbfärbung
Salpetersäure 20 % .	0,0	0,0	keine	keine
Salpetersäure 30 % .	nicht festgestellt		beginnende Zerstörung	beginnende Zerstörung
Ammoniak conc. . .	0,0	0,0	keine	keine
Natronlauge 20 %. .	0,0	0,0	keine	geringe Gelbfärbung
Kalkmilch	0,0	0,0	keine	keine

---

[1] Prodorit „F".

Prodorit ist ein säurefester Beton, der auf heißem Wege erzeugt wird, und dessen Widerstandsfähigkeit gegen Säuren, die nur durch die Acidität wirken, nicht nur auf die Oberfläche beschränkt ist, sondern durch die ganze Masse hindurch besteht. Nur Säuren, die neben ihrer Säurewirkung auch noch anders, wie z. B. sulfurierend oder nitrierend, wirken, wie konzentrierte Schwefel- oder Salpetersäure, greifen Prodorit an. In Tabelle 6 sind die Ergebnisse einer Reihe von 100 stündigen Versuchen mitgeteilt, die zur Prüfung der Widerstandsfähigkeit des Prodorits angestellt worden sind.

Was besonders auffällt, das ist die Widerstandsfähigkeit gegen Salzsäure. Sie ermöglicht die Anwendung dieses Baumaterials für große Apparate zur Behandlung voluminöser Stoffe mit Salzsäure, für welchen Zweck sonst kein derartig geeigneter Werkstoff zur Verfügung steht. Gegen Flußsäure beständig ist ein Prodorit (F) besonderer Zusammensetzung. Gegen die schwachen Säuren, die in der Natur häufig angetroffen werden, wie Humus- und Moorsäuren, freie Kohlensäure, freie schweflige Säure und Schwefelwasserstoff ist Prodorit unempfindlich.

Was die mechanische Widerstandsfähigkeit anlangt, so wurde die Zugfestigkeit zu etwa 30 kg, die Druckfestigkeit zu etwa 450 kg pro qcm festgestellt. Abnutzungsversuche auf der Bauschingerschen Schleifscheibe ergaben bei einer Scheibe von 50 qcm und normengemäßer Belastung von 30 kg nach 440 Umdrehungen in der Minute einen Gesamtgewichtsverlust von 0,333 g, einen Gesamtrauminhaltsverlust von 0,143 qcm.

Sonstige Kunsteine kommen für die chemische Industrie in irgendwelchem beträchtlichen Maße nicht in Frage.

6. Keramisches Material.

Die keramischen Werkstoffe sind in qualitativer Beziehung ebenso wie die Gläser zusammengesetzt aus Kieselsäure und basischen Oxyden. Sie unterscheiden sich in der Hauptmasse grundsätzlich von den Gläsern durch die quantitative Zusammensetzung und durch die Art ihrer Herstellung. Als Ausgangsstoffe dienen Mineralien, welche die Eigenschaft besitzen, die als Grundlage der Keramik angesehen werden muß: die Bildsamkeit. Sie lassen sich, wenn sie mit Wasser vermischt sind, kneten und in verschiedene Formen bringen, die sie auch nach dem Abtrocknen und nach dem Brennen behalten. Solche Rohstoffe sind vor allem: 1. der Kaolin, ein wasserhaltiges Tonerdesilicat ($Al_2O_3 \cdot 2\,SiO_2 \cdot 2H_2O$) mit 39,7 Proz. Al_2O_3, 46,4 Proz. SiO_2 und 13,9 Proz. H_2O. Er ist ein Zersetzungsprodukt des Feldspates und feldspathaltiger Gesteine an primärer Lagerstätte. Die Zersetzung äußert sich in der Weise, daß Kali, Kalk und Natron durch Wasser ausgelaugt werden und letzteres in die Substanz eintritt. Das umwandelnde Wasser rührt zum Teil aus der Atmosphäre, zum Teil aus heißen Quellen her. Die primären Kaoline sind durch darin zurückbleibenden Quarz und Glimmer oft natürlich „gemagert", während die sekundären Kaoline, das sind solche, bei denen der Kaolin von der primären Lagerstätte ausgeschwemmt worden ist, bedeutend reiner sind. Diese letzteren sind aber verhältnismäßig selten und nur von geringer Mächtigkeit. 2. Der Ton entsteht durch Zusammenschwemmung der Verwitterungsprodukte verschiedener Minerale und Gesteine. Er ist infolgedessen mit Verunreinigungen durchsetzt, die keinen Verwitterungserscheinungen unterworfen waren, wie z. B. mit Quarz, Glimmer, Eisenoxyd, aber nicht aus dem Ursprungsgestein des Tones stammen. Letzteres läßt sich nicht mehr ermitteln. Je nach der Art der Verunreinigungen unterscheidet man Lehm, Löß, Mergel, Tonschiefer, Schieferton. 3. Speckstein ist ein wasserhaltiges Magnesiumsilicat ($MgO \cdot 4\,SiO_2 \cdot H_2O$) mit 31,7 Proz. MgO, 63,5 Proz. SiO_2 und 4,8 Proz. H_2O und rührt von basischen magnesiumreichen Eruptivgesteinen her. Die Bildsamkeit der Tone ist auf den Gehalt an diesen plastischen Bestandteilen, die sich in kolloidem Zustande befinden, zurückzuführen. Da sie bei höherer Temperatur ihr Wasser verlieren, so büßen sie zunächst beim Trocknen, sodann bei der Behandlung bei sehr hohen Temperaturen, dem Brennen, einen großen Teil ihres Volumens ein, was nicht gleichmäßig in allen Dimensionen erfolgt und daher zu Verzerrungen, Rissen und Brüchen Anlaß gibt. Um diese übermäßige Volumenverminderung, die sog. Schwindung, zu vermeiden oder zumindest zu verringern, gibt man den plastischen Materialien die sog. Magerungsmittel zu, welche die Eigenschaft der Schwindung nicht besitzen. Es treten also zu den genannten Rohmaterialien noch hinzu: 1. Quarz. Er besteht, wie bereits beim Glas erwähnt, aus wasserfreier Kieselsäure. Für die Keramik haben nur solche Quarze Bedeutung, die ganz rein sind oder zusammen mit solchen Mineralien vorkommen, welche im keramischen Material nicht stören. Besonders geeignet sind die weißen Glassande, ferner Quarzit. 2. Feuerstein, der ebenfalls aus Kieselsäure besteht. 3. Feldspat. In der Keramik wird vor allem der Kalkfeldspat oder Orthoklas, ein Kalium-Aluminiumsilicat von der Formel $K_2Al_2Si_6O_{16}$, verwendet. 4. Bauxit, ein Hydrogel der Tonerde, das durch Verwitterung von Basalt, Melaphyr und ähnlichen Gesteinen entstanden ist. 5. Kalkspat, kohlensaurer Kalk, der in Form von Marmor, Kalkstein, Kreide vorkommt. 6. Dolomit, ein Calcium-Magnesiumcarbonat. 7. Magnesit, kohlensaures Magnesium und verschiedene andere.

Die Anwendung von Quarz als Magerungsmittel ist deswegen von besonderer Bedeutung, weil derselbe durch Erhitzung in andere Modifikationen übergeht, die ein geringeres spezifisches Gewicht und somit ein größeres Volumen besitzen. Man sagt, daß der Quarz beim Erhitzen „wächst". Aus folgender Tabelle 7 läßt sich das Wachsen erkennen:

Tabelle 7.

von	Dichte	in	Dichte	Volumenzunahme Proz.
		Übergang		
α-Quarz	2,65	β-Quarz	2,60 (?)	etwa 2
α-Cristobalit	2,32	β-Cristobalit	etwa 2,21	etwa 5
β-Cristobalit	2,21	Kieselsäureglas	2,21	0
β-Quarz	2,60	Kieselsäureglas	2,21	17,5
α-Quarz	2,65	α-Tridymit	2,32	14,3
α-Quarz	2,65	α-Cristobalit	2,32	14,3
α-Quarz	2,65	Kieselsäureglas	2,21	20

Tabelle 8[1].

Bezeichnung	Chemische Analyse								Rationelle Analyse			Feuerfestigkeit Segerkegel	Brennfarbe	Sinterungspunkt Segerkegel
	SiO_2	Al_2O_3	Fe_2O_3	CaO	MgO	K_2O	Na_2O	Glühv.	Quarz	Feldspat	Tonsubst.			
Kaolin:														
Chodauer Kaol. (Osmose-Kaol.)	46,85	38,34	1,14	0,06	—	0,19	0,12	13,31	1,0	0,4	98,6	35 bis 36	weiß	17
Dölauer Kaolin	53,48	32,53	0,76	0,05	—	0,50	0,21	11,57	14,2	3,2	82,6	34 „ 35	gelblich	17
Hessischer Kaolin	49,70	34,69	1,56	0,12	0,08	1,59	1,02	11,30	—	—	—	34	—	—
Zettlitzer Kaolin	46,09	39,28	0,76	0,15	—	0,12	0,03	13,58	1,2	0,4	98,4	—	weiß	—
Tone:														
Bebitzer Ton	61,64	28,16	0,70	0,20	0,30	0,68	0,16	8,86	25,7	2,6	71,7	32	gelbbraun, graublau	6a
Flöhauer Ton	59,92	29,86	0,48	0,05	Spur	—	—	9,36	27,1	0,8	72,1	34	weiß bis gelblichweiß	—
Löthainer Rohton I, dunkel (sehr fett)	59,10	27,34	0,76	0,10	0,22	0,43	—	11,85	26,5	0,7	72,8	31 bis 32	reinweiß	—
Löthainer Rohton II R (mager)	81,12	13,27	0,65	0,05	0,02	—	—	4,64	63,7	1,9	34,4	—	„	—
Röthaer Ton	52,93	34,64	1,53	0,12	0,05	1,54	0,32	8,89	14,4	1,5	84,1	31	gelbgrau bis blaugrau	3a
Westerwälder - Plattenton, Osmo-Ton K	49,27	33,56	1,39	0,28	0,05	0,86	0,36	14,28	7,5	1,2	91,3	33	—	01a
Wildsteiner Ia hochfeuerbeständiger Steingutton „B"	46,35	38,77	1,11	0,00	0,00	0,33		13,44	—	1,0	99,00	36	—	—
Magerungsmittel:														
Dörentruper Krystallsand	99,85	0,05	0,007	0,008	—	—	—	0,08	—	—	—	—	—	—
Hirschauer Quarzsand	92,71	4,38	—	—	—	2,33		0,51	81,3	13,8	4,9	—	—	—
Kemmlitzer Kaolinschliffsand	86,15	9,90	0,52	—	—	0,06	0,02	3,37	73,9	2,4	23,7	32	—	—
Birkenfelder Feldspat I	74,96	14,88	0,98	0,08	0,06	4,88	0,81	3,40	37,1	35,9	27,0	26	reinweiß	14
Metzlinger Feldspat „Marke Jä"	74,85	14,08	0,30	—	—	nicht bestimmt		0,40	24,9	68,6	7,3	19	weiß	—
Bohemia-Feldspat	66,04	19,52	0,35	0,10	—	nicht bestimmt		0,73	5,2	84,9	9,9	15	„	—
Weidener Pegmatit	82,49	11,05	0,41	0,05	Spur	4,01	0,16	1,88	54,8	34,3	10,9	—	—	—
Bauxit aus Gießen	1,10	50,92	15,70	0,80	0,16	Titansäure 3,20		28,60	—	—	—	—	—	—

Diese Volumenvermehrung beim Erhitzen gleicht die Schwindung der plastischen Rohstoffe zum Teil aus. Zu den Magerungsmitteln treten noch Flußmittel, und zwar Flußspat (Calciumfluorid) oder Kryolit, ein Natrium-Aluminiumfluorid. Aus der Tabelle 7 ist die Zusammensetzung der verschiedenen Rohstoffe ersichtlich.

Die Kunst der keramischen Fabrikation besteht nun darin, eine Masse von so großer Bildsamkeit und dabei so geringer Trocken- und Brennschwindung zu erzeugen, daß die geformten Körper beim Trocknen und Brennen ihre Gestalt behalten, keine Risse und Verzerrungen erleiden, und daß somit die schließliche Ausbeute an Stücken von der gewünschten Form und Größe möglichst groß wird. Es kommen bisweilen natürliche Massen vor, die diesen Anforderungen Genüge leisten und nur noch der mechanischen Aufbereitung und der Formung bedürfen. Diese Fälle aber sind selten. Im allgemeinen sind die keramischen Massen künstlich aus den genannten Rohmaterialien zusammengesetzt, so daß man die verlangten Eigenschaften willkürlich beeinflussen kann. Der Bedarf der Tone an den obengenannten Zusätzen läßt sich vielfach aus den Ergebnissen der sog. rationellen Analyse ermitteln. Diese soll den Gehalt eines Tones an eigentlicher Tonsubstanz, an Quarz und Feldspat feststellen. Sie beruht darauf, daß die Tonsubstanz von heißer starker Schwefelsäure in Kieselsäure und Aluminiumsulfat zerlegt wird, Quarz und Feldspat dagegen unzersetzt bleiben. Das gebildete wasserlösliche Aluminiumsulfat wird von der abgeschiedenen Kieselsäure, dem Quarz und dem Feldspat abgegossen, die Kieselsäure mit Natronlauge gelöst und aus der Differenz der angewandten Menge und des Rückstandes die Tonsubstanz ermittelt. Die Bestimmung des Feldspats und des Quarzes geschieht durch Aufschließung mit Flußsäure. — Die kolloiden Eigenschaften der plastischen Bestandteile bewirken, daß das durch Trocknen bei Temperaturen von etwa 100° entfernte Wasser beim Stehen in feuchter Atmosphäre wieder aufgenommen wird. Beim Behandeln der Tone bei hoher Temperatur schwindet die Bildsamkeit. Schon bei Temperaturen von 200 bis etwa 350° wird sie merklich beeinflußt. Bei Temperaturen über 500° geht das Hydratwasser der Tonsubstanz weg. Bei Brennen auf noch höhere Temperaturen, 900 bis 1000° C, hinterläßt der Ton ein mehr oder weniger poröses Material, das zwar Wasser noch aufnimmt, aber seine Bildsamkeit vollständig verloren hat. Manche Tone zeigen bereits Schmelzungserscheinungen, manche sintern nur. Auch werden sie in der Farbe bei der hohen Temperatur beeinflußt. Die Tonsubstanz an sich ist sehr feuerbeständig und brennt sich rein weiß. Der Gehalt an reinem Quarz beeinflußt die Feuerbeständigkeit nur wenig. Desgleichen bleibt die Farbe weiß. Der Gehalt an Flußspat setzt die Feuerfestigkeit schon wesentlich herab, noch mehr die Calcium- und Magnesiumcarbonate. Die weiße Farbe bleibt aber in beiden Fällen erhalten. Diese feuerfesten Bestandteile erzeugen einen porösen Scherben. Treten eisenhaltige Stoffe hinzu, dann sinkt die Feuerfestigkeit, durch die Schmelzungserscheinungen wird der Scherben bedeutend dichter und mechanisch fester. Die Farbe geht über grau in rot und braun über.

Je nach ihrer Eignung und ihrem Verwendungszweck für die verschiedenen keramischen Massen werden die Rohstoffe verschiedenen mechanischen und chemischen Behandlungen unterworfen. Zur Herstellung der Irdenware wird der Rohstoff zunächst feucht gelagert (gesümpft), dann mittels Tonwalzen bearbeitet, Zuschläge wie Sand usw. nach Gutdünken zugegeben. Die Masse wird dann geformt, z. B. zu Ziegeln oder einfachen Töpferwaren, an der Luft getrocknet und sodann in den Öfen, von denen später noch die Rede sein soll, gebrannt. Für feinere Irdenwaren wird der Ton sorgfältiger ausgesucht. Die feuerfesten Massen (Schamotte), die auch unter diese Irdenwaren fallen, sollen wegen ihrer besonderen Bedeutung für sich behandelt werden. Während die Massen für die Irdenwaren aus den Tonen hergestellt werden, die Eisen und andere Verunreinigungen enthalten dürfen, weil auf die Farbe kein Gewicht gelegt wird, so werden für Steingut nur rein weiß brennende Rohstoffe angewendet, so Kaolin, Steinzeugtone und entsprechend weiß brennende Magerungsmittel. Die Zusammensetzung geschieht hier nicht willkürlich, sondern auf Grund von Analysen. Das Gemisch der Rohstoffe wird mit Wasser angerührt, zur Beseitigung der groben Anteile durch Siebe hindurchlaufen gelassen, schließlich in Filterpressen entwässert.

Auf diese Weise wird das Ausschlämmen des Sandes und das Mischen der verschiedenen Tone gleichzeitig bewirkt. Deshalb kann man auch rohen Kaolin anstatt des geschlämmten verwenden. Wichtig ist eine intensive Durchmischung der Bestandteile. Die Formung der Masse geschieht auf der Scheibe. Da man aber auf der Scheibe nur runde Gegenstände formen kann, so bietet die Herstellung unrunder Gegenstände Schwierigkeiten. Diese Schwierigkeiten sind nicht vorhanden beim Gießverfahren. Dieses beruht darauf, daß die Masse in Form eines flüssigen Breies zur Anwendung gelangt, den man entweder durch Zugabe von Wasser zu der Masse erzielt oder durch Hinzufügung von Chemikalien, wie z. B. Soda oder Wasserglas, welche auf die Tonmasse eine verflüssigende Wirkung ausüben. Ein höherer Gehalt von Tonsubstanz erschwert die Verflüssigung und wird beim Gießverfahren durch eine entsprechende Menge von Magerungsmitteln ausgeglichen. Der Brei wird in Formen aus Gips eingegossen und darin stehen gelassen, bis der Gips die Hauptmenge des zur Verflüssigung notwendigen Wassers aufgenommen hat und die Gußstücke sich herausnehmen lassen und die notwendige Standfestigkeit besitzen. Dann werden sie getrocknet und gebrannt.

Die Herstellung der Massen für das Steinzeug ist verschieden, je nachdem, ob es sich um Grobsteinzeug oder um Qualitätsware handelt. Im ersteren Falle wird die Masse ähnlich gewonnen wie bei der Irdenware. Der Ton wird eingesümpft, mit den entsprechenden Magerungsmitteln vermischt und dann durch den Tonschneider durchgearbeitet. Qualitätsware hingegen erfordert besondere Dichte und Feinheit des Scherbens. Die Tone müssen deshalb geschlämmt und von allen gröberen Beimengungen dadurch befreit werden. Die Zusammensetzung der Masse läßt sich dann etwa durch folgende Zahlen wiedergeben:

Tonsubstanz . . . . 30 bis 70
Quarz . . . . 30 „ 60
Feldspat . . . . 5 „ 25

Sie wird durch die rationelle Analyse stets kontrolliert. Die Formung geschieht ebenso wie bei Steinzeug auf der Scheibe oder durch die Gießmethode. Runde Steinzeugwaren werden häufig in Gipsformen geformt, die sich auf der Drehscheibe in Bewegung befinden. Die Masse wird entweder in Breiform in die in Drehung befindliche Gipsform geworfen und durch die Holzschablone innerhalb der Gipsform gleichmäßig verteilt, oder sie wird bei größeren Stücken in steiferer Konsistenz angewendet und gegen die Seitenwandungen sorgfältig eingestrichen. Im übrigen hängt die Formgebung bei Steinzeug von den betreffenden Stücken ab. Die für die chemische Industrie gebrauchten Stücke, Kühlschlangen, Hähne, Wannen usw. verlangen durchaus individuelle Behandlung. Steinzeugrohre werden in besonderen Röhrenpressen hergestellt, die mit Walzen oder Schnecken versehen sind. Für diesen Zweck müssen die Massen so steif sein, daß das aus dem Mundstück der Presse austretende Rohr sich weder im Querschnitt, noch in der Länge verändert und auch für das Trocknen und Brennen die notwendige Standfestigkeit besitzt. Die Masse für Porzellane besteht hauptsächlich aus Kaolin, Quarz und Feldspat. Beispielsweise 50 Kaolin, 25 Feldspat und 25 Quarz. Von dem Kaolin werden vor allem ganz besondere physikalische Eigenschaften verlangt. Die Feinheit des Korns wird zunächst durch Mahlen in Mühlen aller Art, dann durch Schlämmen erzielt. Dadurch wird der Anteil an Tonsubstanz in Kaolin zunächst angereichert und später beim Mischen mit feingemahlenem Zuschlag auf das verlangte Maß zurückgeführt. Die Schlämmapparate sind wagerechte Bottiche von rechteckigem Querschnitt mit muldenförmigem Boden, die von einer Welle in der Längsrichtung durchsetzt sind. An der Welle sind Rührflügel mit Schlagstäben angebracht, die das Schlämmgut nicht bloß verrühren, sondern gleichzeitig auch noch zerkleinern. Der dünne Schlamm, die Trübe, wird durch dauernd zutretendes Wasser abgeführt, während das körnige Material sich zu Boden setzt. Die Trübe läßt man sodann in Klärbehältern absetzen, der abgesetzte Schlamm wird mit Hilfe von Filterpressen entwässert. Das Schlämmen beruht auf einer nassen Sichtung auf Grund des verschiedenen spezifischen Gewichtes. Dies besagt, daß Teile, die das gleiche spezifische Gewicht haben, wie der zu gewinnende Tonschlamm, vom Wasser ebenfalls mitgenommen und nicht von dem ersteren abgetrennt werden. Diese Trennung geschieht neuerdings durch die elektroosmotischen Verfahren. Wie bereits oben erwähnt, haben die Tone kolloide Eigenschaften, d. h. sie sind äußerst weitgehend dispergiert. Ist in dem Dispersionsmittel (im vorliegenden Falle im Wasser) ein Elektrolyt gelöst, so werden die negativen Ionen von den Tonteilchen adsorbiert. Schickt man einen elektrischen Gleichstrom durch die Flüssigkeit, so gehen die feinen Tonteilchen zugleich mit den Hydroxylionen nach der positiven Elektrode, während die Nichttonkörper zu Boden fallen. Dieses Prinzip ist in der Osmosemaschine in technische Form übersetzt und wird für die Reinigung von Kaolin in größtem

Maßstabe angewendet (Fig. 43). In einem Trog, in dessen unterem Teil 2 Quirle c die durch Rohr d ständig zugeführte Tonsuspension dauernd aufrühren, rotiert über einem negativ geladenen Drahtnetz b eine positiv geladene Bleiwalze a. Der Ton geht mit den negativen Ionen an die Walze, scheidet sich dort ab und wird durch einen Schaber f abgenommen. Die nicht negativ aufgeladenen Verunreinigungen scheiden sich an dem Kathodennetz ab. — Eine weitere Reinigungsmethode für Kaolin ist die Windsichtung, die nur mit scharf getrocknetem Material vorgenommen werden kann.

Kaolin wird dann mit den berechneten Zuschlägen von Feldspat und Quarz in aufgeschwemmtem Zustande gemischt, durch eine Filterpresse von der Hauptmenge des Wassers befreit und lagert längere Zeit im sog. Massekeller, um dort zu faulen. Je länger dies der Fall ist, desto besser läßt sich die Masse verarbeiten. Die Formung der Masse geschieht auf der Drehscheibe, durch Gießen oder durch Stanzen. Das Stanzen wird insbesondere bei elektrotechnischen Gebrauchsartikeln angewendet. Die Masse wird dabei staubtrocken gemacht, gemahlen und das Pulver mit Stanzöl vermischt. Diese so erhaltene Masse wird dann unter Druck in Eisenformen gepreßt.

Das Trocknen der keramischen Formlinge hat zum Zweck, das sog. Anmachewasser der Masse, d. i. die Wassermenge, die notwendig ist, um der Masse die Plasti-

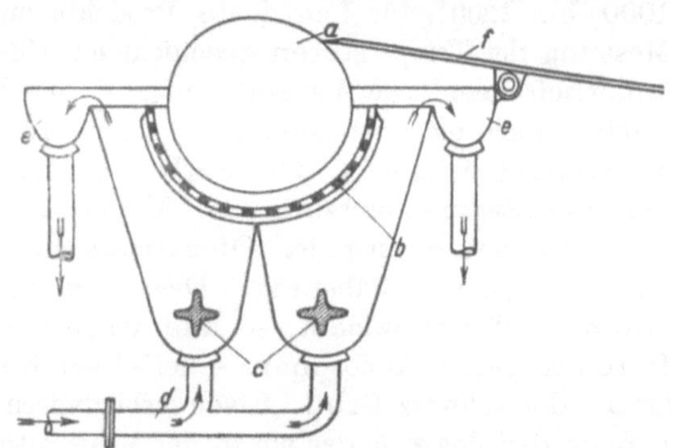

Fig. 43. Osmosemaschine.

zität zu verleihen, zu entfernen, soweit dasselbe in den Formlingen noch vorhanden ist. Wie bereits obenerwähnt, ist mit dieser Trocknung eine Raumverminderung verbunden, die man als Trockenschwindung bezeichnet. Die Wasserabgabe geht um so leichter vor sich, je magerer die Masse und je besser aufbereitet der Ton ist. Je größer der Wassergehalt, je dickwandiger der Formling, desto länger die Trockendauer. Da die Trocknung nur von der Oberfläche aus erfolgt, so geht das Trocknen um so schneller vor sich, je mehr Oberfläche ein Körper hat. Ungleichmäßiges Trocknen führt zum Reißen und Verziehen der geformten Körper. Das Trocknen erfolgt unter Mithilfe von Luft und Wärme. Die Luft nimmt die Feuchtigkeit auf bis zu dem Sättigungsgrade bei der betreffenden Temperatur. Je trockner die Luft, um so mehr Feuchtigkeit kann sie aufnehmen, mit um so geringeren Luftmengen findet man sein Auskommen. Trockenräume erfordern deshalb eine dauernde Lufterneuerung, was sich durch Ventilation durchführen läßt. Vielfach werden keramische Erzeugnisse an der freien Luft getrocknet, wie z. B. Ziegel. Solche Anlagen sind, wenn sie nicht mit entsprechenden Dächern versehen sind, atmosphärischen Einflüssen zu sehr ausgesetzt. Man verwendet daher auch in der Zieglerei Trockenschuppen, die mit Lattengerüsten versehen sind, in die die gestrichenen Ziegel eingesetzt werden. Solche Schuppen können nur in der warmen Jahreszeit benutzt werden. Um sich von der Jahreszeit unabhängig zu machen, baut man Trockenanlagen mit künstlicher Erwärmung, die man mit Vorteil an die Brennöfen anbaut. Eine besondere Art von Trockenanlagen sind die Trockenkanäle oder -tunnels, durch die das Trockengut auf Wagen durchgeschoben wird. Um nun aus dem getrockneten Formling, der sich durch neuerliche Wasseraufnahme wieder in die ursprüngliche Masse auflösen läßt, einen harten widerstandsfähigen Körper herzustellen, setzt man ihn sehr hohen Temperaturen aus, bei denen nicht nur das Konstitutionswasser der Einzelbestandteile weggeht, sondern auch Sinter- und Schmelzerscheinungen auftreten, die den Scherben dicht machen. Die Brenntemperaturen betragen für Ziegel und Töpfereierzeugnisse etwa 900 bis 1000°, für Steinzeug und Steingut 1000 bis 1300°, für feuerfeste Produkte und Porzellane über 1300°. Die Messung der Temperaturen geschieht mit Hilfe der Segerkegel (s. oben). Die äußerlich kenntliche Veränderung, die die Körper erleiden, ist außer der Farbe noch eine beträchtliche Volumverminderung, die man als Brennschwindung bezeichnet. Die Farbe der keramischen Erzeugnisse ist abhängig von der Zusammensetzung der Massen, von der Ofentemperatur und von der Zusammensetzung der Ofenatmosphäre. Viele Tone, auch Kaolin, enthalten organische Substanz. Diese wird beim oxydierenden Brennen verbrannt und verschwindet, so daß die gebrannten Körper rein weiß werden. In reduzierender Atmosphäre scheidet sich Kohlenstoff aus, der den Scherben grau oder schwarz färbt. Eisenverbindungen geben im oxydierenden Feuer je nach der Menge, in der sie in der Masse enthalten sind, eine gelbe, rote oder rotbraune Färbung. Anwesenheit von Kalk gibt infolge Bildung von schwefelsaurem Kalk rote Färbung der eisenhaltigen Tone. Reduzierendes Brennen gibt infolge der Umwandlung des Eisenoxyds in Oxydul und metallisches Eisen graue bis blauschwarze Färbung. Zum Brennen der keramischen Waren verwendet man Öfen, die entweder periodisch oder kontinuierlich betrieben werden. Zu den ersteren gehören die Einzelöfen, zu den der zweiten Gruppe Kammeröfen, Ringöfen, Kanal- und Tunnelöfen. Für das Brennen ist wichtig, daß die Erzeugnisse vorher möglichst weitgehend getrocknet werden, damit sich kein Wasserdampf auf den eingesetzten Stücken niederschlägt. Da bei allen Öfen die Beheizung durch direkte Feuergase erfolgt, so kann die Feuchtigkeit aus den letzteren die sauren Anteile aufnehmen und auf die eingesetzten Waren schädlich einwirken. Deshalb muß in der ersten Zeit des Brennens für genügende Ventilation Sorge getragen werden. Die Temperatur soll langsam ansteigen, damit die ganze Masse des Scherbens gleichmäßig durchglüht wird. Ebenso muß das Abkühlen möglichst langsam erfolgen.

Wie bereits erwähnt, hinterlassen die verschiedenen keramischen Massen beim Brennen ein festes, poröses Material, das seine Bildsamkeit zwar vollständig verloren hat, aber infolge seiner Porosität Wasser aufsaugt. Zur Beseitigung der Folgen der Porosität versieht man den Scherben mit Glasuren.

Dies sind Gläser, die in dünner Schicht auf den Scherben aufgeschmolzen werden. Diese Glasuren müssen in ihren physikalischen Eigenschaften mit dem Scherben übereinstimmen, vor allem müssen sie einen möglichst ähnlichen Ausdehnungskoeffizienten haben wie der Scherben, weil sonst bei Temperaturerhöhung und -erniedrigung die Glasur infolge der ungleichen Ausdehnung bzw. Zusammenziehung abspringt. Es ist bereits im Abschnitt Glas gezeigt worden, daß man heute infolge der genauen Kenntnis der chemischen Zusammensetzung der Gläser und der damit zusammenhängenden physikalischen Eigenschaften in der Lage ist, Glasarten von bestimmten Ausdehnungskoeffizienten herzustellen. So kann man auch bei Glasuren die Zusammensetzung, die sich für einen bestimmten Scherben eignet, feststellen. Die Qualität der Glasuren wechselt natürlich nach dem Wert der betreffenden Waren. Für billige Töpferwaren, die keinerlei thermischen Beanspruchungen ausgesetzt sind, wird man keine kostbaren, besondere Mühe bei der Zusammensetzung erforderlichen Glasuren anwenden. — Die Glasuren sind Metallsilicate, in gewissen Fällen auch Borate. Nach der Art ihrer Bereitung unterscheidet man Rohglasuren, Frittenglasuren und Anflug- oder Salzglasuren. Die Rohglasuren sind solche, deren Einzelbestandteile im Wasser unlöslich sind, die daher nach nasser Mahlung als wässerige Suspensionen auf den Scherben aufgetragen werden können. Zur Herstellung von Frittenglasuren werden wasserlösliche neben wasserunlöslichen Stoffen verwendet, die deshalb eine vorherige Schmelzung oder Frittung der Glasurmasse voraussetzen, bevor sie in naßgemahlenem Zustand auf den Scherben aufgetragen werden können. Salzglasuren sind glasige Überzüge, die sich während des Brandes im allgemeinen aus Natrondämpfen und dem Aluminiumsilicat des Scherbens bilden. Diese letztere Glasurart wird namentlich bei Steinzeug angewendet und verleiht diesem die für technische Zwecke besonders günstigen Eigenschaften, da sie mit dem Scherben nicht auf mechanischem, sondern auf chemischem Wege innig verbunden ist, was ein Reißen und Abblättern vollständig ausschließt. Unter den Rohglasuren sind die Bleiglasuren von besonderer Bedeutung, die Bleioxyd als Flußmittel enthalten und für gewöhnliche Töpferware, Ofenkacheln, Steingut und Wandplatten verwendet werden. Die Eignung der Bleiverbindungen für Glasuren ist auf die niedrige Schmelztemperatur der Bleisilicate zurückzuführen, ferner darauf, daß sie keine Neigung zum Entglasen haben. Die einfachsten Glasuren bestehen aus Bleioxyd in Mischung mit Kieselsäure. Der Schmelzpunkt steigt mit dem Kieselsäuregehalt. Zu den Bleisilicaten tritt noch Tonerde in Form von Feldspat oder Kaolin. Eine andere Glasurart sind die Erdglasuren, die aus Alkalien, Erdalkalien, Tonerde und Kieselsäure bestehen, wozu noch ein mehr oder weniger großer Eisenoxyd- oder Oxydulgehalt hinzutritt. Zu diesen Glasuren gehören auch die Porzellanglasuren, die qualitativ aus den genannten Stoffen bestehen und sich, je nachdem, ob sie für Weich- oder Hartporzellan bestimmt sind, in der quantitativen Zusammensetzung voneinander unterscheiden. Die Glasuren werden, wie bereits oben erwähnt, durch Eintauchen oder Begießen aufgetragen. Der Scherben saugt das

Wasser an, so daß sich die wasserunlösliche Glasur gleichmäßig verteilt. Die Stücke werden getrocknet und bei Temperaturen gebrannt, die je nach der Zusammensetzung der Glasursätze verschieden sind. Den Glasuren können auch färbende Bestandteile, das sind gewöhnlich Oxyde, zugesetzt werden. Es liefert beispielsweise:

Kobaltoxyd	blau,
Kupferoxyd	grün, türkisblau, rot,
Eisenoxyd	gelb, braun,
Manganoxyd	braun, violett,
Nickeloxyd	gelbbraun, graubraun,
Uranoxyd	gelb,
Chromoxyd	grün.

Kolloid gelöste Metalle können ebenso wie bei der Glasfärbung auch bei Glasuren angewendet werden. Man erhält mit Gold rosarote bis rote, mit Platin graue Färbungen.

Bei der Besprechung der keramischen Massen ist auch der Speckstein erwähnt worden. Dieses Mineral, das an einem einzigen Ort in Deutschland, Göpfersgrün (im Fichtelgebirge), in zusammenhängenden Massen vorkommt und seine Entstehung der sog. Talkbildung des Granits verdankt, wird bergmännisch gewonnen und teilweise nach den Methoden der Drechslerei verarbeitet. Bekannt sind auch die im Laboratorium viel verwendeten Specksteinbrennerköpfe. Diese gedrehten Waren werden gebrannt und auf diese Weise das weiche Material gehärtet. Der Speckstein wird aber auch auf keramischem Wege verarbeitet, und zwar wird er entweder trocken oder naß vermahlen, das gemahlene Gut gestanzt oder gepreßt und dann bei Segerkegel 14 bis 16 gebrannt. Die Formlinge werden auch vor dem Brand mit Glasurmasse überzogen und Glasur und Masse gleichzeitig gebrannt. Die Specksteinmasse, die unter dem Namen Steatit in der Technik bekannt ist, wird in erster Linie für elektrotechnische Artikel, für Schaltereinzelteile, Sicherungspatronen, Zündkerzen usw. verwendet. Dazu eignet sie sich insbesondere wegen ihrer hohen elektrischen Isolierfähigkeit.

Die feuerfesten Produkte. die zum Teil nur eine besondere Abart der unter dem Sammelnamen Irdenware bezeichneten keramischen Erzeugnisse sind, sollen deswegen für sich behandelt werden, weil sie einerseits infolge ihrer Eigenschaft, hohen Temperaturen Widerstand zu leisten, bemerkenswert sind, andererseits für die chemische Industrie, wozu im weiteren Sinne auch die Metallurgie, Kokerei, Leuchtgasindustrie und Schwelerei gerechnet werden, die größte Bedeutung haben. Das Vorhandensein dieses Materials ist Voraussetzung für eine ganze Reihe von Prozessen, die sonst technisch gar nicht oder nur höchst unwirtschaftlich durchgeführt werden könnten.

Unter feuerfestem Material versteht man nach dem Übereinkommen der Industrie dasjenige, das, ohne Schmelzerscheinungen zu zeigen, mindestens Temperaturen von Segerkegel 26, entsprechend 1580° C, Widerstand zu leisten vermag. Die Feuerfestigkeit der hier in Betracht kommenden Erzeugnisse beruht in der Hauptsache auf ihrer chemischen Zusammensetzung, d. h. auf ihrem Gehalt an Schmelzfluß bildenden und Schmelzfluß hemmenden Bestandteilen und der vorhandenen Einwirkungsmöglichkeit der ersteren auf die letztere. Daneben spielen aber auch die Korngrößen der Ausgangsmaterialien eine Rolle. Zunächst interessieren uns die Erzeugnisse, die aus Schamotte und Bindeton hergestellt sind. Als Magerungsmittel dient hier nicht eines der bereits obengenannten natürlich vorkommenden Minerale oder Gesteine, sondern ein bereits einmal gebrannter Ton, der mit dem Namen Schamotte bezeichnet wird. Diesen gebrannten Tonen ist die hohe Feuerfestigkeit, die vom Endprodukt gefordert wird, eigen, daher verlangt man für sie hohen Gehalt an Tonsubstanz, dann wenig Beimengungen von Sand und Schwefelkies, hohe Bindekraft, geringe Porosität und vor allem geringe Brennschwindung. Als Bindeton verwendet man hauptsächlich Schiefertone, denen auch hohe Feuerfestigkeit eigen sein muß, und die deshalb nur wenig von Sand und Flußmittel verunreinigt sein dürfen. Bindetone dürfen nach dem Brennen porös sein. Die Fabrikation geht dermaßen vor sich, daß der als Schamotte zu verwendende Ton vorgebrannt, dann zerkleinert und durch Sieben in verschiedene Korngrößen geteilt wird. Der Bindeton wird für sich aufbereitet und wird dann im entsprechenden Mischungsverhältnis zusammen mit der Schamotte eingesumpft, nach längerer Lagerung abgestochen und durchgearbeitet. In manchen Fabriken wird Schamotte und Bindeton zusammen vermahlen, so daß schon die fertige Mischung den Aufbereitungsprozeß durchmacht. Das Mischungsverhältnis der Korngrößen der Schamotte zueinander, ferner der Schamotte zu Ton, wird durch den Zweck bestimmt, für den die Schamottesteine verwendet werden sollen. Es muß betont werden, daß es eine Universalschamotte, d. h. ein Material, das allen Anforderungen in chemischer und physikalischer Beziehung entspricht, nicht gibt. Es muß erst von Fall zu Fall entschieden werden, welches Fabrikat für den gedachten Zweck zu wählen ist. Die fertige Schamottemasse wird nunmehr geformt. Man unterscheidet Normalziegel, Formsteine, Röhren, Muffeln, Retorten, Tiegel, Glashäfen. Am interessantesten ist die Herstellung der Gasretorten, die entweder aus einem Stück als lange Röhren mit Boden hergestellt oder aus einzelnen Segmenten mit Nut und Feder zusammengesetzt werden. Die ersteren werden in mehrteiligen, hölzernen, senkrecht stehenden Formen, mit oder ohne Verwendung eines hölzernen Kerns, hergestellt. Im ersten Falle wird der Raum zwischen Form und Kern mit Masse gefüllt und mit eisernen Stampfern zusammengestaucht. Im zweiten Falle wird die Masse in kleineren Portionen gegen die Formwände mit Holzhämmern festgeschlagen und so ein Abschnitt nach dem andern im Zusammenhang fertiggestellt.

Nach der Formung werden die Schamottewaren vorsichtig und langsam getrocknet, die getrockneten Stücke in den normalen Brennöfen gebrannt, wobei die Temperatur so weit geht, als sie das Brenngut beim späteren Gebrauch aushalten muß.

Andere feuerfeste Massen werden aus Kieselsäuremineralien, z. B. Sandstein oder Quarzit und den entsprechenden Bindemitteln, wie Kalk, Ton,

Wasserglas usw., hergestellt. Wir unterscheiden da Silica, die aus Quarzit mit Kalk als Bindemittel, Tondinas, die aus Quarzit mit Ton, und Glasdinas, die aus Quarzit mit Wasserglas besteht. Die Aufbereitung der Massen geschieht bei Silica so, daß der Quarzit vorgebrochen, dann im Mischkollergang weiter zerkleinert und mit 2 Proz. Kalkmilch versetzt wird. Wichtig sind die Korngrößen der Trockenmischungen. Die Silicasteine werden durch Handstrich hergestellt, ferner auch mit Hilfe kleiner Pressen, die mit hydraulischem Druck arbeiten. Die Preßlinge müssen sehr vorsichtig getrocknet werden, so zwar, daß der in den Brennofen eingesetzte Stein vollkommen trocken ist. Das Brennen erfolgt bei solchen Temperaturen, daß der Quarz sehr weitgehend in seine spezifisch leichteren Modifikationen, wie Cristobalit oder Tridymit, übergeht (s. Tabelle 7, S. 86). Tondinassteine werden wie Schamottesteine hergestellt, Glasdinassteine wie die Silicasteine, nur wird statt Kalkmilch Wasserglas verwendet. An dieser Stelle müssen auch andere feuerfeste Materialien erwähnt werden, die nicht auf die gewöhnliche Weise mit mineralischem Bindemittel hergestellt, sondern entweder durch hohen Druck oder mit organischen Bindemitteln, wie Teer, zum Zusammenhalten gebracht werden. Hierzu gehören vor allem die Magnesiasteine, die hergestellt werden aus gereinigtem, dicht gebranntem Magnesit, der entsprechend zerkleinert mit Wasser gemischt und geknetet und schließlich mit hydraulischen Pressen unter einem Druck von etwa 1000 kg/qcm geformt wird. Der so geformte Stein wird getrocknet und in Brennöfen auf etwa 1500° C gebrannt. Die Magnesia, die für solche Steine Verwendung finden soll, muß mindestens 83 Proz. MgO, 3 Proz. Fe_2O_3 und höchstens 5 Proz. CaO, 2 Proz. Al_2O_3, 5 Proz. SiO_2 enthalten. — Andere feuerfeste Steine bestehen aus Chromeisenstein, der in zerkleinertem Zustand mit Kalk und Teer geformt wird, ferner aus gebranntem Bauxit. Letzterer wird allerdings auch in vorgebranntem Zustande nach Art der Schamotte verarbeitet. Daß Oxyde der seltenen Erden besonders feuerfest sind, ist bekannt. Ihre Anwendung für Großapparatur verbietet sich infolge ihres hohen Preises. Sie dienen in erster Linie für Laboratoriumsapparate, wie z. B. Zirkonoxyd, dessen Schmelzpunkt in reinem Zustande etwa 2800° C beträgt.

Die Eignung keramischer Geräte zum Gebrauch in der chemischen Industrie gründet sich auf eine Reihe von besonderen chemischen und physikalischen Eigenschaften. Was die ersteren betrifft, so ist es vor allem die Säurefestigkeit, die die keramischen Massen für die anorganische und organische chemische Industrie unentbehrlich macht. Bei der Irdenware ist die den keramischen Massen sonst innewohnende Säurefestigkeit noch nicht nennenswert ausgebildet. Da die genannten Massen bei verhältnismäßig niedriger Temperatur gebrannt sind, sind die basischen und sauren Oxyde bei ihnen noch nicht im Schmelzfluß in Reaktion getreten, die noch nicht in Reaktion getretenen Steine und Oxyde sind als solche in der Masse enthalten und daher dem Angriff durch Säuren unterworfen. Es ist deshalb nicht empfehlenswert, gewöhnliche Mauersteine beispielsweise als Fundamente für Apparate zu wählen, aus denen durch irgendwelche Zwischenfälle saure Flüssigkeiten austreten können. Wird hingegen durch Brand bei höherer Temperatur die Verglasung des Scherbens weitergehend durchgeführt, so daß die freien Oxyde nicht mehr als solche vorhanden sind, dann sind solche Irdenwaren säurefest, wenn sie auch in ihren physikalischen Eigenschaften, insbesondere in ihrer Dichtigkeit, den Anforderungen entsprechen. Diese säurefesten Steine sind für die chemische Industrie, insbesondere für die Fabrikation der Säuren, von größter Bedeutung. Sie dienen in erster Linie zur Ausfütterung metallener Apparate, wie z. B. der in der Schwefelsäureindustrie verwendeten Reaktions- und Absorptionstürme, ferner von Öfen, soweit für solche nicht feuerfestes Material verlangt wird, zur Ausfütterung von Kochern und für viele andere Zwecke. Auch als Füllkörper werden sie in größtem Maßstabe angewendet, soweit sie nicht durch die neuerdings größte Verbreitung besitzenden Raschig-Ringe aus Steinzeug und Porzellan verdrängt sind. Diese Steine widerstehen der Einwirkung von Schwefelsäure und Salpetersäure für sich oder in Mischung bei allen Temperaturen und bei den meisten Konzentrationen. Von Flußsäure werden sie, wie für Silicate eigentlich selbstverständlich, angegriffen. Ebenso greift konzentrierte und heiße Phosphorsäure manche Steine schnell an. Es empfiehlt sich, vor Ingebrauchnahme solcher Steine sie auf ihre Widerstandsfähigkeit gegen Säuren, mit denen sie in Berührung kommen sollen, zu prüfen, was im allgemeinen so ausgeführt wird, daß man den Scherben pulvert, trocknet, eine gewogene Menge mit der betreffenden Säure in der Kälte, in der Siedehitze und in der Siedehitze unter Druck behandelt, den Rückstand bestimmt und auf diese Weise die Löslichkeit oder, was dasselbe ist, die Angreifbarkeit des Materials feststellt. Gelangen solche Steine in glasiertem Zustande zur Verwendung, so hat diese Art der Untersuchung weniger Bedeutung, es muß vielmehr die Stärke der Glasurschicht geprüft werden. In solchen Fällen spielen die physikalischen Eigenschaften der Steine, insbesondere das Verhalten der Glasur bei Temperaturwechsel, eine größere Rolle, desgleichen ihre mechanische Festigkeit. — In der chemischen Industrie werden auch poröse Steine, hauptsächlich für Filterzwecke, verwendet. Diese müssen trotz ihrer Porosität den einwirkenden Agenzien Widerstand leisten, weshalb solche Steine auf besonderen Wegen hergestellt werden, die man im allgemeinen als Fabrikationsgeheimnisse wahrt. Es ist anzunehmen, daß Quarzfiltersteine durch Brennen von Quarzpulver, dem etwas Wasserglas beigemischt ist, hergestellt werden, die Tonfiltersteine durch Brennen von mit Schamotte versetztem Ton, dem flüchtige oder ausbrennbare Bestandteile, wie Ammoniumsalze, Zinnchlorid, Holzkohle, Sägespäne od. dgl. zugesetzt werden. Das Quarzpulver und die Schamotteteilchen sind körniger Natur, und deshalb hat die Porosität gewisse Grenzen, die nur auf Kosten der mechanischen Widerstandsfähigkeit überschritten werden können. Um zu feinkörnigen und doch widerstandsfähigen Platten zu kommen, verwenden die *Filter- u. Leichtstein-Fabrik Kom.-Ges. Albert C. Meyer & Co.*, Meißen (Sa.), eine besonders präparierte Kieselgur, die mit geeigneten säure- und alkalifesten Schmelzzusätzen zu Platten geformt und bei Temperaturen bis zu 1400° C gebrannt wird. Diese Platten haben die filzartige Struktur des Ausgangsmaterials beibehalten und weisen deshalb die höchste Porosität bei größter Festigkeit auf. Diese Filterplatten besitzen einen Ausdehnungskoeffizienten, welcher dem der Tongeräte sehr nahekommt, so daß die Platten als Diaphragmen in Tonkästen eingebettet zur Filtration auch heißer Lösungen verwendet werden können.

Steinzeug ist zur Zeit das verbreitetste Baumaterial für die chemische Apparatur, soweit sie zur Erzeugung und Verwendung aggressiver Substanzen bestimmt ist. Es eignet sich besonders deswegen für eine weitgehende Beanspruchung, weil nicht nur die Glasur, sondern auch die Masse selbst infolge ihrer chemischen Zusammensetzung und ihrer Struktur chemisch widerstandsfähig und weil die Glasur nicht aufgetragen, sondern als Salzglasur hergestellt ist und somit in ihren physikalischen Eigenschaften mit dem Scherben selbst übereinstimmt. Viele von den aus diesem Material hergestellten Apparaten haben nicht nur der chemischen Einwirkung, sondern auch der Hitze zu widerstehen. Es empfiehlt sich daher, diese Apparate auch mit Rücksicht auf den geringen Wärmedurchgangskoeffizienten des Steinzeugs so dünnwandig herzustellen, als es sich mit der mechanischen Widerstandsfähigkeit in Einklang bringen läßt. Aus diesem vorzüglichen Material werden so ziemlich alle Apparate hergestellt, die für die chemische Industrie benötigt werden, sogar solche, die im Hinblick auf ihre mechanische Beanspruchung und ihre Beweglichkeit eigentlich nur dem Metall vorbehalten zu sein scheinen, wie z. B. Pumpen, Gassauger, Hähne u. dgl. Vielfach werden diese Apparate auch mit Metallarmierung hergestellt, was ihre mechanische Widerstandskraft entsprechend hebt. Die Grenzen der Apparategrößen sind besonders bei unbeweglichen Vorrichtungen und Behältern sehr hoch. Es sind Standgefäße von 4000 bis 5000 l Inhalt keine Seltenheit. Ebenso werden Zentrifugalpumpen aus Steinzeug bis zu 120 cbm Stundenleistung gebaut. Für die Ausbildung dieses Zweiges des Apparatebaues haben die **Deutschen Ton- und Steinzeugwerke A.-G.** und ihre Konzernwerke in technischer wie wissenschaftlicher Weise Großes geleistet.

Porzellan hat die Widerstandsfähigkeit gegen chemische Angriffe mit dem Steinzeug gemeinsam, übertrifft es aber an Temperaturwiderstandsfähigkeit um ein bedeutendes. Allerdings ist dieses Material sehr kostspielig und kann infolgedessen in wirtschaftlicher Weise nur für ganz besondere Zwecke sowie für kleine Laboratoriumsapparate verwendet werden. Auch seine mechanische Widerstandsfähigkeit ist größer als die des Steinzeugs.

Es ist nicht notwendig, die im Laboratorium gebräuchlichen Porzellangeräte, wie Tiegel, Schalen, Becher, Trichter, Nutschen, Zentrifugeneinsätze, Mörser usw., einzeln zu behandeln. Von größerem Interesse ist die Verwendung im großtechnischen Betrieb. Hier seien erwähnt die zur Konzentration von Schwefelsäure verwendeten Porzellanschalen und Pfannen, die Vakuumgefäße nach *Weinhold-Dewar* zur Aufbewahrung flüssiger Luft, Kühlerschlangen, die schon erwähnten Raschig-Ringe, Destillierapparate für gewisse Flüssigkeiten, Siebtrommeln, Trägerkörper für Katalysatoren u. ä.

Eine der neuesten Verwendungsarten ist die als Spinndüsen für Kunstseide. Hier tritt das Porzellan als Ersatz für Edelmetalle auf, im besonderen für die bisher für Spinndüsen verwendete Gold-Platin-Legierung. Zu dieser Verwendung befähigt das Porzellan zunächst die chemische Widerstandsfähigkeit, dann die mechanische Festigkeit auch bei schroffem Temperaturwechsel schließlich die Eigenschaft, daß die Bohrungen ihre genaue Form beibehalten und nicht ausbrechen. Infolge der Säurefestigkeit können die Düsen zu Reinigungszwecken mit den stärksten Säuren ausgekocht werden, ohne Schaden zu leiden. Diese Düsen werden gefertigt in jeder Größe mit Lochzahlen von 1 bis 1000 und mit Lochdurchmessern bis zu 0,06 mm.

Die feuerfesten Materialien haben den Widerstand gegen chemische Angriffe nicht so sehr bei gewöhnlicher Temperatur zu leisten, wie vielmehr bei den hohen Temperaturen, für die sie in erster Linie bestimmt sind. Die Feuerfestigkeit der Steine wird nicht in Anspruch genommen für die Erhitzung allein oder in neutraler Atmosphäre, sondern in Verbindung mit chemischer Widerstandsfähigkeit, indem die bei Feuerungen unvermeidlichen Aschen, Schlacken, ferner Flugstaub, dampfförmige Salze oder sonstige Dämpfe und schließlich auch Kohlenstoff auf die Steine bei der hohen Temperatur einwirken. Die Reaktion zwischen kalkhaltiger, also basischer Asche und einem sauren Steinmaterial äußert sich in Bildung von Silicaten. Umgekehrt wirken beispielsweise saure Schlacken auf basisches (Schamotte) Material ebenfalls unter Bildung von Silicaten. Es ist deshalb allgemeine Regel, daß man bei Feuerungsanlagen, in denen saure Schlacken auftreten, die Teile, mit denen die Schlacken in Berührung kommen, aus saurem Material herstellt bzw. bei basischer Schlacke basische Steine anwendet. Doch ist auch hier diese empirische Regel vielfach durchbrochen worden, da man gemerkt hat, daß die beim Zusammentreffen von basischen und sauren Bestandteilen auftretenden Silicatschmelzen vielfach das Material vor weiteren Angriffen geschützt haben. Im übrigen ist auch hier die physikalische Beschaffenheit der Steine von wesentlicher Bedeutung, da poröse Steine dem Eindringen der flüssigen Schlacken und damit ihrer Einwirkung viel mehr Raum gewähren als dichte, weniger poröse Steine, die nur an der Oberfläche angegriffen werden. Alkalien wirken auf Schamotterzeugnisse verschieden ein. Natrium- und Kaliumcarbonate, -nitrate und Borax greifen schon bei 800° an, wobei die Kalisalze aggressiver sind als die Natriumsalze. Natriumsulfat wirkt bei 800° verhältnismäßig wenig ein. Die Brenntemperatur des Schamottematerials spielt dabei auch mit: höher gebrannte Tone widerstehen besser als niedriger gebrannte. Die Einwirkungstemperatur ist von großer Bedeutung. Schon 100° Erhöhung können ein Mehrfaches der Angriffswirkung hervorrufen. Salzdämpfe treten besonders bei der Herstellung der Salzglasur (s. oben) auf und wirken nicht nur auf die in den Ofen eingesetzten Steinzeuggeräte, sondern auch auf die Ofensteine. Jeder neue Brand gibt der Ofenwand eine neue Glasurschicht, die immer stärker wird und schließlich abtropft oder abläuft. In gewissem Sinne ist diese Glasur der Ofensteine ein Schutz gegen das Eindringen von Außenluft und damit auch ein Vorteil. —

7*

Tabelle 9.

Masse	spez. Gew. s.	Raumgewicht p.	Porenraum Proz.	Porosität durch Wasseraufnahme Proz.	Aufsaugefähigkeit unter Druck	Druckfestigkeit kg/qcm	Zugfestigkeit kg/qcm	Biegefestigkeit kg/qcm	Elastizitätsmodul kg/qcm	Torsionsfähigkeit kg/qcm	Kugeldruckprobe	Schlagbiegefestigkeit cm kg/qcm
Baumaterialien:												
Ziegel, normal . .	1,4bis 1,6	1,85	—	8	—	150	—	—	—	—	—	—
Hartbrandziegel. .	—	—	—	5 bis 12	—	250	—	—	—	—	—	—
Irdenwaren:												
Poröse Masse Z.133	2,586	1,869	27,7	12,1 b. 15,2	—	—	47	148	1544	84	405	1,22
„ „ Z.256	—	—	—	—	—	—	—	—	—	—	—	—
Steingut:	1,33 b. 1,6	—	—	19 bis 21	—	—	20 bis 50	50 bis 135	—	—	—	—
FayencemasseZ.135	2,592	1,925	25,7	11	—	—	67	233	2420	169	526	1,6
Steinzeug:												
Steinzeug Z. 58 .	2,537	2,196	13,5	0,28	—	—	100	416	4455	235	891	1,4
„ Z. 61 .	2,485	2,192	11,8	0,27	—	—	97	262	5372	177	1044	1,6
„ Z. 118 .	2,649	2,169	18,2	2,50	—	—	—	—	—	154	476	—
„ Z. 119 .	2,575	2,254	12,5	0,34	—	4666	—	376	5540	230	517	—
„ Z. 120 .	2,479	2,323	6,3	0,26	—	5816	—	283	5985	224	791	1,7
„ Z. 121 .	2,559	2,367	7,5	0,75	—	4235	—	297	4800	251	912	—
„ Z. 122 .	2,495	2,364	5,2	1,76	—	—	—	402	6850	241	796	—
Feinsteinzeug:												
FeinsteinzeugZ.238	2,532	2,316	8,5	0,13	—	—	—	—	—	225	—	1,7
Porzellan:												
Porzellan A . . .	2,464	2,269	7,9	0	0	—	204	656	—	—	674	1,75
„ B . . .	2,459	2,299	6,5	0	0	—	161	688	—	—	731	1,77
„ C . . .	2,473	2,345	5,2	0	0	—	231	570	—	—	960	1,80
Isolatorenporzell. G	—	—	—	0	0	—	—	590	7800	481	—	0,90
Weichporzellan6833	—	—	—	—	—	—	—	—	6840	—	—	1,00
Hartporzellan . .	2,46	—	—	—	—	4000	320	855	8300	—	—	1,99
Steatit:												
Steatit Z. 50 . . .	—	2,364	—	0	0	—	—	—	—	—	—	—
Feuerfeste Prod.:												
Spezialmasse Z.128	2,765	1,962	29,1	10,8	—	—	94	—	—	117	—	1,75
Magnesitziegel . .	3,44 b. 3,60	2,35	24 bis 30	—	—	etwa 535	—	246	8919	—	—	—
Norm. Schamotte- steine	2,5 b. 2,7	1,9	15 bis 35	—	—	70 bis 300	—	—	—	—	—	—

Salze treten auch häufig als Bestandteile der Kohlen auf und bewirken in Dampfform bei Koksöfen und Retortenöfen, ferner bei Generatoren Anfressungen des Steinmaterials. Auch Kohlenstoff wirkt zerfressend auf die Steine. Dies tritt besonders in Hochöfen auf. Das gebildete Kohlenoxyd

Tabelle 9.

Zähigkeit Trommelprobe (G. Vb. i. Proz.)	Härte Sandstrahlabnutzbarkeit (Vb. in ccm)	Härte Skleroskop	Kegelschmelzpunkt (S. K.)	Erweichungstemperatur unter Belastung (°C)	Linearer Ausdehnungskoeffizient	Wärmekapazität spez. Wärme zwischen 17 und 100° C	Thermischer Widerstandskoeffizient	Wärmeleitfähigkeit kcal. m⁻¹. Std.⁻¹. Grad⁻¹	Temperaturleitfähigkeit = Wärmeleitfähigkeit / (Dichte × spez. Wärme)	Oberflächenleitfähigkeit	Dielektrizitätskonstante	Dielektrizitätsverlustwinkel	Isolationswiderstand in Megohm (= 1 000 000 Ohm)	Durchschlagsfestigkeit
—	—	—	—	—	—	0,189 bis 0,241	—	0,45	—	—	—	—	—	—
—	—	—	—	—	—	—	—	—	—	—	—	—	—	—
15,7	33,0	—	72	—	—	—	—	—	—	—	—	—	—	—
—	—	—	—	—	$3{,}5 \cdot 10^{-6}$	—	—	—	—	—	—	—	—	—
—	—	—	—	—	—	—	—	—	—	—	—	—	—	—
8,2	7,2	—	30	—	—	—	—	—	—	—	—	—	—	—
—	4,6	60	26	—	$4{,}5 \cdot 10^{-6}$	0,187	2,34	1,05	2,213	—	—	—	—	—
—	5,4	56	29	—	$4{,}3 \cdot 10^{-6}$	0,185	1,9	0,90	1,958	—	—	—	—	—
7,9	6,7	—	19	—	—	0,191	—	0,95	1,884	—	—	—	—	—
5,6	3,5	—	20	—	—	0,190	—	1,35	2,760	—	—	—	—	—
5,6	3,1	—	20	—	—	0,190	—	1,10	2,337	—	—	—	—	—
4,0	3,5	—	27	—	—	0,188	—	1,35	2,806	—	—	—	—	—
5,5	3,0	—	17	—	—	0,189	—	1,15	2,439	—	—	—	—	—
4,3	2,4	55	27	—	$5{,}7 \cdot 10^{-6}$	—	—	—	—	—	—	—	—	—
—	—	—	—	—	—	—	—	—	—	—	—	—	—	—
—	2,4	—	—	—	—	—	—	—	—	—	—	—	—	—
—	—	—	30	—	$3{,}8 \cdot 10^{-6}$	0,221	—	—	—	—	5,7	—	—	40 000 V bei 2,5 cm Dicke
—	2,1	—	—	—	—	—	—	—	—	—	—	—	—	—
13,4	26,5	30	30	—	$5{,}5 \cdot 10^{-6}$	—	—	—	—	—	—	—	—	—
13,9	10,3	—	>42	etwa 1400	—	0,253	—	0,396	—	—	—	—	<137	—
—	—	—	> 32 bis 35	1300	1,6 bis $5{,}7 \cdot 10^{-6}$	0,190	—	0,432	—	—	—	—	<137	—

zersetzt sich in Anwesenheit von Eisenoxyd in Kohlensäure und Kohlenstoff ($2 CO = CO_2 + C$). Der Kohlenstoff füllt die Steine auf, die im Gefüge ganz locker werden. Nur ein dichter Stein kann dieser Einwirkung entsprechenden Widerstand entgegensetzen.

Wichtiger noch als die chemischen Eigenschaften sind die physikalischen.
Es ist im allgemeinen nicht möglich, auf Grund der chemischen Zusammensetzung einer keramischen Masse ihre Güte oder Eignung für bestimmte
Zwecke zu bestimmen. Für Porzellan ist der Versuch gemacht worden. Wie
aus dem nebenstehenden *Gibbs*schen Dreieck (Fig. 44) zu ersehen, in welchem
jede Seite einem der drei Hauptbestandteile entspricht, sind Porzellane gewisser Zusammensetzung gegen bestimmte Beanspruchungen besonders widerstandsfähig. Je höher der Kaolingehalt, desto größer die Hitzebeständigkeit,

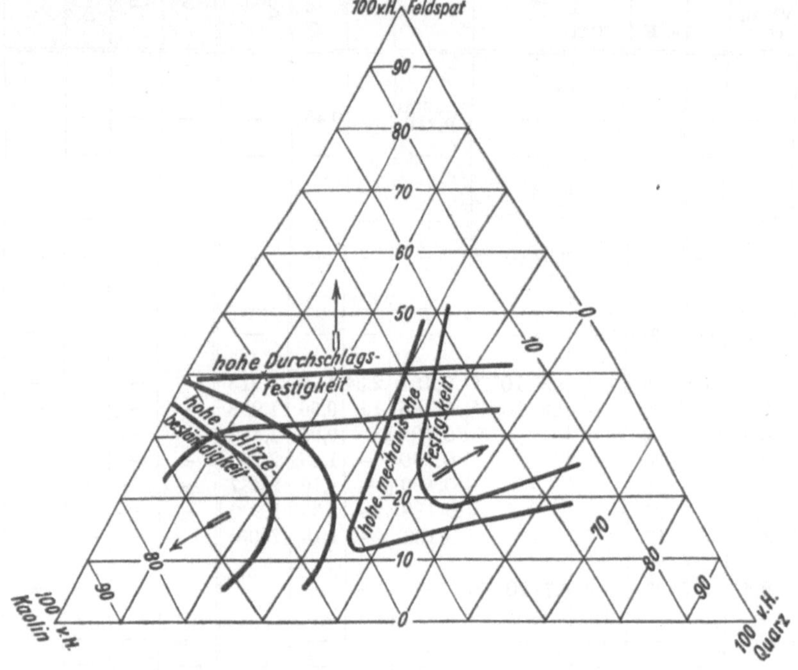

Fig. 44. Einfluß von Feldspat, Quarz und Kaolin auf die mechanischen, thermischen
und elektrischen Eigenschaften von Porzellan.

je höher der Quarzgehalt, desto höher die mechanische Festigkeit. Die elektrische Durchschlagfestigkeit ist vom Feldspatgehalt abhängig. Es ist schon
aus dieser graphischen Darstellung erkennbar, daß nicht alle wünschens-
werten Eigenschaften sich in einer Masse vereinigen lassen. Wohl aber kann
eine bestimmte Eigenschaft auf Kosten der anderen zu möglichster Vollkommenheit herausgearbeitet werden. Beispielsweise kann man so besonders
feste, schwer zerbrechliche Massen erzeugen, die unter Umständen selbst
Metalle übertreffen. Diese Abhängigkeit der Eigenschaft von der chemischen
Zusammensetzung ist aber, wie schon erwähnt, nicht allgemein gültig. Will
man eine keramische Masse für irgendwelche apparativen Zwecke verwenden,
so wird man sich nicht mit der Ermittlung ihrer chemischen Zusammensetzung begnügen, sondern wird sie auf ihre mechanischen, thermischen,

unter Umständen auch ihre elektrischen Eigenschaften prüfen. Die Prüfverfahren sind im allgemeinen Teil bereits beschrieben worden. Die für verschiedene keramische Massen festgestellten physikalischen Konstanten sind in der Tabelle 9 wiedergegeben, die dem Werk von *Singer* „Die Keramik im Dienste von Industrie und Volkswirtschaft" (Braunschweig 1923) entnommen ist. Auf dieser Tabelle sind viele Daten verzeichnet, die im allgemeinen bei der Prüfung auf die Eignung der keramischen Werkstoffe nicht bestimmt werden, die jedoch, wie z. B. das spezifische Gewicht, Zugfestigkeit, spezifische Wärme u. a., zur Kennzeichnung keramischer Massen dienen, und deren Kenntnis daher notwendig ist.

7. Graphit und Kohlenstoff.

Diese aus Kohlenstoff bestehenden oder hochkohlenstoffhaltigen Werkstoffe haben große Bedeutung für die elektrochemische und metallurgische Industrie. Graphit ist eine schwarze Modifikation des elementaren Kohlenstoffs, die sowohl in der Natur vorkommt als auch künstlich hergestellt wird. Der natürliche Graphit kommt nahezu in allen Erdteilen in größeren oder kleineren Lagern vor. Große Lager finden sich in Ceylon, Sibirien, Madagaskar, Neuseeland, Nordamerika, die alle bergmännisch abgebaut werden. Die bedeutendsten Vorkommen in Europa besitzen die Tschechoslowakei, Österreich und Bayern. Die Entstehung des Graphits wird auf Zersetzung von Kohlenoxyd zurückgeführt. Man nimmt an, daß kohlenoxydhaltige Gase durch Granit durchgetreten und möglicherweise unter Zwischenbildung von Carbonylen und unter katalytischer Mitwirkung des Gesteins zerlegt worden sind. Dieser anorganischen Bildungsweise wird eine organische entgegengehalten, die darin bestehen soll, daß in dem granitischen Schmelzfluß aus kohlenstoffhaltigen Substanzen unter hohem Druck und bei hoher Temperatur der Kohlenstoff sich abgeschieden hat und auskrystallisiert ist. Möglicherweise haben beide Entstehungstheorien ihre Berechtigung, worauf auch der Umstand hindeutet, daß der Graphit an seinen verschiedenen Fundorten verschiedene Reinheit besitzt. Der natürliche Graphit hat blätteriges, schuppiges oder faseriges Gefüge. Seine Farbe ist stahlgrau bis schwarz. Er ist mit Mineralsubstanzen verunreinigt, die entfernt werden müssen, wenn der Graphit technische Verwendung finden soll. Zu diesem Zwecke wird er entweder mechanisch oder chemisch gereinigt. Die mechanische Reinigung kann auf trockenem oder nassem Wege erfolgen. Die erstere besteht in mehrfachem Mahlen und Sieben, wodurch der sog. Flinz, der blätterige Graphit, von der Gangart und vom Graphitstaub getrennt wird. Die nasse Aufbereitung besteht darin, daß der gemahlene Rohgraphit mit Wasser über Platten gespült wird, die in Rüttelbewegung begriffen sind. Die Gangart und andere schwere Verunreinigungen bleiben auf den Platten, die Trübe wird nach Becken geleitet, und der Graphit durch Absitzen vom Wasser getrennt. Diese nasse Reinigung wird auch in abgeänderter Weise unter Zusatz von Petroleum ausgeführt. Die chemische Reinigung schließt sich dem analytischen Weg an. Sie besteht darin, daß die die Verunreinigung

bildenden Silicate entweder mit Natronlauge unter Druck oder mit Flußsäure aufgeschlossen und die frei werdenden Basen mit Säure entfernt werden.
Künstlicher Graphit wird auf thermoelektrischem Wege aus Kohle, z. B.
Anthracit oder Petrolkoks, hergestellt. Die Kohle wird dabei unter Luftabschluß auf etwa 2000° erhitzt, wobei sich die mineralischen Verunreinigungen
verflüchtigen und die Kohle in die graphitische Modifikation übergeht. Diese
Herstellungsweise, von *Acheson* erfunden, wird in Amerika ausgeführt und
solche Öfen dazu verwendet, wie sie auch für die Herstellung von Carborund
in Benutzung sind.

Der Graphit krystallisiert in sechsseitigen Tafeln von geringer Härte
(0,5 bis 1 der *Mohs*schen Skala). Der Schmelzpunkt des Graphits wird auf
etwa 3600° geschätzt (*van Laar*). *Lummer* fand, daß Graphit bei 3900° sublimiert. Die Dichte des unreinen Graphits schwankt zwischen 1,8 und 2,7,
die des reinen zwischen 2,1 und 2,35. Der lineare Ausdehnungskoeffizient
wurde für sibirischen Graphit bei 40° zu $7,86 \cdot 10^{-6}$ festgestellt. Für den
Wärmeleitungskoeffizienten wurden von verschiedenen Beobachtern verschiedene Werte gefunden. Er ist etwa 0,01 bis 0,014. Die spezifische Wärme
beträgt bei +18° nach *Dewar* 0,1341. Mit steigender Temperatur steigt
auch sie. Die elektrische Leitfähigkeit steigt ebenfalls mit der Temperatur
und mit der Dichte. Sie beträgt bezogen auf Silber bei 0° = 100 für Ceylongraphit bei 22° 0,00395 bis 0,0693. Graphit verhält sich thermoelektrisch
gegen die übrigen Kohlenarten negativ. Er läßt sich durch Zerreiben mit
3- bis 6proz. Lösung von Gerbsäure in ein Hydrosol überführen, in welchem
man das Wasser durch Öl verdrängen kann. Diese Erfindung rührt ebenfalls
von *Acheson* her. Der kolloidale Graphit findet als Schmiermittel ausgebreitete
Verwendung. — In chemischer Beziehung zeigt Graphit große Widerstandsfähigkeit. Bei Behandlung mit Kaliumchlorat und Salpetersäure ergibt er
Graphitsäure. Gegen Schwefelsäure ist er unempfindlich. In Sauerstoff
erhitzt verbrennt Graphit schwierig. Seine Metallverbindungen heißen
Carbide und werden zum Teil schon durch Wasser zersetzt.

Graphit wird technisch zu Schmelztiegeln verwendet, zu welchem Zwecke
er mit Ton, Schamotte oder Sand gemischt, zu Tiegeln geformt und gebrannt wird. Diese Tiegel werden in erster Linie für die verschiedenen Metallschmelzverfahren gebraucht, wozu sie sich wegen ihrer Feuerfestigkeit,
Temperaturunempfindlichkeit und ihrer desoxydierenden Eigenschaften vorzüglich eignen. Sie werden bis zu 1500 kg Inhalt angefertigt und halten
im Durchschnitt 8 bis 12 Schmelzen aus. Eine weitere Verwendung ist die
zu Elektroden. Doch wird für diese Zwecke neuerdings mehr künstliche
Kohle benützt. Als Rohstoffe für diese kommen Anthrazit, Koks und Retortenkohle in Frage. Vorbedingung für die Verarbeitung dieser Rohstoffe
ist niedriger Aschengehalt. Bester Anthrazit enthält nur etwa 3 Proz. Asche,
ebenso sind die Aschengehalte des Koks, der zur Elektrodenherstellung verwendet wird, sehr gering. Es kommen zur Verarbeitung für diesen Zweck
Pechkoks, und zwar Erdöl- und Braunkohlenpechkoks, die sehr wenig (höchstens $^1/_2$ Proz.) Asche enthalten. Die Retortenkohle, die durch Zersetzung

Tabelle 10.

Art der Kohlenkörper	Asche in Proz.	Chemische Bestandteile der Asche	Spez. Gewicht bei ca. 20° C	Porosität Porenvolumen in Proz. des Gesamtvolumens	Härte in Mohsschen Graden	Widerstand in Ohm pro 1 m Länge u. 1 qmm = Querschnitt
Lichtkohlen aus reinem Ruß	0,2 bis 0,3	Eisen, Spuren Silicium und Aluminium	1,5 bis 1,6	8 bis 20	5	70 bis 80
„ aus Petrolkoks	0,3 „ 0,6	Ebenso.	1,7	14 „ 20	4	50 „ 70
Kohlen aus Anthrazit	2 „ 4	Viel Eisen, Silicium, Aluminium, Calcium, auch Alkalien	1,7	14 „ 25	über 5	70 „ 100
Glasharte Elektrode nach Rudolphs	1 „ 2	Ebenso	1,7	5 „ 15	über 6	70
Elektrographitierte Kohle nach Acheson	0,5 „ 1	—	1,7 bis 1,9	9 „ 20	1 bis 2	8 bis 12
Ceylongraphit, gesägt	1,5 „ 6	Tonartige Substanz	1,9 „ 2,1	—	1	2 „ 8
Retortenkohle, gesägt	0,2 „ 1,4	Teilchen der Schamotteretorten	1,8 „ 2,3	—	4 bis 5	50 „ 80

der bei der Leuchtgasherstellung und Kokerei gebildeten Kohlenwasserstoffe an den heißen Retorten- oder Kammerwänden entsteht, ist ein besonders guter Rohstoff, doch in der vorhandenen Menge durchaus unzureichend. Zur Herstellung der Ofenelektroden werden die genannten Rohstoffe zunächst gebrochen und gemahlen, dann gesiebt und mit Pech oder Teer als Bindemittel innig gemischt. Aus dieser Masse werden in Strangpressen die Elektroden geformt, darauf erhärten gelassen und schließlich in Brennöfen bis 1000° erhitzt und schließlich abgekühlt. Der Brennprozeß dauert etwa 14 Tage. Die aus dem Ofen kommenden Elektroden werden abgeputzt und geprüft. Ein besonders kennzeichnendes Merkmal der Güte ist der elektrische Widerstand. Der spezifische Widerstand soll im allgemeinen 60 bis 100 Ohm betragen. Außer dem elektrischen Widerstand wird auch das Gefüge geprüft, was allgemein mikroskopisch an Schliffen geschieht. Auch die mechanische Festigkeit spielt eine Rolle und wird am besten durch ein von *Arndt*[1] angegebenes Fallgerät untersucht. Für die Elektrolyse ist auch die chemische Widerstandsfähigkeit von großer Bedeutung, die nach dem Verfahren von *Acheson* dadurch erhöht werden kann, daß man die Kohle auf sehr hohe Temperatur, etwa 2000°, erhitzt und in Graphit umwandelt. In Tabelle 10 sind die Eigenschaften einiger Elektrodenkohlen angeführt.

[1] V. D. I.-Zeitschrift Bd. 71, S. 1361 bis 65. 1927.

8. Holz.

Zu den Baustoffen, die im Apparatebau Verwendung finden, gehört auch das Holz. Das Holz bildet den inneren, von der Rinde umschlossenen Teil der sog. Holzgewächse. Es ist keine gleichmäßig dichte Masse, sondern hat zelligen Bau. Die Eigenschaften des Holzes, insbesondere in ihrer Verwertbarkeit für praktische Zwecke, sind abhängig von dem feinen Aufbau des Holzgewebes, der sich hier nicht in ausführlicher Weise darlegen läßt. Die volkstümliche Einteilung der Hölzer in harte und weiche gibt keine scharfe Abgrenzung der Holzarten, da gerade die Eigenschaft der Härte eine ganze Reihe von Übergängen zeigt. Da bei vielen Holzgewächsen der innere ältere Teil des Holzkörpers dunkler gefärbt ist als der äußere, während bei anderen ein solcher Kernteil nicht vorkommt, sondern das Holz im ganzen Querschnitt gleichmäßig hell gefärbt erscheint, so ist eine Einteilung nach Kern- und Splinthölzern (Splint = das hellere jüngere Holz) glücklicher. Zu den Splinthölzern gehören Tanne, Fichte, Birke, Ahorn, zu den Kernhölzern Eiche, Lärche, Esche. Die Kernbildung beim Holz hat ihren Grund in dem Auftreten besonderer Stoffe, die die Zellen und Gefäße des Holzes erfüllen, zuweilen sogar richtig verstopfen. Dadurch wird das Kernholz dichter, schwerer und fester als das Splintholz, so daß der Kern den wertvollsten, häufig auch den allein verwerteten Teil des Holzkörpers bildet. Bei Hölzern der gemäßigten Zone erfolgt das Dickenwachstum in jedem Jahre nur während der Vegetationszeit. Es bildet sich im Frühjahr das weniger dichte und hellere Frühholz, im Sommer das dichtere und dunklere Spätholz. Da sich an dieses letztere im nächsten Jahre unvermittelt das hellere Frühholz wieder ansetzt, so zeichnet sich das Dickenwachstum während eines Jahres scharf ab. Diese ringförmigen Gebilde nennt man Jahresringe. Sie ermöglichen es, an jedem zerschnittenen Stamm das Alter genau festzustellen.

Das Holz, das für Bauzwecke verwendet werden soll, muß im Winter gefällt werden. Das frische Holz hat 40 bis 50 Proz. Wassergehalt. Durch Lagern an Ort und Stelle wird es bis auf 20 Proz. Wassergehalt, durch weiteres Trocknen an der Luft oder in künstlich geheizten Räumen in abgerindetem Zustande bis auf einen Wassergehalt von 8 bis 10 Proz. gebracht. Selbst in abgetrocknetem Zustande wechselt der Wassergehalt und damit das Volumen des Holzes ständig, besonders bei Splintholz („das Holz arbeitet"), was bei der Bemessung der anzuwendenden Dimensionen stets zu berücksichtigen ist. Da jedes Holz außer der Holzsubstanz noch Wasser und Luft enthält, so läßt sich das spez. Gewicht des Holzes nicht bestimmen, sondern nur das Raumgewicht. Dieses Raumgewicht hängt ab von der Eigenart der Holzsubstanz und vom Trocknungsgrad des Holzes. So schwanken die Raumgewichte der Hölzer zwischen 1,31 und 0,19. Hölzer mit einem Raumgewicht über 1, also solche, die im Wasser untergehen, sind verhältnismäßig selten. Die einheimischen Hölzer sind im lufttrockenen Zustand alle leichter als Wasser, nur in wasserhaltigem Zustande sind einige schwerer. In Tabelle 10 sind die Raumgewichte von lufttrockenem und von gedarrtem Holz wiedergegeben.

Tabelle 11. Raumgewichte von Holz.

Holzart	Lufttrocken (mit etwa 15 Proz. Wasser		Gedarrt (bei 100°C)	
	Grenzwerte	Mittelwert	Grenzwerte	Mittelwert
Ahorn	0,61 bis 0,74	0,67	0,60 bis 0,66	0,63
Birke	0,51 „ 0,77	0,64	0,59 „ 0,63	0,61
Eiche	0,69 „ 1,03	0,86	0,64 „ 0,70	0,67
Erle	0,42 „ 0,64	0,53	0,42 „ 0,45	0,43
Esche	0,57 „ 0,94	0,75	0,61 „ 0,64	0,62
Fichte	0,35 „ 0,60	0,47	0,42 „ 0,47	0,44
Kiefer	0,31 „ 0,74	0,52	0,47 „ 0,55	0,51
Lärche	0,44 „ 0,80	0,62	0,44 „ 0,48	0,46
Linde	0,32 „ 0,60	0,46	0,41 „ 0,43	0,42
Pappel	0,39 „ 0,52	0,45	0,35 „ 0,39	0,37
Pitchpine	0,50 „ 0,88	0,70	—	—
Robinie	0,58 „ 0,85	0,71	—	—
Roßkastanie	0,52 „ 0,63	0,57	—	—
Rotbuche	0,66 „ 0,83	0,74	0,55 bis 0,59	0,57
Rüster	0,56 „ 0,82	0,69	0,50 „ 0,55	0,52
Weißbuche	0,62 „ 0,82	0,72	0,68 „ 0,77	0,72
Weißtanne	0,37 „ 0,61	0,48	0,48 „ 0,50	0,49

Die Härte des Holzes geht im allgemeinen parallel mit ihrem Raumgewicht, so zwar, daß die leichtesten Hölzer die weichsten und die schwersten auch die härtesten sind. Das Kernholz ist immer härter als das dazugehörige Splintholz. Eine Einteilung der Hölzer nach ihrer Härte ergibt sich aus der folgenden Aufstellung.

Härtetabelle.

a) sehr weich:	Linde, Pappel, Weide;
b) weich:	Birke, Erle, Fichte, Kiefer, Lärche, Weißtanne;
c) ziemlich hart:	Ceder, Zypresse, Esche, Platane, Rüster;
d) hart:	Ahorn, Birne, Weiß- und Rotbuche, Eiche, Kirsche, Nußbaum;
e) sehr hart:	Mahagoni, Pitchpine, Tiekholz;
f) äußerst hart:	Buchsbaum, Olive, Sauerdorn.

Über die Festigkeitseigenschaften verschiedener Hölzer gibt Tabelle 12 Aufschluß.

Die Wärmeausdehnung des Holzes ist sehr gering. Tanne hat längs zur Faser 0,000035 der Länge für 1°, Fichte und Laubhölzer etwa das Doppelte.

In chemischer Beziehung sind Hölzer empfindlich gegen Licht und Luft. Sie dunkeln bei der Einwirkung dieser beiden Faktoren kräftig nach. In feuchter Luft wird die Entwicklung von Mikroorganismen und damit die Zersetzung des Holzes (Vermoderung, Verwesung) begünstigt. Durch Mineralsäuren wird die Holzfaser stark angegriffen. So durch konzentrierte Schwefelsäure unter völliger Zerstörung, von Salzsäure unter Lockerung des ganzen Holzgefüges. Manche Säuren wirken nur bis zu einer gewissen Tiefe, und die so angegriffene Schicht wirkt als Schutz für die inneren Schichten des Holzes. Organische Säuren wirken auf Holz nur wenig, Essigsäure kann z. B. bis zu ziemlich hoher Konzentration in Holzgefäßen aufbewahrt werden. Man will festgestellt haben, daß gelöste Säuren unter 15 Proz. das Lignin, in höherer

Tabelle 12. Festigkeit verschiedener Hölzer.

Art der Beanspruchung		Feuchtigkeits-gehalt in Proz.	Elastizitätsmaß kg / qcm	Festigkeit kg / qcm
Kiefer				
Druck } parallel zur Faser		13	90000	790
Zug } parallel zur Faser		18	96000	280
Biegung		23	108000	470
Schub		25	—	45
Fichte				
Zug } parallel zur Faser		16	92000	750
Druck } parallel zur Faser		19	99000	245
Biegung		29	111000	420
Schub		38	—	40
Eiche				
Zug } parallel zur Faser		—	108000	965
Druck } parallel zur Faser		—	103000	345
Biegung		24	100000	600
Schub		—	—	75
Buche				
Zug } parallel zur Faser		—	180000	1340
Druck } parallel zur Faser		—	169000	320
Biegung		17	128000	670
Schub		—	—	85

Konzentration die Cellulose angreifen. Tatsächlich wird aber Cellulose schon von 4 proz. Salzsäure ganz wesentlich angegriffen. Im folgenden sind einige Diagramme (Fig. 45 bis 47) wiedergegeben, die die Wirkung von Salzsäure, Schwefelsäure und Essigsäure in verschiedener Konzentration auf Pitchpineholz wiedergeben.

Es ist interessant, zu sehen, wie schnell die Mineralsäuren höherer Konzentration auf das Holz einwirken, was durch das Zurückgehen der Bruchfestigkeit dargetan wird. Höhere Temperaturen verträgt das Holz ebenfalls nicht. Zunächst verliert es das Wasser, und sodann, etwa bei 165°, werden Gase abgespalten. Bei höherer Temperatur tritt je nach der Möglichkeit des Luftzutrittes entweder Verbrennung oder Verkohlung ein.

In der chemischen Industrie wird Holz nicht mehr in dem Maße wie früher zum Bau der Apparaturen angewendet. Seine frühere Beliebtheit beruhte zum Teil auf der leichten Verarbeitung, zum Teil auf der verhältnismäßigen Feuersicherheit solcher Bauten. So wurde es z. B. als Rahmenwerk für Schwefelsäurekammern verwendet, ferner als Gerüst für Behälter, Rührwerke, als Stützmaterial für Steinzeugapparate, ferner mit einem Bleifutter versehen als Behältermaterial, wie z. B. in der Ammoniakgewinnung als Sättiger, ohne jedes Futter in der Färberei für Küpen, dann zum Bau von Filterpressen, wozu seine Leichtigkeit es besonders geeignet macht, für Fässer usw. Von Interesse ist, daß die oberbayrischen Soleleitungen durchweg aus Holzröhren bestehen. Da man für alle diese Zwecke nur gute Hölzer anwendete, die auch kostspielig waren, so hat sich dieses Material gegenüber den modernen Baustoffen, wie Stahl, Eisenbeton, als zu teuer erwiesen, weshalb man immer mehr von der Verwendung des Holzes abkommt.

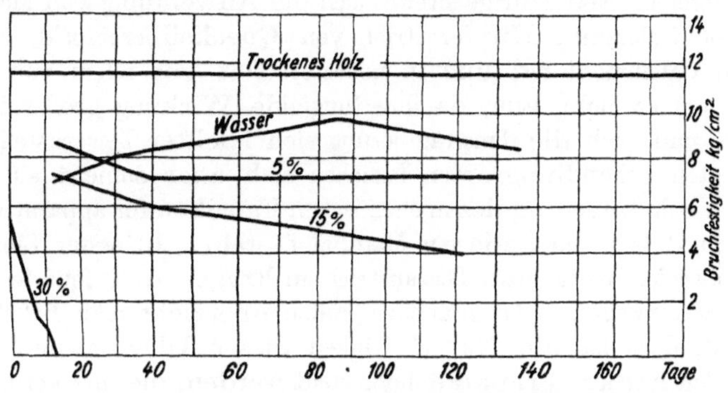

Fig. 45. Pitch-pine mit kalter HCl.

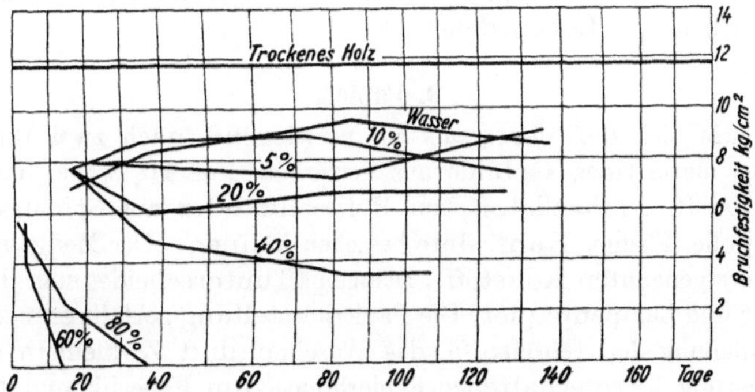

Fig. 46. Pitch-pine mit kalter H_2SO_4.

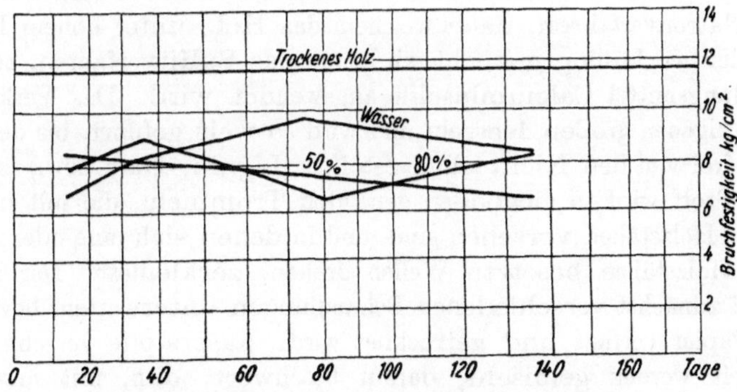

Fig. 47. Pitch-pine mit kalter Essigsäure.

Um das Holz vor atmosphärischer, bakterieller und chemischer Einwirkung zu schützen, imprägniert man es mit Stoffen, die entweder das Holz vor Zutritt von Feuchtigkeit abschließen oder auf Mikroorganismen vernichtend einwirken oder den angreifenden Chemikalien den Zutritt zur Holzsubstanz verwehren. Am allgemeinsten ist wohl die Imprägnierung mit Kreosot und anderen Teerölen. Neuerdings breitet sich die Anwendung von Metallsalzen, so z. B. von Chlorzink, Kupfervitriol, von Quecksilberchlorid, von Eisenvitriol und Calciumchlorid und in neuester Zeit vor allem von Fluorverbindungen immer mehr aus, da ihre fungicide Wirkung größer ist als die der Teeröle und auch die Imprägnierung sich leichter bewerkstelligen läßt. Die genannten Behandlungsarten beziehen sich aber zumeist auf Bauholz, während der Schutzüberzug des in chemischen Fabriken für apparative Zwecke verwendeten Holzes aus anderem Material besteht. In erster Linie kommt für solche Zwecke Firnis- und Teeranstrich in Frage. Auch feuerfeste Farben werden dazu verwendet. In manchen Fällen überzieht man Behälter innen mit Asphalt, doch ist die Dauerhaftigkeit dieser Überzüge problematisch. Gefäße, in denen teuere Präparate hergestellt werden, die eine Verunreinigung mit den Bestandteilen des Holzes nicht vertragen, kann man auch mit Paraffin oder Ceresin innerlich überziehen. Eine solche Behandlung von Holzgefäßen erhöht natürlich ihre Lebensdauer.

9. Papier.

Papier läßt sich definieren als ein vorwiegend nach zwei Dimensionen entwickeltes blattartiges Gebilde aus verfilzten Fasern, wobei diese Fasern aus Holzzellstoff, Strohzellstoff, aus Holzschliff oder aus Spinnfaserabfällen von Baumwolle, Flachs, Hanf, Jute bestehen können. Der Menge nach überwiegen die erstgenannten Rohstoffe. Demgemäß unterscheidet man Holzpapier, Strohpapier und Lumpenpapier. Die Papierherstellung zerfällt grundsätzlich in die Aufschließung der Rohstoffe, das Waschen und Zerkleinern derselben, die Verarbeitung des so erhaltenen Papierbreies zum Faserfilz und die darauffolgende Trocknung des letzteren. — Der Zellstoff wird durch Aufschließen der Rohstoffe (Holz, Stroh) mit Hilfe chemischer Verfahren hergestellt. Solche sind das Natronverfahren, nach welchem das Holz unter hohem Druck mit einer alkalischen Lösung gekocht wird, und das Sulfitverfahren, bei dem als Aufschließungsmittel Calciumbisulfit angewendet wird. Das Verkochen geschieht in eigenen großen Kesseln und wird so weit geführt, bis der Zellstoff gar, d. h. frei von den Nichtcellulosestoffen (Lignin, Harz usw.) ist. Der so erhaltene Stoff wird in liegenden geneigten Trommeln, die mit nach innen gerichteten Holzstäben versehen sind, und in denen sich eine oder zwei ebenfalls mit Holzstäben besetzte Wellen drehen, zerkleinert. Der gemahlene Stoff wird zunächst verschiedenen Behandlungen unterworfen, bevor er zum fertigen Papier verfilzt und getrocknet wird. Faserstoffe verschiedener Beschaffenheit werden gemischt, darauf beschwert, d. h. mit mineralischen weißen Zusätzen, wie geschlämmtem weißen Ton, Bariumsulfat, Gips, Talk od. dgl., vermengt, schließlich geleimt, d. h. mit Leim oder Harz verschiedener Art gemischt, um das Papier undurchdringlich für die zum Schreiben oder Drucken benützten Flüssigkeiten zu machen. Bei Papieren, die in erster Linie saugfähig sein sollen, wie Filtrierpapieren, fällt das Beschweren und

Leimen, kurz jeder porenverstopfende Zusatz fort. Das so erzeugte Gut wird auf den Papiermaschinen mit Hilfe eines endlosen Siebes zum Blatt geformt, was hauptsächlich in der Entfernung des Wassers durch Pressen und durch Trocknen besteht. — Für die chemische Industrie haben in erster Linie die Filtrierpapiere Interesse, welche zum Trennen fester und flüssiger, vielfach auch fester und gasförmiger Körper dienen.

Diese Papiere wurden bis jetzt zumeist aus Baumwollumpen hergestellt, doch dient jetzt auch Holzzellstoff nach entsprechender Reinigung als Rohmaterial. Die Hauptmenge der gewöhnlichen Filtrierpapiere erzeugt man auf der Papiermaschine, feinere Sorten werden von Hand geschöpft. Papiere, die für die Analyse verwendet werden sollen, werden mit Salz- und Flußsäure ausgewaschen. Sogenanntes gehärtetes Filtrierpapier wird durch Befeuchten mit Salpetersäure von 1,42 spez. Gewicht und darauffolgendem Auswaschen mit 0,5proz. Ammoniaklösung erzielt. Solches Papier ist auch in feuchtem Zustande zäh und fest. Während Filtrierpapier zu den Werkstoffen zählt, die, wie eingangs des Buches ausgeführt, dem Verbrauch unterliegen, so gibt es daneben Papiersorten und -fabrikate, die beansprucht werden und dort Verwendung finden, wo man sonst auch Metalle und andere Werkstoffe, wie beispielsweise Leder oder keramische Massen, benötigt.

Als Dichtungsmaterial spielt Pappe eine wichtige Rolle. Diese wird aus gewöhnlichen Rohmaterialien des Papiers hergestellt, nur mit dem Unterschied, daß der Stoff auf das Sieb in der für die gewünschte Stärke notwendigen Menge aufgetragen wird. Sie kann auch durch Zusammenkleben mehrerer Bahnen fertigen Papiers erzeugt werden. — Weiter finden viele in ihrer Beschaffenheit veränderte Papiere Verwendung in der chemischen Industrie, so z. B. die Vulkanfiber. Diese wird erzeugt durch Imprägnieren mit starker Chlorzinklösung unter Erwärmen. Die einzelnen Papierlagen werden in chlorzinkfeuchtem Zustande aufeinander geklebt und bilden so dicke Pappen bis zu brettartiger Stärke. Das Chlorzink wird dann durch Auslaugen mit Wasser entfernt. Das so erhaltene Material läßt sich hobeln, bohren, drehen, feilen usw. und wird als Isolier- und Dichtungsmaterial verwendet. Ein anderes chemisch verändertes Papier ist das Pergamentpapier. Wird ungeleimtes Papier durch Schwefelsäure von etwa 60° Baumé durchgezogen, so entsteht das sog. Amyloid, eine im feuchten Zustand klebrige Verbindung, die die Fasern miteinander unter Schließung der Zwischenräume verbindet. Die überschüssige Säure wird durch Waschen entfernt. Dieses Pergamentpapier ist fettdicht, zerfällt nicht beim Liegen in Wasser oder in Berührung mit Alkalien und verdünnten Säuren. Es wird daher außer als Packmaterial für fettige Waren auch als Trennungsmembran für osmotische Zwecke verwendet.

Wird Papier in Verbindung mit Klebstoffen, wie Harzleim oder Kunstharzen, einem starken Druck unterworfen, so erhält man einen Werkstoff, der auch in Hinblick auf die Festigkeit hohen Ansprüchen genügt. Solches Preßpapier zeigt Zugfestigkeiten bis 1500 kg/qcm, Druckfestigkeiten bis zu 3000 kg/qcm, Brinellhärten bis 45. Die Wasseraufnahme dieser Papiere ist gering: bei 24stündigem Lagern unter Wasser wurde eine Gewichtszunahme von 0,6 Proz., nach sechstägigem Lagern eine solche von 2,0 Proz. festgestellt. — Die mit Kunstharz verleimten Papiere lassen sich auf der Drehbank bei höherer Schnittgeschwindigkeit bearbeiten als Metalle, sie lassen sich bohren, hobeln, fräsen, sägen, schleifen und polieren. Verwendung finden sie zur Herstellung von Riemenscheiben, Zahnrädern (an Stelle von Rohhautritzeln), von Isoliermaterialien für elektrischen Strom, Wärme- oder Kälteeinflüsse und Geräusche. Rohre aus Papiermasse werden außer zu Isolationszwecken auch zu Gas- und Wasserleitungen gebraucht.

10. Kautschuk[1].

Kautschuk, auch Federharz und früher Gummi elasticum genannt, ist eine elastische Ausscheidung aus dem Milchsaft (Latex) verschiedener, hauptsächlich in den Tropen heimischer Gewächse. Er wurde 1736 aus Südamerika nach Paris gebracht, doch setzte seine fabrikatorische Auswertung erst um 1791 ein und blühte erst auf, als das Verfahren gefunden wurde, durch Erhitzen mit Schwefel die Eigenschaften des Rohkautschuks zu ändern und dadurch gebrauchsfähiger zu gestalten (Warmvulkanisation, *Hancock, Goodyear* 1845). Eine ähnliche Wirkung wurde 1 Jahr später von *Parkes* erzielt durch Behandlung des Kautschuks mit einer Schwefelchlorürlösung bei normaler Temperatur (Kaltvulkanisation). Seit dieser Zeit nahmen die Kautschuk verarbeitenden Industrien einen großen Aufschwung, der aus dem steigenden Jahresverbrauch ersichtlich ist.

Milchsaft liefernde Pflanzen mit elastischen Ausscheidungen sind über die ganze Erde verbreitet, wirtschaftlich ausnutzbar dagegen nur Gewächse, die in einem Gürtel von wenigen Breitegraden um den Äquator heimisch sind. Am äußeren Rande dieses Gürtels finden sich Bäume, Sapotaceenarten, die in ihren Milchsäften dem Kautschuk verwandte Kohlenwasserstoffe führen, so die Gattung Myosops, die Balata und eine Reihe von anderen Gattungen, die Guttapercha. Bei den Kautschuk-Kohlenwasserstoffe führenden Gewächsen sind viele Arten in mehreren Gattungen zu unterscheiden. In Süd- und Zentralamerika sind heimisch die Euphorbiaceen, mächtige Bäume, deren Gattungen Hevea und Micranda den besten Wildkautschuk, den Paragummi, liefern. Zahlreiche Arten in Ecuador, Kolumbien, in Afrika und Ostindien liefern weniger gute Handelsmarken.

Die wichtigste aller Arten ist die Hevea Brasiliensis, die in etwa 20 Spielarten vorkommt und mindestens 98 Proz. der Weltproduktion liefert. Wild, als gewaltige Urwaldriesen, wachsen diese Bäume im mittleren und unteren Stromgebiet des Amazonas, heute zum Teil in Kulturen gepflegt, auch auf Ceylon und den ostindischen Inseln in ausgedehnten Plantagen.

Der Milchsaft (Latex) ist in der Pflanze in einem Röhren- und Zellensystem aufgespeichert, das sich über alle Teile der Pflanze mit Ausnahme

---

[1] Mit Benutzung freundlicher Mitteilungen der Firma Franz Clouth, Köln-Nippes, für die an dieser Stelle bestens gedankt sei.

der Blätter erstreckt. Die Latexgefäße liegen nahe dem Cambium in Reihen zu 20 bis 40 angeordnet auf der inneren Seite der Rinde. Umgeben sind diese Röhren von Zellen, die mit Stärkekörnern gefüllt sind, welche saure Reaktion zeigen, während Latex neutral ist. Nach den Untersuchungen von *Bobiloff* steht fest, daß der Latex eine Funktion bei der Atmung der Bäume auszuüben hat, und es ist anzunehmen, daß er aus Stärke gebildet wird. Ob der Milchsaft zur Ernährung der Pflanzen dient oder an dem Aufbau derselben teilnimmt, ist noch nicht ermittelt; vorläufig wird er als ein Pflanzensekret aufzufassen sein.

Die chemische Zusammensetzung der Milchsäfte ist naturgemäß verschieden. Außer dem Kohlenwasserstoff enthalten sie Eiweißarten, Harze, Zuckerarten und Spuren anorganischer Salze. Der Latex ist meistens weiß gefärbt und setzt eine gelbliche Sahne ab. Er ist eine kolloidale Suspension, in der die Kohlenwasserstoffe, als kugel- oder birnenförmige Teilchen in einem wässerigen Serum verteilt, eine lebhafte *Brown*sche Bewegung unterhalten.

Die Teilchen haben eine Größe von $0,2\,\mu$ und bestehen nach den Untersuchungen von *Hauser* aus zwei Phasen, einem flüssigen Kern (Solform) mit einer halbfesten Schale (Gelform). Das spez. Gewicht der Milch bleibt unter 1,0 und wechselt nach dem Gehalt an Kautschuk. Um aus der Milch den Kautschuk zu gewinnen, wird dieselbe koaguliert. Diese Koagulation, d. i. das Zusammenballen der einzelnen Teilchen der Milch zu größeren Massen, dient dazu, den Kautschuk von dem Serum der Milch zu trennen. Man unterscheidet verschiedene Arten der Gewinnung:

1. die Aufrahmung, wobei die Teilchen aufschwimmen und sich zu Aggregaten zusammenflocken;

2. die heutige normale Koagulation mittels Chemikalien, wobei ein Klumpen gebildet wird, und

3. Koagulation durch Abdampfen des Serums. Dieses geschieht im Urwald durch Feuer bei Gewinnung des Rohparas und neuerdings bei Gewinnung des Sprühkautschuks (Spread Rubber). Bei letzterer wird der Latex mit Ammoniak versetzt, mit Luft nach Hochbehältern gedrückt, von wo man ihn nach einer in einem Turm befindlichen Zerstäuberscheibe fließen läßt. Durch die schnelle Drehung (2800 Umläufe pro Minute) wird der Latex zerstäubt und in einem Gegenstrom von heißer Luft oder einem inerten Gase getrocknet. Am Boden des Turmes sammelt sich der Gummischnee, der in warmem Zustand in Ballen gepreßt wird.

Die Kautschukgewinnung erfolgt sowohl im Urwald wie in Plantagen meistens in der Weise, daß der Baum mit einem Beil oder einem messerartigen Instrument um ein Viertel des Umfangs schräg nach unten eingeschnitten wird und unter dem Einschnitt ein Zinn- oder Aluminiumbecher angebracht wird. Vor der Mittagshitze und abends wird der Latex der angeschnittenen Bäume in große Gefäße gesammelt. Der Wildkautschuk wird über Feuer mit intensiver Rauchentwicklung in dünnen Schichten getrocknet, bis Blöcke von 40 bis 50 und mehr Kilogramm entstanden sind. Der Plantagenkautschuk wird in großen flachen Gefäßen meistens mit Essigsäure zum Gerinnen gebracht, teilweise durch Natriumsulfit gebleicht (Pale Crepe), das nasse Koagulat zwischen verschieden schnell laufenden Walzen mit Wasser gewaschen und getrocknet, teilweise mit Rauch geräuchert (Smoked Sheets).

Der Rohkautschuk hat ein spez. Gewicht von etwa 0,92 und ist gereinigt und umgefällt eine durchscheinende, farb- und geruchlose Substanz mit ausgeprägt elastischen Eigenschaften. Durch trockene Hitze wird Kautschuk weich, bei ungefähr 150° klebrig und schmilzt bei über 200°, falls das Vorerhitzen nicht zulange dauert. In Alkohol und Aceton ist Kautschuk unlöslich. In Schwefelkohlenstoff, Tetrachlorkohlenstoff, Benzin, Benzol, Chloroform quillt Kautschuk auf und verteilt sich dann zu lösungsartigen viscosen Flüssigkeiten, die technisch verwertet werden.

Kautschuk ist eine Solvatation verschiedener Polymerisationsstufen des Isoprens, dessen Mole unter Aufhebung einer Doppelbindung gleichsinnig sich zu langen offenen Ketten aneinandergeschlossen haben (*Staudinger:* Macromole). Auf dieser chemischen Konstitution beruht die chemische Widerstandsfähigkeit des Kautschuks. Die Synthese des Kautschuks, d. h. der Aufbau und die technische Herstellung von künstlichem Kautschuk, ist noch nicht vollständig geglückt. Wohl wurden kautschukähnliche Körper durch Polymerisation, d. h. durch Zusammenschluß von Isoprenmolen, synthetisch dargestellt, ebenso aus Butadien und aus Methylbutadien. Der aus letzterem hergestellte Kunstkautschuk wurde in den Kriegsjahren, besonders 1918, in größerem Maßstabe hergestellt. Diese Produkte waren im Kriege ein teurer Notbehelf, aber wissenschaftlich von hohem Erkenntniswert.

Von größter technischer Bedeutung ist die Einwirkung von Schwefel auf den Kautschuk, welcher sich chemisch an das Kautschukmol anlagert. Dieser Prozeß wird Vulkanisation genannt. Die Warmvulkanisation wird durch Erhitzen mit Schwefel erzielt; die Kaltvulkanisation durch Behandeln mit Schwefelchlorürlösung, der Peacheyprozeß durch Bildung von Schwefel in Kautschuk mittels Wechselwirkung von Schwefelwasserstoff und Schwefeldioxyd. Durch die Vulkanisation geht der Kautschuk aus der plastisch knetbaren und unstabilen Form in eine haltbar stabile Form über, welche durch Kneten und Wärme, ohne direkte Zerstörung, nicht mehr grundlegend geändert werden kann. Der vulkanisierte Kautschuk zeigt in chemischer und physikalischer Beziehung bedeutend bessere Beanspruchungswerte, Festigkeit und Alterungseigenschaften, die ihn zum praktischen Gebrauch als Gummiware in einer der mannigfachen Arten und Gestaltungen erst befähigen.

Durch die Vulkanisation und durch geeignete Mittel, meistens katalytisch wirkende Körper, sog. Beschleuniger, wird eine chemische Bindung herbeigeführt. Die Mengen des Schwefels, welche bei der Vulkanisation gebunden werden können, bewegen sich zwischen 0,1 und 32 Proz. des Kautschukschwefelsystems, und man erhält je nach der Schwefelung elastisch zähen, durchsichtig klaren, gut charakterisierten Weichgummi mit über 1000 Proz. Bruchdehnung, mittelharte und lederharte Qualitäten bis zum stark geschwefelten härtesten Produkt, dem springharten Hartgummi.

Kautschuk als solcher wird in der Technik der chemischen Industrie gelegentlich als Kitt und in Verbindung mit einem geeigneten Quellungsmittel als Klebemittel verwendet. Seine chemische Widerstandsfähigkeit ist in diesem Zustande bereits eine sehr große, jedoch ist die Unbeständigkeit gegen Wärme und der plastische Zustand ein Hinderungsgrund für eine Anwendung in größerem Maßstabe. Die größte Widerstandsfähigkeit gegen chemische Angriffe zeigen die vulkanisierten Produkte, und zwar die unteren und die höchsten Schwefelungsstufen. Die Bindung des Schwefels bei den Weichvulkanisaten hat an sich wenig Einfluß, wahrscheinlich werden die Kautschuk-Makromolekel über Thiozonanlagerung zu größeren Komplexen kondensiert, die Doppelbindung des Isoprens bleibt bestehen, aber der ungesättigte Charakter der Endvalenzen wird aufgehoben und die Verbindung stabilisiert. — Hier wird also durch das Wachsen der Komplexe die Widerstandsfähigkeit der Verbindung erhöht.

Bei den mittleren Schwefelungsstufen werden nicht nur die Endvalenzen abgebunden, sondern auch durch teilweisen Zerfall der zweiten Doppelbindung des Isoprens die Ketten geschwächt bzw. zerrissen, und die Widerstandsfähigkeit sinkt. Je mehr Doppelbindungen aufgehoben und voll durch Schwefel abgesättigt werden, um so haltbarer und chemisch unangreifbarer wird der nun entstehende Hartkautschuk. Also steht die Beständigkeit gegen Einwirkung von Chemikalien in bestimmter Beziehung zur Größe der Mole bzw. zum Grade der Absättigung der Doppelbindung bei stärker geschwefelten Vulkanisaten.

Es können durch Beimischungen geeigneter Zuschläge und Mineralien auch die Mittelstufen zu einem für die Technik hervorragend geeigneten Material ausgearbeitet werden, wenn außer dem Schutzbedürfnis gegen chemische Beanspruchungen noch Anforderungen mechanischer oder elektrischer Art, vielleicht sogar vorwiegend, vorliegen. Unter den Beimischungen, die als Eigenschaftsträger zugemischt werden können, unterscheidet man aktive und inaktive Stoffe. Dieselben können unter sich wiederum gemischt, in wechselnden Mengen und vielen Variationen zugegeben werden. Man unterscheidet feinste Mineralstoffe (Farbstoffe), gemahlenes Altgummimaterial (Hartgummistaub) und Weichmachungsmittel. Aktive Eigenschaftsträger sind u. a. Zinkweiß, Bleiglätte, gebrannte Magnesia, Ton, Gasruß, Lampenruß, Schwefelantimon und Eisenoxyd u. a. m. Inaktive sind Lithopone, Schwerspat, Kreide, Talkum, Graphit, Chromoxydgrün, Cadmiumgelb, Ultramarinblau, Magnesiumcarbonat, organische Farbstoffe und ihre Auffärbungen usw. — Gemahlenes Altgummimaterial bzw. Hartgummistaub sind fein gemahlene Abfälle passender Qualitäten.

Weichmachungsmittel sind Regenerate (plastisch verarbeitete gemahlene Altgummiwaren), Faktis (kalt oder warm geschwefelte Öle), Bitumina, Paraffin, Vaseline, Öle usw. Die Beimischungen werden dem Kautschuk zugemischt, entweder um das Halbfabrikat zur Verarbeitung geeigneter zu gestalten, oder hauptsächlich, um dem Kautschuk-Vulkanisat nach der Vulkanisation Eigenschaften zu verleihen, die für die jeweils vorgesehene Beanspruchung physikalischer oder chemischer Art in Frage kommen. Das bewußte Zusammenstellen solcher Eigenschaftsmischungen setzt ausgedehnte Studien voraus.

Die Fabrikation der Kautschukwaren setzt mit der Reinigung der Rohstoffe ein, welche Fremdkörper, wie Sand, Rinde und Holzteilchen, Schmutz usw., enthalten können. Latex wird durch Dekantieren oder Filtrieren gereinigt; Wildgummi wird gewaschen, indem aufgeweichte zerkleinerte Blöcke in Waschmaschinen mit gerillten, verschieden schnell laufenden Walzen in fließendem Wasser durchgeknetet werden, bis alle fremden Substanzen entfernt sind. Dann wird der Kautschuk, der die Waschmaschine als dünnes lockeres Fell verläßt, als solches oder als Platte in Trockenräumen oder Trockenmaschinen getrocknet (Temperatur bis 35° C). Plantagengummi wird selten gewaschen, meist nur äußerlich von geringfügigen Verunreinigungen des Transports gesäubert.

Der gereinigte Latex wird allein oder nach Zumischen von Schwefel und Zuschlägen zu Sprühkautschuk verarbeitet bzw. vor oder nach seiner Vulkanisation zu Gewebeimprägnierungen, zu Gewebegummierungen oder zu Tauchartikeln verwendet. Bedeutung für die chemische Industrie hat die Verarbeitung von Latex noch nicht erlangt.

Der gereinigte und getrocknete Kautschuk wird in die Fabrikation gegeben, die sich in groben Zügen zwecks Verwendung in der chemischen Industrie einteilt in die Fabrikation von Kautschuklösungen, technischen Weichgummi- und Hartgummiwaren.

Zur Fabrikation der Kautschuklösungen wird das trockene Kautschukfell kurze Zeit gewalzt und in großen Knetmaschinen mit Benzin (Benzol) und gegebenenfalls mit dem zur Warmvulkanisation benötigten Schwefel und Beschleuniger zu einem dicken Teig verknetet, der dann beliebig verdünnt wird.

Fast alle in der Technik der chemischen Industrie verwendeten Gummiwaren werden aus Mischungen hergestellt; zur Herstellung dieser Mischungen wird der Rohgummi mit den abgewogenen Materialmischungen in großen Knetmaschinen oder auf großen Walzwerken in 20 bis 50 Minuten zu homogenen Massen verknetet. Die Knetmaschinen haben ein Fassungsvermögen von 100 bis 300 und mehr Kilogramm bei einem Kraftbedarf von 100 bis 300 PS; sie sind heiz- und kühlbar.

Die meist etwas gelagerten Massen werden je nach ihrem Konfektionszweck zu Platten, Profilplatten, Profilstreifen und gummierten Geweben verarbeitet und gehen als Halbfabrikate in die Konfektionsabteilung. Die Mischungen werden auf Walzwerken (Vorwärmer mit zwei Walzen verschiedener Geschwindigkeit) vorgeknetet und vorgewärmt, dann auf 2, 3 oder 4 Walzenkalandern oder Profil- oder Dessinkalandern zu Platten entsprechender Länge und Breite und in Stärken von 0,2 bis 6 mm ausgezogen. Oder die Mischung wird auf 3 Walzenkalandern mit Gleichlauf oder Differenzial auf Gewebe (Gewicht 100 bis 1500 g/qm) einseitig oder doppelseitig aufgetragen, entweder eingestrichen oder aufgelegt. Oder die Warmmischung wird in einer Spritzmaschine zu Schläuchen oder Profilstreifen endlos ausgezogen. Diese Maschine besteht aus einem feststehenden Zylinder mit rotierender, ein- oder mehrgängiger Schnecke, die das Material durch entsprechend geformte Kopfstücke in dem gewünschten Querschnitt auspreßt.

Die technischen Weichgummiwaren, z. B. Dichtungsplatten mit oder ohne Einlage oder Umlage für Dampf, Gas, Wasser und Säureabdichtungen, Dichtungsringe und Scheiben und Schnüre mit Gewebe- oder Asbesteinlage, Schläuche jeglicher Art, Treibriemen und Treibseile, Förderbänder und Gurte, Preßplatten und Gummiwalzen, werden aus diesen Halbfabrikaten, zum Teil mit Einlagen von Baumwolle, Hanf usw. (Klöppeleinlagen für Schläuche, Gewebeeinlagen für Treibriemen und Transportbänder usw.) oder Metalleinlagen aller Art (Walzen, Vollreifen usw.) und aus Mischungen verschiedener Härten und Eigenschaften zusammengesetzt und geklebt.

Der Aufbau erfolgt mit Maschinen, mit Werkzeugen aller Art und mit Hand, auf Dornen, Kernformen oder Formkernen. Die ausgeführten Waren werden mit Gewebe gewickelt oder umwickelt, in Preßformen unter Preßplatten oder unter Gasdruck, frei in Dampf, Heizluft oder Gas, oder unter großen Preßplatten vulkanisiert.

Je nach dem Verwendungszweck, nach den physikalischen, mechanischen oder chemischen Anforderungen, welchen der entsprechende Weichgummiartikel ausgesetzt ist, variiert unter Umständen auch die Herstellungsart.

Die drei Halbfabrikate: Platten, Profilstreifen oder Röhren und die Gummilösung kommen auch in der Hauptsache für die Herstellung von Hartgummiwaren bzw. für Auskleidungen von Metallteilen mit Weichgummi oder Hartgummi in Frage. Der Hartgummi wird ebenfalls auf Formen oder in Formen, frei oder zwischen Preßplatten, vorgeheizt und meist in Dampf gehärtet.

Zur Fabrikation der mit Hartgummi bekleideten Metalle wird in der Regel Hartgummi verwendet; seltener elastische oder mittelharte Weichgummibezüge. Zur Herstellung ist eine entsprechende Vorbereitung der Metallteile erforderlich.

Vorwiegend bestehen die Kessel, Apparateteile usw. aus Kupfer, Bronze und Eisen in Form von Schmiedeeisen und Gußeisen. Kupfer und Bronze müssen vor dem Belegen mit Kautschuk verzinnt werden, da die Bindung mit dem Hartgummi schlecht ist und auch Zerstörung der Kautschuksubstanz durch Bildung von Schwefelsäure vorkommen kann. Die Bindung des Kautschuks an Eisen ist ausgezeichnet, wenn die Oberfläche der Metallteile genügend gereinigt wird. Vom Gußeisen muß eine gute Qualitätsware verlangt werden; der Guß muß einwandfrei sachgemäß ohne Hohlräume vergossen sein; das Gefüge soll dicht sein und keine Einsprengungen von Graphit aufweisen. Von Lunkerstellen an den zu gummierenden Metallteilen soll er vollständig frei sein.

Die Konstruktion der Apparaturen muß eventuell durch Teilung so erfolgen, daß dem Arbeiter Gelegenheit gegeben ist, mit seinen Arbeitsinstrumenten und seinen Augen überall hinzugelangen. Die Wandstärken der

Apparaturen sollen nicht zu dünn gehalten werden, damit unter allen Umständen unnötige Vibrationen vermieden werden, besonders zu beachten bei bewegten Körpern, z. B. Schüttelwannen und Zentrifugen. Verbindungen durch Nietung oder Schweißung sollen luftdicht erfolgen nach der mit Hartgummi zu schützenden Metallseite hin, weil anderenfalls sich Luft zwischen Hartgummi und Metall festsetzen kann.

Zur Konfektion der Bekleidung wird die gereinigte, geraubte Metallfläche mit einer entsprechend gewählten Gummilösung gestrichen und daraufhin evtl. Fehlstellen des Eisens oder scharfe Kanten oder Lücken der Apparatur mit einem harten Kitt ausgefüllt. Nach dem Trocknen dieser oder mehrerer Schichten beginnt das Belegen der Flächen, indem die entsprechend dicken Kalanderplatten aufgelegt und diese mit der Hand und zweckgeformten Instrumenten luftfrei an die Metallfläche angedrückt werden. Die entstehenden Nähte der Kalanderplatte werden sorgfältig schräg geschnitten und vorsichtig miteinander verbunden. Löcher und Röhren in den Apparaturen werden mit den aus der Spritzmaschine gezogenen Halbfabrikaten belegt und die Ränder ebenfalls miteinander verbunden.

Das Belegen von Metallteilen mit Gummi muß sehr achtsam und genau vorgenommen werden, vor allem darf nicht eine Spur Luft zwischen Metall und Kautschukbelag eingeschlossen bleiben, da dieselbe nicht nur zerstörend auf den Kautschuküberzug einwirken kann, sondern sicher die Verbindung zwischen Metall und Kautschuk verhindert oder wenigstens schon in den kleinsten Mengen die Haftfestigkeit verringern kann.

Nach neueren Verfahren werden Kautschuküberzüge auf Metallbleche auch auf elektrolytischem Wege erzeugt. Diese Verfahren beruhen auf der Beobachtung, daß die Latexkügelchen elektrisch, und zwar negativ, geladen sind. Wenn man ein Bad verwendet, das außer der Kautschukemulsion noch die zur Vulkanisierung erforderlichen Materialien enthält, und einen Strom von etwa 110 Volt und einer Stromdichte von etwa 4 bis 5 Amp./qdm durch die Flüssigkeit gehen läßt, dann schlägt sich der Kautschuk in beliebiger Stärke in Form eines Belags nieder, der durchaus homogen ist, sich nur durch Gewalt von der Unterlage entfernen läßt, vor allem den mechanischen Beanspruchungen der Unterlage durchaus gewachsen ist, was insbesondere beim Arbeiten im Vakuum und bei Temperaturschwankungen große Vorteile bietet. Die Gefahr, daß sich Luft zwischen dem Metall und dem Kautschukbelag befindet und schädlich wirkt, wie bei den mechanisch plattierten Gegenständen, ist hier ausgeschlossen. Dieser Belag kann bis zu 135° C verwendet werden, Temperaturen oberhalb 150° verträgt er nicht. Seine chemische Widerstandsfähigkeit ist ebenso wie die der auf mechanischem Wege hergestellten Überzüge.

Die Vulkanisation, d. h. die Stabilisierung des Kautschuk-Schwefel-Systems geschieht fast ausschließlich durch Erhitzen in Dampf auf Temperaturen zwischen 100 und 140° C.

Die Gesamtzeit der Vulkanisation schwankt je nach der Stärke des Belages, je nach der Qualität und den gestellten Anforderungen zwischen 3 und 12 Stunden und kann unter Umständen 72 Stunden übersteigen.

Die Prüfungen der Hartgummibeläge werden ausgeführt durch Abklopfen und elektrische Prüfungen durch Funkeninduktoren. Diese Funkeninduktoren haben eine Überschlagsweite von 50 bis 60 mm zwischen stumpfen Spitzen. Geprüft wird durchschnittlich je nach Stärke der Gummierung, Qualität und Härte von 6 bis 26 mm Funkenlänge, und zwar jeder Teil meistens dreimal. Der gesamte Belag wird mittels Metallbürsten oder entsprechend der Form der belegten Gegenstände mittels gebogenen ähnlichen Instrumenten abgegriffen und auf Durchschlag der Funken beobachtet. Die Prüfung erfolgt zuerst beim fertig belegten Stück der Rohgummierung; nach dem Anheizen wird der primär vulkanisierte Belag nochmals geprüft, und zum dritten Male wird das fertige Stück nach dem Ausheizen und Auskühlen abgegriffen. Die kleinste Undichtigkeit, unsichtbare feinste Kanäle, die sich in der Gummierung befinden, werden dadurch rechtzeitig bemerkt und vermieden, und gerade durch diese elektrische Prüfung ist eine seltene Gewähr für einwandfreie Fabrikation gegeben.

Bei der Verwendung von Weichgummi und mittelhartem Gummi für die Technik handelt es sich im allgemeinen um Hilfsmittel, z. B. Dichtungen, Schläuche, Membranen, Puffer usw. Die Kosten dieser Hilfsmittel sind nicht sehr hoch, und dieselben können im Betrieb während der Arbeit leicht ausgewechselt werden. Anders steht es mit dem als Säure- oder Korrosionsschutz verwendeten Kautschukerzeugnissen. Diese dienen meistens als Bekleidung zum Schutze von Metallen und werden verwendet für kostspielige Apparate, Leitungen, Reaktionsgefäße aller Art, die eine absolute Haltbarkeit im Betrieb besitzen sollen oder doch zum mindesten eine relativ wirtschaftliche Haltbarkeit im Verhältnis zu anderen Werkstoffen. Tabelle 13 enthält relative Angaben über chemische Einwirkungen von Körpern auf Hartgummi, die ein ungefähres Bild der Beanspruchungsmöglichkeiten geben sollen.

Die Anwendungsmöglichkeit des Kautschuks als Schutz von Metallen liegt allgemein zwischen 0° und 110°C, selten bei höheren Temperaturen. Die Haltbarkeit gegen chemische Agenzien ist so vielseitig, daß sie nicht kurz formuliert werden kann. Die Verwendung ist nicht möglich bei direkten Quellungsmitteln des Kautschuks, starken Lösungsmitteln des Schwefels bei höheren Temperaturen und Säuren oder Mischsäuren, bei welchen der oxydierende Charakter überwiegt; ferner bei stark ätzenden und Wasser entziehenden Säuren (Monochloressigsäure und Schwefelsäure über 80 Proz. bei erhöhter Temperatur).

In den weitaus meisten Fällen sind in der Korrosionstechnik die Anforderungen an die Widerstandsfähigkeit gegen rein chemische Beanspruchungen des Hartgummis einigermaßen wirtschaftlich zu befriedigen. Das Schwergewicht liegt aber meistens neben der chemischen Beanspruchung in der Erfüllung physikalischer Beanspruchungen, z. B. der Haftfestigkeit am Metall (bei Schüttelwannen oder Waggonkesseln, beim Rangierverkehr usw.), Schleißanforderungen (Rührer usw.), elektrischen Beanspruchungen (Anoden, Verhütung von vagabundierenden oder galvanischen Strömen usw.), und es wird daher die Wahl des Kautschukmaterials, der Schwefelungsstoffe des-

Tabelle 13. Chemische Einwirkungen auf Hartgummi.

Körper	Kon-zentration °C	Höchst-temperatur	Einwirkung und Verwendung
HF-Gas feucht	—	bis 110°	gering ätzend
HF in Lösung	36 Proz.	110°	„ „
HCl-Gas feucht	—	110°	keine
HCl-Gas in Lösung	38,6 Proz.	110°	„
SO_2-Gas feucht	—	110°	gering, wirtschaftlich
H_2SO_3	konz.	110°	keine
SO_3-Gas feucht	—	50°	wirtschaftlich
H_2SO_4	80 Proz.	25°	„ Einquellung
	60 „	50°	gering, wirtschaftlich
	40 „	80°	keine
	20 „	110°	gering, wirtschaftlich
H_3PO_3	—	110°	„ „
H_3PO_4	—	110°	„ „
Stickoxyde NO, N_2O_3, N_2O_5 .			wechselnd, je nach Bean-
HNO$_2$	ca. 2 Proz.	bis 20°	spruchung, Leitung seit
HNO$_3$			Jahren in Betrieb
höh. Konz. bzw. über		20°	sofort zerstörend
Essigsäure	100 Proz.	80°	langsame Diffusion, wirt-schaftlich
Essigsäure im Gemisch mit Alde-hyden, Estern	—	80°	stärkere Diffusion, wirt-schaftlich
Organische Carbonsäuren, Fett-säuren	—	—	wechselnde Diffusion, wirt-schaftlich
Oxysäuren	—	—	wechs. Diff., wirtschaftlich
Monochloressigsäure	—	—	sofort zerstör. Diffusion!
H_2O_2	40 Proz.	25°	gering
H_2O_2 in alkal. Lösung	—	25°	„
H_2O_2, 60proz. H_2SO_4-Lösung . ($H_2S_2O_8$)	—	60°	wechselnd, wirtschaftlich
H_2CrO_4 13proz. H_2SO_4-Lösung . H_2CrO_7	10 Proz.	70°	„ „
Per-Salze-Borate-Silicate	—	—	gering
Alkalien	konz.	110°	keine
Schwefelalkalien	je nach S-Gehalt	80°	wechselnd, wirtschaftlich
Salze	konz.	110°	keine

selben, der evtl. Beimengungen und des Vulkanisiergrades in jedem Einzel-falle verschieden sein.

Die Industrien, die sich bisher des Hartgummis bedient haben, sind in der Hauptsache die chemische Großindustrie, die elektrochemische Industrie, die Papierindustrie, Seifenindustrie, Färberei- und Bleichereiindustrie, Kunst-seide- und Seidenspinnereiindustrie, Kunstleder- und Filmindustrie und viele andere Hilfsindustrien für Spezialzwecke.

Die Herstellung der Kautschukwaren für die Technik der chemischen In-dustrie erfordert ein scharfes Eingehen auf die jeweils vorliegenden Betriebsbedingungen, die naturgemäß der liefernden Firma eingehend angegeben werden sollten.

Die Weltgewinnung an Rohkautschuk betrug in 1000 kg:

$$
\begin{array}{ll}
1913. & 110\,180 \\
1925. & 510\,070 \\
1926. & 648\,240
\end{array}
$$

Die Preise für 1 kg Rohkautschuk betrugen:

$$
\begin{array}{lll}
1913 & \text{RM} & 5,71 \\
1925 & ,, & 4,82 \\
1926 & ,, & 3,20 \\
1927 & \text{etwa } ,, & 2,80
\end{array}
$$

11. Leder.

Leder ist tierische Haut, die durch Gerbung in einen haltbaren, geschmeidigen Stoff verwandelt worden ist. Unter Gerbung versteht man die Einverleibung von Stoffen, die der Hautsubstanz vor allem die Widerstandsfähigkeit gegen Fäulnis erteilen. Zu diesen Gerbstoffen gehören vegetabilische Stoffe, Chemikalien verschiedener Art und Fette. Je nach Anwendung des einen oder anderen Gerbstoffes unterscheidet man die Lohgerberei, die Mineralgerberei, die Fettgerberei und schließlich Kombinationsgerbung, bei der zwei oder mehr der genannten Stoffe verwendet werden. Die Rohhaut besteht aus drei Schichten, der Oberhaut (Epidermis), der Lederhaut (Corium) und dem Unterhautzellgewebe. In Leder verwandelt wird nur die Lederhaut. Daher besteht die Gerberei zunächst in der Entfernung der anderen Schichten. Die Häute werden geweicht und dadurch das Hautgewebe zum Aufquellen gebracht, sodann die Haare gelockert, was entweder durch den Schwitzprozeß (eine teilweise Fäulnis) oder durch das Äschern (Behandlung mit Kalk) ausgeführt wird. Es folgt die Enthaarung entweder von Hand oder maschinell. Der nächste Schritt ist die Entfernung des Unterhautzellgewebes und der anhängenden Fleisch- und Fettstücke, was zumeist maschinell erfolgt. Wenn man den Kalk vom Äschern durch Waschen mit Wasser und durch Behandeln mit Säuren oder durch Beizen entfernt hat, ist die Blöße, wie die Haut nunmehr genannt wird, zur eigentlichen Gerbung fertig. Bei der Lohgerbung wird die Blöße in wässerige Auszüge vegetabilischer Gerbmaterialien gebracht. Solche sind beispielsweise Eichenrinde, Fichten-, Weiden-, Birkenrinde, Quebrachoholz, Sumach, Valonea, Myrobalanen, Dividivi, Knoppern u. a. Die Extrakte werden entweder vom Gerber selbst hergestellt oder aus eigenen Gerbextraktfabriken bezogen, die sie mit verschiedenen Gehalten an Gerbstoff verkaufen. Flüssige Extrakte haben etwa 20 bis 35, teigförmige und feste 35 bis 70 Proz. Gerbstoff. Die Konzentration der Gerbbrühe wird allmählich gesteigert. Je nach dem Verwendungszweck des Leders wird Dauer der Behandlung und Konzentration der Gerbbrühe variiert. Demgemäß wird auch der wertvolle Teil der Haut (Kern oder Croupon) und die Abfallstücke (Schulter- und Bauchteile) gesondert gegerbt. Die Mineralgerbung geschieht mit Hilfe der basischen Salze des Aluminiums,

Chroms oder Eisens, doch hat die Chromgerbung die anderen Arten stark zurückgedrängt. Die Aluminiumgerbung oder Alaungerbung wird noch für wenige bestimmte Ledersorten angewendet. Die Eisengerbung hat noch keine praktische Anwendung gefunden. Bei der Chromgerbung wird die Gerbbrühe entweder aus Chromalaun oder Kaliumbichromat hergestellt. Chromalaun bekommt einen Zusatz von Soda, da erfahrungsgemäß die Aufnahme durch die Haut um so reichlicher ist, je basischer die Brühe ist. Auch bei dieser Gerbungsart (Einbadverfahren) wird die Brühe zunächst schwach gehalten und sodann stufenweise verstärkt. Nach der Gerbung werden die Häute einige Zeit auf dem Haufen liegen gelassen, sodann mit Wasser gut gewaschen, zur Abstumpfung freier Mineralsäure neutralisiert, schließlich gefärbt und gefettet. Nimmt man Kaliumbichromat als Gerbmaterial, so geschieht die Gerbung in zwei Bädern. Das erste besteht aus einer Lösung von Kaliumbichromat und Salzsäure, das zweite aus Reduktionsmitteln, hauptsächlich Thiosulfat. — Die Fettgerbung wird so ausgeführt, daß man die Blöße mit Tran bespritzt und in einer Kurbelwalke mechanisch bearbeitet. Diese Prozedur wird mehrmals wiederholt, wobei zwischen jeder Operation eine mehrstündige Kühl- und Trockenzeit eingeschaltet wird. Wenn das ursprünglich vorhandene Wasser vollständig durch Tran ersetzt ist, bleiben die Felle längere Zeit an warmen Orten in Haufen liegen, wobei eine Autoxydation des Trans stattfindet. Danach wird der Überschuß des oxydierten Trans durch Pressen entfernt. — Auf die Gerbung folgt die Zurichtung der Felle, die im Einfetten, Walken, Färben usw. besteht.

Das Leder wird in der chemischen Industrie ebenso wie in jeder anderen hauptsächlich zur Herstellung von Treibriemen verwendet. Eine weitere Anwendungsart sind die Lederdichtungen, wie sie beispielsweise an Pumpen usw. notwendig sind. Von Riemen verlangt man in erster Linie Festigkeit, Geschmeidigkeit und Dauerhaftigkeit. Es ist nicht Sache des Chemikers, in der chemischen Industrie die zur Kraftübertragung dienenden Riemen chemisch zu untersuchen, wohl aber kann er in die Lage kommen, bei der Auswahl von Riemen ein Urteil auf Grund mechanischer Prüfungsergebnisse fällen zu müssen. Es muß betont werden, daß die Häute Naturprodukte sind, die sich je nach der Lebensweise des Tieres verschieden verhalten. Desgleichen ist die Art der Verarbeitung nicht gleichmäßig. Es genügt infolgedessen nicht, zur Prüfung eine einzige Probe von einem langen Riemen abzuschneiden und die Prüfungsergebnisse als bindend für den ganzen Riemen zu betrachten. Es müssen mehrere Proben entnommen werden oder wie von *Kammerer* vorgeschlagen, Riemenprüfungen als Dauerversuche mit allmählich gesteigerter Belastung am ganzen unzerschnittenen Riemen auf besonderen Apparaten ausgeführt werden. Die Zerreißfestigkeit wird entweder in Kilogramm auf 1 qmm Querschnitt oder als sog. Reißlänge (s. oben) angegeben. Die erstere Größe ist exakter und leichter zu verstehen. Die Dehnung mißt man in Prozenten der Länge des Probestückes. Von guten Riemenledern verlangt man eine Mindestzerreißfestigkeit von 3 kg/qmm. Pflanzlich gegerbtes Leder hat eine mittlere Zerreißfestigkeit von 3 kg, chromgares und fettgares 6 bis 7 kg für 1 qmm. Hat man die Wahl zwischen zwei Riemenledern von gleicher Festigkeit, dann bevorzugt man dasjenige, das die geringere Dehnung besitzt.

Für die Dauerprüfung hat man Riemenprüfanlagen[1] aufgestellt, auf denen man bei verschiedenen Achsabständen Dauerversuche mit Leistungen bis zu 100 PS und mit Geschwindigkeiten bis zu 30 m pro Sekunde ausführen kann. Eine solche Anlage besteht beispielsweise aus einem fest montierten Gleichstrommotor, der mit einem Spannrollengetriebe über eine Vorgelegewelle mit dem Versuchsriemen einen Generator antreibt, vor dem eine gleiche Vorgelegewelle mit Spannrollentrieb liegt. Die Versuche können mit Riemenscheiben verschiedenen Durchmessers sowohl bei unveränderlichem Achsabstand, wobei die Riemenspannung sich mit der Dehnung des Riemens ändert, als auch bei unveränderlichem Achsdruck ausgeführt werden. In letzterem Falle ist das Gestell des Generators in der Achsrichtung des Riemens beweglich angeordnet. Bei den Versuchen wird bei verschiedenen Geschwindigkeiten die durch den Riemen übertragbare Leistung und der Wirkungsgrad unter gleichzeitiger Messung des Schlupfes ermittelt.

Die deutsche Erzeugung an Leder für technische Zwecke[2] war 1925 in 1000 kg:

<pre>
lohgar 4 746
chromgar   862
weißgar   24
sämisch, fettgar und anderes . .   457.
</pre>

Die Preise für Ledertreibriemen werden gemäß den Beschlüssen des Reichsausschusses für Lieferbedingungen vom 9. November 1926 in Pfennigen aus Breite mal Dicke des Riemens in Millimeter mal nachstehender Wertzahl (Januar 1928) berechnet:

	Wertzahl	
	6 mm und mehr	unter 6 mm
Naß gestreckte Riemen, reine Grubengerbung	1,65	1,58
Naß gestreckte Riemen, gemischte Gerbung	1,49	1,40
Trocken gestreckte Riemen, gemischte Gerbung	1,31	1,23
Gewöhnliche Riemen aus gewöhnlichem Leder	1,17	1,14

Die Wertzahlen schwanken nach den Marktpreisen.

12. Kunstharz.

Die hohe Säurewiderstandsfestigkeit, welche die aus Phenolen und Formaldehyd hergestellten Kondensationsprodukte, insbesondere das Bakelit, aufweisen, legte bald ihre Verwendung in der chemischen Apparatur nahe. Zu einer Anwendung für große Apparate kam es aber nicht. Im allgemeinen wurde das Bakelit nur zum Auskleiden und Überziehen anderer Materialien verwendet. Erst neuerdings ist ein Material bekanntgeworden, welches

---

[1] *G. Fiek:* Die Meßtechnik, III, S. 288/89. 1927.
[2] Statistisches Jahrbuch f. d. Deutsche Reich 1927.

unter Verwendung von **Bakelit** zu großtechnischen Apparaten verarbeitet wird. Es ist das sog. **Haveg** der Säureschutz G. m. b. H. Berlin. Dieses Material besteht aus verfilzten, säureunlöslichen Fasern, die in unschmelzbares und unlösliches Bakelit dicht und gleichmäßig eingebettet sind. Die säurefesten Fasern sind Asbest. Aus dieser Masse werden nun die verschiedensten Apparate und Apparateteile hergestellt: Behälter, Schalen, Reaktionstürme, Kolonnen, Filterpressenplatten und -rahmen, Rührer, Rohre und Krümmer, Trockenhorden und vieles andere (Fig. 48). Wenn die Gegenstände auf Druck oder sonst irgendwie mechanisch besonders beansprucht werden, erhalten sie Eisenversteifungen. Das spez. Gewicht von Haveg beträgt 2,0, die Druckfestigkeit etwa 800 kg und die Biegefestigkeit etwa 440 kg pro qcm. Groß ist auch seine Widerstandsfähigkeit gegen plötzlichen Stoß, Schlag und Fall, was

Fig. 48.

sich durch die Zähigkeit der beiden Komponenten unschwer erklären läßt. Die Apparate können bis etwa 130° C benutzt werden. Plötzliches Erhitzen oder Abkühlen hat keinerlei Wirkung auf das Material. Es gibt auch besondere Qualitäten, die bei noch höheren Temperaturen gebraucht werden können. In chemischer Beziehung zeichnet sich dieses Material durch besondere Widerstandsfähigkeit gegen kalte und heiße Salzsäure von jeder Konzentration aus. Eine vierwöchige Einwirkungsdauer zeigte bei Probekörpern nur Gewichtsverluste von 0,5 bis 1,15 Proz. Gegen verdünnte Schwefelsäure ist das Material bis zu 50 Proz. gut beständig. Flußsäurefest ist Haveg wegen seines Asbestgehaltes nicht, doch wird neuerdings auch ein Material hergestellt, bei dem Asbest durch ein anderes Füllmittel ersetzt ist, so daß die Masse dann auch Flußsäure Widerstand leisten kann. Eine gute Widerstandsfähigkeit wurde auch festgestellt gegen Metallsalze wie Chlorzink, Chlormagnesium, Kupfervitriol usw. bei allen Konzentrationen und Temperaturen. Sehr wichtig ist die Chlorfestigkeit sowie diejenige gegen Schwefel in geschmolzenem Zustande. Organische Säuren greifen das Material nicht an bis auf hochkonzentrierte Ameisensäure. Ebenso unempfindlich ist das Material gegen die gewöhnlichen organischen Lösungsmittel. Angriffen starker anorganischer Alkalien, wie Natron- und Kalilauge, sowie organischer Basen, Anilin, Pyridin, leistet das Material keinen Widerstand. Ebenso wird es durch Salpetersäure, Brom- und Chromsäure angegriffen.

Ebenfalls aus einem Kunstharzgemisch besteht der sog. Havegit, ein Kitt, der zur Dichtung, Ausmauerung und Reparatur von Säurebauten und anderen, chemischen Angriffen ausgesetzten Anlagen und Apparaten bestimmt ist. Seine Widerstandsfähigkeit stimmt mit der des Haveg überein. Ebenso wie dort gibt es auch da zwei Qualitäten, von denen die eine wegen des Asbestgehaltes gegen Flußsäure nicht widerstandsfähig ist, während die andere als Füllmaterial flußsäurefeste Mineralien enthält und somit dort verwendet werden kann, wo Flußsäure erzeugt oder mit derselben gearbeitet wird.

13. Wärme-Isolierstoffe.

Zur Vermeidung von Kälte- oder Wärmeverlusten an Apparaten, die gegen ihre Umgebung ein hohes Wärmegefälle haben und entweder, wenn sie wärmer sind als die Umgebung, durch Abstrahlung und Leitung Wärme abgeben, oder, wenn sie kälter als die Umgebung sind, von dieser Wärme aufnehmen, umgibt man sie mit Stoffen, die eine geringe Wärmeleitfähigkeit besitzen. Die Prüfung und Bewertung dieser Stoffe wird auf ähnliche Weise vorgenommen, wie dies im Abschnitt „Thermische Eigenschaften" geschildert worden ist. Als solche Wärmeschutzstoffe werden folgende Materialien verwendet:

Asbest. Über die Herstellung und Veredlung des Asbests ist bereits gesprochen worden. An dieser Stelle wäre nur nachzutragen, daß seine Leitfähigkeit bei 0° 0,130, bei 100° 0,167 beträgt.

Kieselgur oder Infusorienerde besteht aus mikroskopischen Kieselpanzern von Diatomeen. Für Isolierzwecke wird sie entweder lose verwendet oder zu Kieselgursteinen gebrannt. Ihre Wärmeleitfähigkeit ist bei 0° 0,064, bei 100° 0,078.

Auch Ziegelmauerwerk wird zuweilen zur Wärmeisolierung angewendet, doch ist seine Wärmeleitzahl sehr hoch, 0,35 bei 0°.

Ebenso findet der rheinische Bimskies zuweilen Anwendung, der aus Bimssteinschuttmassen durch Absiebung gewonnen wird. Doch ist auch dessen Wärmeleitzahl —0,20 bei 0° — ziemlich hoch, so daß er zumeist nur in Form von Steinen zur Isolierung von Räumen verwendet wird, weniger für technische Zwecke, wo höhere Temperaturunterschiede auftreten.

Von sonstigen anorganischen Stoffen werden Hochofenschaumschlacke und die sog. Schlackenwolle als Isoliermittel viel angewendet. Ihre Wärmeleitzahl beträgt 0,095 bei 0°.

Von organischen Stoffen kommt zunächst Korkmehl mit einer Wärmeleitzahl von 0,031 bei 0°, 0,041 bei 100° und die daraus hergestellten Steine in Betracht. Letztere besonders wegen ihres geringen spez. Gewichtes. Asphaltierter Korkstein hat ein spez. Gewicht 0,35, der sog. Expansitkorkstein nur 0,17.

Kork ist die Außenrinde der immergrünen Korkeiche (Quercus suber L.). Der Kork wird so gewonnen, daß von dem Baum die Borke durch Anschneiden und Klopfen in einzelnen Platten abgenommen wird, welch letztere in aufgeschichtetem Zustande an der Luft getrocknet werden. Um sie geschmeidig zu machen, behandelt man sie kurze Zeit mit Wasserdampf, schabt und trocknet sie, worauf man sie glatt beschneidet. Zur Herstellung der Isolierkorkmehle werden in erster Linie die Abfälle von der Flaschenkorkfabrikation benutzt. Diese Abfälle werden zur Herstellung der Korksteine mit entsprechenden Bindemitteln, die sich dem Verwendungszweck anpassen müssen, zu Steinen gepreßt. — Der Expansitkorkstein ist ein durch Erhitzen geschwellter Kork, der ein besonders niedriges spez. Gewicht hat. — Kork wird zumeist aus Spanien und Südfrankreich eingeführt. Auch Nordafrika produziert einen großen Teil des eingeführten Korks.

Sehr bequem zu handhaben ist auch Baumwolle und Seide. Bei letzterer verbietet der hohe Preis eine ausgedehntere Anwendung.

Allgemein müssen Qualität und Stärke der Isolierung so gewählt werden, daß die Kosten für Verzinsung und Amortisation der Isolierung gegenüber denen für die Erzeugung der verlorenen Wärme ein Minimum werden. Die Auswahl muß ferner die Art der Anwendung berücksichtigen. Für heiße Leitungen oder Kessel eignen sich nicht solche Stoffe, die bei den auftretenden Temperaturen sich zersetzen, also, allgemein gesagt, die organischen Stoffe. Für solche Zwecke verwendet man die genannten mineralischen Materialien. Es soll nicht unerwähnt bleiben, daß bei Kälteleitungen die Isolierungen gleichzeitig die Feuchtigkeit abhalten müssen. Die eindringende Außenluft bringt Feuchtigkeit mit, die sich auf den Rohren und innerhalb der Isolierschicht niederschlägt und einerseits die Wärmeleitung beträchtlich erhöht, andererseits durch Gefrieren die Isolierschichten zerreißt. Man verwendet für solche Fälle sehr gern mit Pech imprägnierten Korkstein, den man außerdem umwickelt und mit Ölfarbe streicht.

II. Metalle.

Liegt die hauptsächlichste Bedeutung der eben beschriebenen nicht-
metallischen Werkstoffe in ihrer chemischen Widerstandsfähigkeit, die sie
für viele Zwecke unentbehrlich macht, so haben die Metalle vor allem den
Vorteil der leichten Verarbeitung für sich. Die Verarbeitung zu den notwendigen Gegenständen kann erfolgen zunächst durch Gießen. Das geschmolzene Metall wird in eine Form gegossen und erstarrt darin. Je niedriger
der Schmelzpunkt eines Metalls ist, desto leichter wird sich diese Art der
Formgebung anwenden lassen. Sehr wesentlich ist dabei die Volumveränderung, die das Metall beim Schmelzen und beim Erstarren erleidet. Je größer
die bei der Abkühlung auftretende Volumveränderung ist, desto leichter
entstehen in dem erstarrten Gußstück Hohlräume (Lunker) oder gefährliche
Spannungen. Eine weitere Verarbeitungsart, die mechanische, läßt sich zu-
sammenfassen in den Begriff der Schmiedbarkeit. Die Metalle lassen sich
bei hoher Temperatur durch mechanische Einwirkungen von Hämmern,
Pressen, Walzen, Ziehmaschinen in ihrer Form beliebig ändern, ohne den
Zusammenhang zu verlieren. Sie lassen sich aber auch bei gewöhnlicher
Temperatur durch mechanische Einwirkung umformen. Während aber die
Formbarkeit bei hoher Temperatur an keinerlei Grenzen gebunden ist, läßt
sich das Metall in der Kälte nur bis zu einem gewissen Grade formen. Ist
dieser Punkt erreicht, wird das Metall hart und brüchig. Schließlich läßt
das Metall seine Form ändern durch Abtrennen und Zusammenfügen. Das
Abtrennen erfolgt beispielsweise durch Schneiden. Schneidbar ist ein Metall,
das sich durch Schneidwerkzeuge in regelmäßiger Weise zertrennen läßt.
Vereinigen lassen sich Metalle durch Schweißen, d. i. durch Aufeinander-
pressen bei hoher Temperatur. Das Schweißen erfolgt entweder durch
Hämmern der heißen Teile, wobei auf die Oxydfreiheit der Schweißfläche
besonders Gewicht gelegt werden muß, oder mit Hilfe einer reduzierenden
Gasflamme und Zugabe von Metall (autogenes Schweißen) oder durch Erhitzen auf elektrischem Wege. — Diese leichte Verarbeitung macht die
Metalle hervorragend geeignet zum Apparatebau, insbesondere, da sie häufig
erst an Ort und Stelle zusammengebaut und miteinander mehr oder weniger
fest verbunden werden können. Sie können ebenso leicht wieder abgebaut
und repariert werden. Ihre mechanische Widerstandsfähigkeit verleiht ihnen
eine hohe Betriebssicherheit. Sie können weit mehr als Apparate aus den
bisher beschriebenen Werkstoffen auf Zug, Druck, Biegung, Verdrehung
und Stoß beansprucht werden. Diesen hervorragenden mechanischen Eigen-

schaften steht ihre leichte chemische Angreifbarkeit gegenüber. Was Wunder, daß man schon seit einigen Jahrzehnten eifrig bestrebt ist, auch ihre chemische Widerstandsfähigkeit zu erhöhen, so daß sie in jeder Beziehung als geeignete Werkstoffe für den Bau chemischer Apparate Anwendung finden können.

1. Eisen.

Das Eisen ist das wichtigste aller Metalle. Man muß unterscheiden zwischen dem **chemisch reinen Eisen** und dem **gewerblichen Eisen**. Das erstere, das für die Technik bis jetzt noch keinerlei Bedeutung erlangt hat, wird entweder durch Reduktion von reinem Eisenoxyd mit Wasserstoff oder durch Elektrolyse wässeriger Eisensalzlösungen hergestellt: es besitzt nur eine geringe Härte, hingegen sehr gute elektrische Eigenschaften, von denen aber infolge des hohen Preises des reinen Eisens in der Elektrotechnik kein Gebrauch gemacht wird[1]. Das **gewerbliche Eisen** ist kein reines Metall, sondern eine Legierung des Eisens mit anderen, zum Teil absichtlich hinzugegebenen, zum Teil bei der Herstellung infolge der hohen Temperatur eingetretenen und nicht immer willkommenen Elementen. Solche sind Kohlenstoff, Silicium, Phosphor, Schwefel, Mangan, Sauerstoff, Wasserstoff und Stickstoff. Diese Bestandteile treten am reichsten im Roheisen auf. Erst die nachträglichen Reinigungsprozesse entfernen die Verunreinigungen ganz oder teilweise, wodurch das Eisen dann die notwendigen technischen Eigenschaften erhält.

Als Rohstoffe für die Eisenerzeugung kommen nur Eisenerze in Frage. Um dem Eisen den notwendigen Mangangehalt zu geben, der in den Eisenerzen nicht vorhanden ist, werden daneben auch Manganerze verhüttet. Das Eisen kommt in der Natur vor als Oxyd, Hydroxyd, Sulfid, Carbonat. Regelmäßig sind diese Erze begleitet von Kieselsäure, Kalk, Tonerde, Magnesia, Mangan, Wasser, Phosphorsäure. Die wichtigsten Manganerze sind Manganite, Manganspate und vor allem Braunstein. Das erste ist ein Carbonat, das zweite ein Oxydhydrat und das dritte ein Oxyd. In der folgenden Tabelle sind Analysen einiger typischer Erze angeführt (Tabelle 14).

Die Erze kommen entweder in stückiger, fester (Spateisenerze, Magneteisenerze) oder in mulmiger oder feinkörniger Form (Raseneisenerz, Brauneisenerz, Minette) vor. Die letzteren werden zum Zwecke der Verhüttung zunächst agglomeriert, was entweder durch Brikettieren mit Hilfe von Bindemitteln oder durch Sintern geschieht. Carbonate und Sulfide werden vor dem Einbringen in den Hochofen abgeröstet, d. h. die darin enthaltene Kohlensäure bzw. der Schwefel durch Erhitzen mit Luft entfernt und das Eisen in Oxyd verwandelt. Je nachdem, ob in den Erzen die Kieselsäure oder die

---

[1] Neuerdings ist eine dritte Erzeugungsart reinen Eisens bekanntgeworden: *A. Mittasch* berichtete auf der 41. Hauptversammlung des Vereins deutscher Chemiker über das durch thermische Zersetzung des Eisenpentacarbonyls $Fe(CO)_5$ hergestellte „Carbonyleisen", das außer ganz geringen Mengen von Kohlenstoff keine Verunreinigungen enthält. Ob dieses Eisen, das sowohl in stückiger oder pulveriger Form wie auch in Form von Blechen erhalten werden kann, berufen ist, im Bau chemischer Apparate eine Rolle zu spielen, erscheint noch ungewiß.

basischen Oxyde im Überschuß sind, bezeichnet man die Erze als saure oder basische. Danach richtet sich beim Verhüttungsprozeß die Menge und Qualität der Zuschläge. Diese haben den Zweck, die Nichteisenbestandteile in eine leichtflüssige Schlacke zu verwandeln. Als Brennstoff dient in erster Linie Steinkohlenkoks, der an die Stelle der früher verwendeten Holzkohle getreten ist. Auch Torfkoks wird in gewissen Gegenden verwendet. Sein Vorteil besteht in seiner hervorragenden Schwefelreinheit. Der zur Eisenverhüttung verwendete Hochofen ist ein Schachtofen von etwa 18 bis 28 m Gesamthöhe, dessen Schacht sich nach unten zunächst erweitert, sich sodann wieder verjüngt und in einem zylindrischen Teil nach unten endet. Diese Form ist veranlaßt durch die Volumveränderungen, die einerseits die eingesetzten Massen, andererseits die gebildeten Gase im Ofen durchmachen. Der obere Teil des Ofens heißt Schacht, die obere Schachtöffnung die Gicht, der untere nach unten sich verjüngende Kegel die Rast, die Berührungsebene von Schacht und Rast der Kohlensack. Der unterste zylindrische Teil wird Gestell genannt. Unmittelbar unter der Rast münden die Öffnungen zur Einführung des Gebläsewindes, die sog. Formen, ein. Die Ebene, in der diese Formen liegen, heißt Formenebene. Unterhalb der Windformen sind die Schlackenformen angebracht, Öffnungen, aus denen die Schlacke abfließt; im untersten Teil des Gestelles befindet sich der Eisenstich, eine im allgemeinen verschlossene Öffnung, durch die in gewissen Zeitabständen das flüssige Eisen abfließt, „abgestochen wird". Der Ofen ist in der Hauptsache aus feuerfesten Steinen gebaut, die um so feuerfester sein müssen, je näher sie den Windformen liegen. Außen ist der Ofen mit Blech gepanzert. Die Windformen bestehen aus Bronze oder Kupfer und werden mit Wasser gekühlt. Die Windleitung ist ringförmig um das Gestell gelegt. Von der Rohrleitung werden die Formen durch die sog. Düsenstöcke, knieförmige Rohre, gespeist. Die Gicht ist mit einem doppelten Verschluß versehen, durch welchen die Beschickung, der „Möller" und der Brennstoff in den Ofen eingebracht werden.

Der Zweck der Hochofenarbeit ist die Reduktion der Oxyde zu Metall. Zu diesem Zwecke wird der kohlenstoffhaltige Brennstoff zugesetzt. Durch die eingeblasene Luft, den Wind, wird der feste Brennstoff zu Kohlenoxyd vergast, dieses Kohlenoxyd wirkt auf das Eisenoxyd nach den Formeln

1. $Fe_2O_3 + CO = 2\,FeO + CO_2$,
2. $FeO + CO = Fe + CO_2$,
3. $Fe_2O_3 + 3\,CO = 2\,Fe + 3\,CO_2$ ein, doch kommt auch eine Einwirkung des Kohlenstoffs direkt auf das Eisenoxyd im Ofen vor,
4. $FeO + C = Fe + CO$ bzw.
5. $2\,FeO + C = 2\,Fe + CO_2$.

Bezeichnet man die Formeln 1 bis 3 als indirekte Reduktion, so muß man die nach Formel 4 als direkte und die nach Formel 5 als gemischte Reduktion bezeichnen, letztere deswegen, weil sie die Merkmale der direkten als auch der indirekten Reduktion in sich vereinigt. Nach dem Verlassen

Tabelle 14. Zusammensetzung

	Fe	SiO$_2$	Al$_2$O$_3$	Rück-stand	CaO	MgO	Mn
Spateisenerze.							
Ungeröstet: Siegerländer (Struthütten)	38,9	0,22	—	—	0,7	0,5	9,2
Steirischer Erzberg . . .	38,9	8,2	2,1	—	3,1	2,9	2,1
Röstspat: Siegerland, Jahresdurch- schnitt	43,9	10,6	3,5	—	0,8	5,5	7,7
Steiermark, Erzberg . .	44,6	—	—	16,7	—	—	2,8
Sphärosiderite, Toneisenstein und Kohleneisensteine.							
Sphärosiderit aus Yorkshire	28,8	19,1	7,4	—	2,9	2,3	0,74
Toneisenstein aus Cleveland	28,9	10,2	7,0	—	6,6	3,7	0,70
Kohleneisenstein aus Staffordshire . .	36,2	1,9	1,2	—	2,4	1,4	2,0
Roteisenerze.							
Deutschland: Aus Wetzlar	51,7	23,2	—	—	1,4	—	—
Italien: Elba (Eisenglanz)	63,0	6,0	3,5	—	0,2	0,3	0,05
Griechenland: Thebeserz	52,3	6,4	—	—	0,6	—	—
Rußland: Krivoi-Rog	58,9	7,9	4,6	—	0,2	0,2	0,2
Nordamerika: Mesabi (Oberer See) .	55,0	4,0	1,8	—	0,5	—	0,6
Brauneisenerze.							
Deutschland: Brauneisen von der Lahn	40,6	—	4,4	12,8	2,0	—	1,2
Hüggel bei Osnabrück .	37,0	15,2	3,3	—	8,6	—	2,0
Spanien: Bilbao	47,2	—	0,3	13,5	0,3	0,2	1,0
Raseneisenerze und See-Erze.							
Schwedisches See-Erz	46,0	7,1	5,1	—	0,8	0,2	2,7
Minetten u. a. oolithische Eisenerze							
Kieselige Minette aus Esch	35,1	—	5,1	12,8	5,4	0,8	0,35
Kalkige „ „ „	23,7	—	3,8	6,9	20,9	0,5	0,29
Magneteisenerze.							
Schweden: Grängesberg	59,9 b. 62,6	4,0 bis 5,9	0,77	—	4,38	1,7	0,15
Gellivara (Lappland) . .	61,3 b. 67,3	2,9 bis 7,0	1,1 bis 2,2	—	1,4 bis 2,3	0,4 bis 1,3	0,17
Kirunavara (Lappland) .	60,8 b. 69,8	1,5 bis 2,2	0,0 bis 0,5	—	0,8 bis 5,5	0,3 bis 0,9	0,16 b. 0,34
Ehem. Österreich-Ungarn: Reschitza .	63,7	6,6	0,3	—	1,1	—	0,17

**Eisenerze künstlichen Ursprungs,
  d. h. als Nebenerzeugnisse bei
  anderen Verfahren gewonnen.**							

Purpurerz (Purpleore) aus Rio-Tinto- Kiesen gewonnen	61,6	6,6	3,3	—	0,3	0,2	0,1
Rennschlacke	45,3	23,4	3,0	—	1,8	0,6	7,6
Frischfeuerschlacke (Frankreich) . . .	57,0	14,0	10,5	—	0,3	1,3	0,76
Belgische Puddelschlacke	55,5	11,0		—	0,5		0,5
Martinschlacke	16,8	—	—	18,3	40,7	—	8,0
Schweißschlacke	52,2	—	—	28,4	—	—	—
Walzsinter	64,3	—	—	11,5	—	—	—

einiger Eisenerze.

P	S	Cu	Zn	Pb	CO_2	Glühverlust	Feuchtigkeit	Bemerkungen
Spur	0,03	0,03	—	—	—	—	—	
0,017	Spur	Spur	—	—	—	27,6	—	
—	—	—	—	—	—	2,4	8,1	Bei 100° getrocknet
0,022	Spur	Spur	—	—	—	—	—	
0,21	0,10	—	—	—	25,4	—	2,1	
0,50	0,10	—	—	—	22,0	—	11,0	Im feuchten Zustand
0,29	0,18	—	—	Kohle 10,5	30,8	—	1,5	
0,2	Spur	—	—	Pb —	—	1,2	—	Bei 100° getrocknet
0,01	0,17	—	—	—	—	—	—	
0,016	1,97	0,31	0,18	0,11	—	Cr 2,51	Ni 0,25	Bei 100° getrocknet Vielfach As-haltig
0,03	—	—	—	—	—	—	—	Bei 100° getrocknet Mit Magneteisenstein vermischt
0,04 b. 0,08	0,01	—	—	—	—	Glühverlust 5,0	Feuchtigkeit 10,0	Im feuchten Zustand Mit Magneteisenstein vermischt
0,4	0,1	—	—	—	—	7,6	12,0	Im feuchten Zustand
0,03	0,09	—	0,6	—	—	—	—	Bei 100° getrocknet
0,03	0,07	—	—	—	—	10,0	6,7	Im feuchten Zustand
0,5	Spur	—	—	—	—	16,2	—	Bei 100° getrocknet
0,77	—	—	—	—	—	12,7	9,6	Im feuchten Zustand
0,50	—	—	—	—	—	23,8	9,0	
1,17 b. 1,55	—	—	—	—	—	—	—	Bei 100° getrocknet. Das Grängesberger Erz ist immer P-reich
0,009 b. 1,14	—	—	—	—	—	—	—	Bei 100° getrocknet. Die Klasse A ist P-arm, die Kl. B bis E P-reich
0,05 b. 2,3	0,04	—	—	—	—	—	—	Bei 100° getrocknet. Etwa $\frac{1}{10}$ der Erze ist P-arm, $\frac{9}{10}$ P-reich
Spur	—	Spur	—	—	—	—	—	Bei 100° getrocknet.
0,03	0,33	0,25	0,10	0,51	—	—	20,1	
0,97	—	—	—	—	—	—	—	
1,72	0,067	—	—	—	—	—	—	
4,0	—	—	—	—	—	—	—	Bei 100° getrocknet
0,66	—	—	—	—	—	—	—	
0,57	—	—	—	—	—	—	—	
0,40	—	—	—	—	—	—	—	

Tabelle 14. Zusammensetzung

	Fe	SiO_2	Al_2O_3	Rückstand	CaO	MgO	Mn
Konverterauswurf	29,6	6,1	—	—	36,3	—	4,6
Rückstände bei der Anilinerzeugung .	48,0	—	—	3,5	—	—	0,5
Manganerze.							
Fernie bei Gießen	23,0	25,0		—	1,0		19,5
Poti im Kaukasus	1,4	12,0		—	Spur		50,0
Indisches Manganerz (Gosalpur) . .	1,41	3,27	—	—	—	—	54,29
Griechisches Manganerz	36,2	7,2	0,6	—	4,9	0,8	13,3
Zuschläge.							
Kalkstein von der Lahn	—	—	1,0	2,3	55,5	—	—
Belgische Phosphatkreide	0,9	0,8	—	—	57,4	—	—

des Ofens, also nach getaner Reduktionsarbeit, haben die Gichtgase immer noch einen Kohlenoxydgehalt von etwa 30 Proz., wozu noch geringe Mengen von Wasserstoff und Kohlenwasserstoffen kommen. Während früher diese Gase ungenützt zur Gicht hinausbrannten, wird ihr Wärmegehalt jetzt allgemein verwertet. — Der Ofengang kann kontrolliert werden sowohl durch die Menge und Beschaffenheit des Eisens und der Schlacke als auch durch die Zusammensetzung der an verschiedenen Stellen entnommenen Gase. Auf Grund dieser Beobachtungen kann dann der Prozeß beeinflußt werden. Von den angeführten Reduktionsarten erfordert die gemischte die geringste Brennstoffmenge, es folgen die reine indirekte und die direkte Reduktion. Um den Brennstoffverbrauch möglichst zu vermindern, wird der Wind erhitzt. Die Erhitzung geschieht, indem durch Verbrennung eines Teiles der gebildeten Gichtgase in den sog. Winderhitzern eingebautes feuerfestes Mauerwerk zur Glut gebracht wird, worauf der kalte Wind durch dieses erhitzte Mauerwerk streicht und die Wärme aufnimmt. Das Gichtgas wird inzwischen in einen zweiten gleich gebauten Winderhitzer geleitet. Dieses Spiel wiederholt sich in gleichmäßigen Abständen.

Den regelmäßigen Gang der Reduktionsvorgänge im Hochofen nennt man Gargang. Unregelmäßigkeiten werden als Rohgang bezeichnet. Die Änderung der Betriebsbedingungen des Ofens beeinflußt zunächst die Temperatur, sodann die Art der Umsetzung und damit die Zusammensetzung von Roheisen und Schlacke. Zu den Betriebsbedingungen gehört beispielsweise das Gewichtsverhältnis von Brennstoff zum Möller. Eine Verringerung der Brennstoffmenge setzt die Temperatur im Gestell herunter, verlangsamt die Reaktionsgeschwindigkeiten, so daß auch die Reduktion der Eisenoxyde nicht vollständig erfolgt. Letztere finden sich dann in der Schlacke. Die Steigerung der Brennstoffmengen hat eine Erhöhung der Temperatur zur Folge, so daß auch die höher liegenden Schichten im Ofen zu stark erhitzt werden, sich vorzeitig Schlacke bildet und die indirekte Reduktion der direkten Platz machen muß. Dadurch wird die Wirtschaftlichkeit des Ofenganges ungünstig beeinflußt. Für den Ofengang hat auch die Beschaffenheit der

einiger Eisenerze (Fortsetzung).

P	S	Cu	Zn	Pb	CO_2	Glüh-verlust	Feuch-tigkeit	Bemerkungen
4,0	—	—	—	—	—	—	—	Bei 100° getrocknet
0,5	—	—	—	—	—	—	20,0	Im feuchten Zustand
0,1	—	0,08	—	—	—	—	20,0	Bei 100° getrocknet
0,17	—	Spur	—	—	—	—	9,0	{ Bei 100° getrocknet 3 Proz. $BaSO_4$ + $BaCO_3$
0,16	—	—	—	—	—	—	—	} Bei 100° getrocknet
0,20	—	0,076	1,58	0,07	As 0,012	—	5,2	
—	—	—	—	—	CO_2 41,2	—	—	} Bei 100° getrocknet
5,9	—	—	—	—	—	—	—	

Erze große Bedeutung. Je größer die Oberfläche, desto größer die Angriffsfläche für das Reduktionsgas, daher poröse Erze sich leichter reduzieren lassen als dichte. Allzu große Porosität ist wegen der leichten Zerreiblichkeit schädlich, weil das so zerkleinerte Erz den Ofen verstopft und die Gase nur schwer durchläßt. Über die Bedeutung der Windtemperatur ist bereits gesprochen worden. Die Feuchtigkeit des Windes, die zur endothermisch verlaufenden Wassergasbildung Anlaß gibt, verursacht einen Temperaturabfall im Gestell und damit die Notwendigkeit erhöhter Brennstoffzufuhr. Auch macht sich die oxydierende Eigenschaft des Wasserdampfes unangenehm bemerkbar. Vielfach wird der Wind deshalb getrocknet, wozu in neuester Zeit Kieselsäuregel mit Erfolg verwendet wird. — Die in den Eisenerzen vorhandenen Nichteisenoxyde, ferner die Bestandteile des Brennstoffs und der Zuschläge unterliegen ebenfalls der Reduktion und treten, wie bereits oben erwähnt, teils als elementare Verunreinigungen, teils als Verbindungen mit dem Eisen in das flüssige Metall. Ferner wird auch der Kohlenstoff des Brennstoffs vom Eisen gelöst. Auf diese Weise besteht das den Ofen verlassende Roheisen nur zum Teil aus reinem Eisen, zum andern Teil ist das Eisen verbunden mit dem Kohlenstoff zu Carbiden, mit dem Silicium zu Siliciden, mit dem Schwefel zu Schwefeleisen usw., oder es sind diese Elemente als solche im Eisen gelöst und krystallisieren bei gewissen Temperaturen aus dem Eisen aus. Das Eisen selbst gehört zu jenen Elementen, die in verschiedenen Modifikationen vorkommen, so zwar, daß die einzelnen Formen bei bestimmten Temperaturen in die andern übergehen. So unterscheidet man

    1. α-Eisen, unterhalb 768°,

    2. β-Eisen von 768 bis 898°,

    3. γ-Eisen von 898 bis 1401°,

    4. δ-Eisen von 1401 bis 1429°.

Das Vorhandensein der gelösten Verunreinigungen hat eine Erniedrigung der Schmelztemperatur des Eisens zur Folge. Beim Erstarren scheiden sich aus der Schmelze Mischkrystalle aus, die beispielsweise weniger Kohlenstoff haben als der noch flüssige Rest des Eisens. Mit sinkender Temperatur scheiden sich immer mehr Krystalle ab, bis schließlich nach vollständiger Erstarrung die Masse aus einheitlichen Mischkrystallen besteht, die die gleiche Zusammensetzung haben wie die ursprüngliche Schmelze. Diese Krystalle, und damit der Aufbau des Eisens, lassen sich am besten beobachten, wenn man ein Metallstück eben durchschneidet, poliert und leicht anätzt. Dann lassen sich, infolge der durch die Ätzung sichtbar gemachten Trennungslinien, die Gefügebestandteile im auffallenden Licht unter dem Mikroskop gut erkennen (siehe Metallographie). Alle beim Erstarren entstehenden Bestandteile tragen ihre bestimmten Namen. So wird das reine Eisen als Ferrit (Fig. 49, Taf. I) bezeichnet, das Eisencarbid Fe_3C heißt Zementit, die Mischkrystalle von γ-Eisen und Eisencarbid Austenit (Fig. 50, Taf. I), das aus einem Gemenge von Austenit- und Zementitkryställchen bestehende Eutektikum wird Ledeburit genannt, ein eutektoides Gemenge von Ferrit und Zementit heißt Perlit (Fig. 51 und 52, Taf. I). Den Übergang vom Austenit zum Perlit bildet eine Reihe von Formeln, die als Martensit (Fig. 53, Taf. I), Troostit (Fig. 54, Taf. I), Osmondit und Sorbit[1] (Fig. 55, Taf. II) bezeichnet werden. Der bei der Zersetzung des Eisencarbids nach der Formel $Fe_3C =$ $3Fe + C$ sich abscheidende krystallisierte Kohlenstoff heißt Graphit usw. Das Eisencarbid läßt sich durch Säuren zersetzen, wobei man die Entwicklung flüssiger oder gasförmiger Kohlenwasserstoffe beobachtet.

Das Silicium verhält sich im Eisen ähnlich wie der Kohlenstoff. Die Zugabe von Silicium zu geschmolzenem kohlenstoffgesättigten Eisen bewirkt eine teilweise Abscheidung des Kohlenstoffs. Ebenso beeinflußt steigender Siliciumgehalt das Eisencarbid dahin, daß es sich unter der Bildung von Graphit oder Temperkohle zersetzt. Phosphor bildet ebenfalls Verbindungen der Formen Fe_3P und Fe_2P mit dem Eisen. Auch er vermindert die Löslichkeit des Kohlenstoffs in flüssigem Eisen. Der Schwefel ist in der Form von Schwefeleisen im kohlenstoffgesättigten Eisen nur wenig löslich. Größere Schwefelmengen verhindern die Zersetzung des Zementits, verhalten sich also gerade entgegengesetzt wie das Silicium. Mangan bildet mit einzelnen Gefügebestandteilen, so mit dem Austenit und dem Zementit, feste Lösungen. Bei Roheisen mit Mangangehalten von 0,2 bis 0,3 Proz. scheidet sich der Graphit leichter ab als bei manganfreiem Eisen. Nickel bildet mit Eisen eine ununterbrochene Reihe von Mischkrystallen. Einen Einfluß auf den Kohlenstoff im Eisen hat es nicht, da es im flüssigen Zustand ebenso Kohlenstoff löst. Das Eisencarbid hingegen zersetzt sich in Gegenwart von Nickel, jedoch nur in geringem Maße, zu Graphit.

Das im Hochofen erblasene Roheisen kann graues, graphitisches, oder weißes, graphitfreies, aber carbidreiches Eisen sein. Das erstere ist weicher und wird zu Gußwaren verarbeitet. Als solches heißt es Gußeisen. Das Vorhandensein von Silicium befördert, wie bereits erwähnt, die Zersetzung des Zementits in Graphit. Es kommt also für Verarbeitung auf Gußwaren stets

---

[1] Diese Namen sind den einzelnen Gefügebildnern zur Ehrung der Forscher gegeben worden, die sich um die Metallographie und Metallurgie besonders verdient gemacht haben.

ein siliciumhaltiges Eisen in Frage. Ein anderer Einteilungsgrund des Roheisens beruht darauf, ob es durch Gießen verarbeitet oder in schmiedbares Eisen umgewandelt werden soll. Im ersteren Falle heißt es Gießereiroheisen, im zweiten Frischereiroheisen. Das erstere wird dann noch nach dem Phosphorgehalt unterschieden. Das Frischereiroheisen wird je nach der besonderen Weiterverarbeitung eingeteilt in Puddel-, Bessemer-, Thomas-, Martin- oder Stahleisen. In Tabelle 15 sind Analysen verschiedener Roheisensorten angeführt. Ist der Siliciumgehalt des Eisens gering, so macht sich der Einfluß des Mangans geltend, das, wie bereits oben erwähnt, die Lösungsfähigkeit für Kohlenstoff erhöht. Es bildet auch mit dem Zementit feste Lösungen. Der Kohlenstoff scheidet sich daher nicht als Graphit aus, sondern bleibt als Eisencarbid in der Masse gelöst. Solches Eisen hat an frischen Bruchstellen eine helle Färbung und heißt deshalb weißes Roheisen. Es wird vorzüglich zur Verarbeitung auf schmiedbares Eisen verwendet. Die weiße Farbe des manganhaltigen Eisens tritt bei höherem Gehalt an Mangan immer mehr hervor. Solches Eisen, das bis zu 20 Proz. Mangan enthalten kann, wird als Spiegeleisen bezeichnet.

Wenn man das spröde Roheisen in schmiedbares Eisen umwandeln will, muß man die beim Erblasen des Eisens im Hochofen aufgenommenen Fremdkörper entfernen. Dies geschieht durch Oxydationsvorgänge, die man mit dem Sammelnamen Frischprozesse bezeichnet. Da die genannten Fremdkörper, wie Silicium, Mangan ,Phosphor, Kohlenstoff, große Affinität zum Sauerstoff haben, so ist ihre Oxydation im allgemeinen mit Wärmeentwicklung verbunden und der Brennstoffbedarf für diese Prozesse gering. Man verwendet für die Frischprozesse entweder den Luftsauerstoff als Oxydans (Windfrischen) oder aber Sauerstoff in gebundener Form, wie er in den Erzen des Eisens und Mangans vorhanden ist (Erzfrischen). Die Wärmetönungen der Windfrischprozesse sind aus folgenden Gleichungen ersichtlich:

$$Si + 2O = SiO_2 + 222 \text{ WE.}$$
$$Mn + O = MnO + 90{,}8 \text{ WE.}$$
$$2P + 5O = P_2O_5 + 370 \text{ WE.}$$
$$C + O = CO + 29{,}0 \text{ WE.}$$
$$Fe + O = FeO + 64{,}4 \text{ WE.}$$

Auch beim Erzfrischen sind die Wärmetönungen der Umsetzungen im allgemeinen positiv, nur die Umwandlung von Kohlenstoff in Kohlenoxyd ist mit Wärmeaufwand verbunden. Die hohen Wärmetönungen, insbesondere bei Verbrennung des Siliciums und des Phosphors, sind vorteilhaft für das Windfrischen nach den Verfahren von *Bessemer* und *Thomas*. So erhöht die Verbrennung von 1 Proz. Silicium die Temperatur des flüssigen Metalls um 300, von 1 Proz. Phosphor um etwa 200°. Die Windfrischverfahren werden praktisch so durchgeführt, daß das aus dem Hochofen abgezogene Eisen möglichst noch in flüssigem Zustande zunächst in Mischer, die mehrere Abstiche des Hochofens aufnehmen können, gebracht und so die schwankende Zusammensetzung der einzelnen Abstiche ausgeglichen wird. Aus den Mischern

Tabelle 15[1]. Roheisen-Analysen.

	C	Si	Mn	P	S	Cu	As
Westfalen-Niederrhein:			a) Hämatit-Eisen:				
Kruppsche Verwaltung Rheinhausen . .	4,12	2,57	0,93	0,066	0,027	0,028	0,014
Gutehoffnungshütte, Oberhausen . . .	3,81	2,03	0,83	0,054	0,031	0,077	0,021
Oberschlesien, Pommern:							
Donnersmarckhütte A.-G., Hindenburg.	3,61	2,63	1,02	0,079	0,022	0,079	0,021
Eisenwerk Kraft, Kratzwieck b. Stettin .	3,46	2,80	0,86	0,076	0,020	0,100	0,012
Westfalen-Niederrhein:			b) Gießereiroheisen Nr. I:				
Aplerbecker Hütte, Aplerbeck (Zylinder-eisen) Dill-Lahn (Nassau)	3,57	3,55	0,73	0,210	0,014	0,143	0,014
Buderussche Eisenwerke: Sophienhütte, Wetzlar	3,40	2,31	0,46	0,721	0,007	0,021	0,004
Oberschlesien:							
Borsigwerk in Borsigwerk	3,84	2,40	2,47	0,589	0,048	0,032	0,007
Westfalen-Niederrhein:			c) Gießereiroheisen Nr. III:				
Schalker Gruben- und Hüttenverein Vulkan, Duisburg-Hochfeld	3,25	2,39	0,46	1,095	0,010	0,025	0,030
Gutehoffnungshütte, Oberhausen . . .	3,85	1,40	1,01	0,504	0,015	0,011	0,017
Mittelrhein:							
Friedrich Krupp, Neuwied	3,92	2,26	0,29	0,496	0,037	0,128	0,031
Siegerland:							
A. G. Rolandshütte, Weidenau, ohne Angabe des Hochofens.	3,92	1,24	1,10	0,457	0,009	0,050	0,006
Dill-Lahn (Nassau):							
Buderussche Eisenwerke Georgshütte, Burgsolms	3,76	1,75	0,25	0,401	0,014	0,012	0,021
Harz:							
Mathildenhütte, Harzburg	4,16	1,56	0,57	1,095	0,012	0,111	0,040
Ausland:							
Gießereiroheisen, Clarence	3,58	1,85	0,71	1,540	0,060	0,029	0.038
			d) Holzkohlenroheisen:				
Harzer Werke zu Rübeland und Zorge, A.-G., Blankenburg a. H.	2,90	3,47	0,37	0,924	0,098	0,012	0,009
			e) Frischereiroheisen und Verschiedenes:				
Puddelroheisen (lothringisch-luxemburgische Qualität)	3,3 bis 3,6	0,2 bis 0,8	0,3 bis 0,6	1,5 bis 2,0	—	—	—
Thomasroheisen	3,5	unter 1,0	1,0 bis 1,5	1,7 bis 2,0	—	—	—
Bessemerroheisen	3,5	1,5 bis 2,0	1,0	0,1	—	—	—
Spiegeleisen von den Kruppschen Eisenwerken.	5,30	0,30	11,30	0,16	0,01	n. best.	—

gelangt das Eisen in die Konverter, birnenförmige Gefäße mit feuerfestem Futter und einem den Blechmantel umgebenden Tragring, an dem sich die Drehzapfen befinden. Mit Hilfe eines an einem der Zapfen befestigten Zahn-

---

[1] Aus *Ullmann*, Enzyklopädie der techn. Chemie, Bd. 4.

rades und einer hydraulisch betriebenen Zahnstange wird die Birne um ihre horizontale Achse gedreht. Der Boden des Konverters ist aus feuerfestem Material, das von einer großen Zahl von Luftkanälen durchsetzt ist, gebildet. Nach außen ist der Boden durch den Windkasten abgeschlossen. Der von einem Gebläse erzeugte Wind tritt durch den anderen, hohlen Zapfen in eine Windleitung, die in den Windkasten einmündet. Das Roheisen wird in den Konverter eingefüllt, während dieser wagrecht steht, so daß das flüssige Eisen nicht in die Windkanäle eindringen kann. Vor dem Aufrichten wird der Wind angestellt. Der Druck des Windes verhindert ein Eindringen des Metalls in die Kanäle. Der Nutzinhalt des Konverters ist nicht sehr groß, da zur Verhinderung des Auswurfes von Metall der freie Raum über der Metalloberfläche ziemlich groß sein muß. Trotzdem werden immer noch verhältnismäßig große Mengen zum Teil ausgeworfen, zum Teil setzen sie sich in erstarrtem Zustande an der Mündung des Konverters fest. Der von *Bessemer* erfundene Prozeß wurde ursprünglich in Konvertern ausgeführt, die mit einem sauren Futter ausgekleidet waren. Die Verbrennung des Siliciums, des Mangans und des Kohlenstoffs im Verlaufe einer Charge sind aus nebenstehendem Diagramm (Fig. 56)[1] zu ersehen. Aus demselben ergibt sich auch, daß der Phosphor- und Schwefelgehalt keinerlei Änderungen erleiden. Der Prozeß ist zu Ende, wenn der Kohlenstoff verbrannt ist, was sich an der abnehmenden Länge der herausschlagenden Flamme leicht erkennen läßt. Der unveränderte Gehalt an Phosphor und Schwefel bewirkt es, daß das nach diesem Prozeß gefrischte Eisen keine genügende Festigkeit besitzt. Von diesen beiden Verunreinigungen verursacht Phosphor den sog. Kaltbruch, der Schwefel den sog. Rotbruch, d. h. der Phosphor beeinflußt die Verarbeitung in der Kälte, der Schwefel die bei Rotglut äußerst ungünstig. Zur Entfernung des Phosphors bzw. der beim Blasen entstehenden Phosphorsäure muß dem Metallbad eine Base zugegeben werden. Leider wird diese Base von der gebildeten Kieselsäure, die stärker ist als die Phosphorsäure, gebunden, so daß zur Bindung der Phosphorsäure keine Base übrig bleibt. *S. G. Thomas* schlug vor, der ganzen Konverterbirne eine basische Ausfütterung zu geben und außerdem dem Roheisen Kalk zuzusetzen. Die Ausfütterung wurde mit Ziegeln vorgenommen, die aus gemahlenem Dolomit mit Zugabe von etwa 20 Proz. Steinkohlenteer geformt waren. Die Folge dieser Maßregel war, daß nunmehr genügend basische Bestandteile vorhanden waren, um die beim Verbrennen des Phosphors und Schwefels gebildeten Säuren zu binden. Der Verlauf der basischen Windfrischcharge ist aus umstehendem

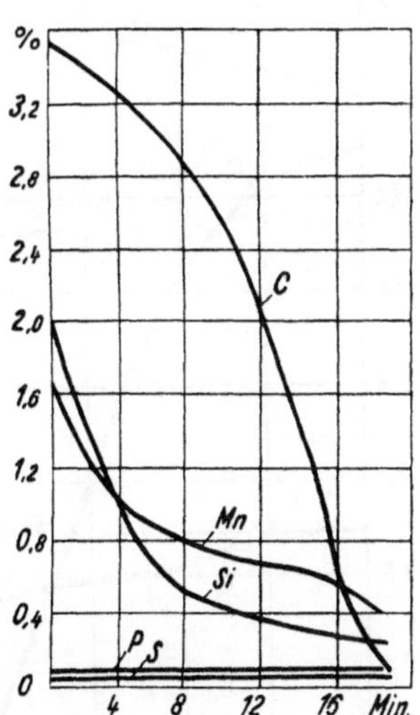

Fig. 56. Beispiel für den metallurgischen Verlauf einer Bessemercharge.

---

[1] *Ullmann:* Enzyklopädie der technischen Chemie, Bd. IV, S. 438.

Diagramm (Fig. 57)[1] leicht ersichtlich. Silicium verbrennt in kürzester Zeit, ebenso ein Teil des Mangans. Es bilden sich Mangansilicate. Der Kohlenstoff verbrennt erst langsam, dann sehr schnell. Der Phosphor geht ebenfalls im Anfang langsam zurück, um dann nach etwa 10 Minuten in ganz kurzer Zeit zu verschwinden. Nachdem die Oxydation beendet ist, muß das im Metallbad gebildete Eisenoxydul wieder reduziert werden, was durch Zugabe von Mangan, Silicium oder Aluminium bewirkt wird. Da die Gefahr nahe liegt, daß aus der Schlacke die Phosphorsäure ebenfalls mit reduziert und von dem gebildeten Stahl wieder aufgenommen wird, so muß die Hauptmenge der Schlacke abgegossen und der restliche Teil durch gebrannten Kalk abgesteift werden. Die Schlacke, die bei dem hohen Phosphorgehalt der Erze beträchtliche Mengen (17 bis 22 Proz.) von phosphorsaurem Kalk enthält, hat sich als ein sehr wirksames Düngemittel erwiesen (Thomasmehl). Die in den Konvertern verarbeiteten Chargen, deren Dauer etwa 20 Minuten beträgt, entsprechen Gewichten von etwa 15 bis 25 t. Der Bessemerstahl hat um so mehr Silicium, je heißer die Charge geführt worden ist. Da Silicium die Bildung von Gasblasen verhindert, so erhält man mit Bessemerstahl dichtere Güsse als mit Thomasstahl. — Während man bei den Windfrischverfahren abhängig ist von der durch die Verbrennung der Verunreinigungen erzielten Wärmemenge, so entfällt diese Abhängigkeit bei den Erzfrischverfahren, bei denen man die Charge mit Gas beheizt. Durch Variierung der Beheizung kann man eine verschiedene Beeinflussung des Einsatzes herbeiführen. Das wichtigste Herdfrischverfahren ist das von *Siemens-Martin*. Der Siemens-Martin-Ofen, der als eigentlichen Arbeitsraum eine überwölbte große Wanne enthält, wird durch Gas nach dem sog. Regenerativsystem

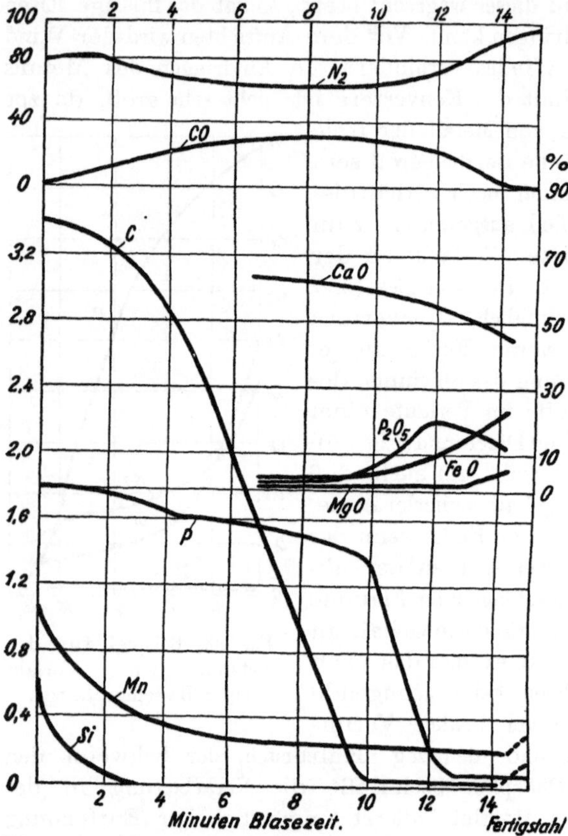

Fig. 57. Metallurgischer Verlauf des Thomasprozesses
(*Wüst* und *Laval*).

[1] *Ullmann:* Enzyklopädie der technischen Chemie, Bd. IV, S. 425.

beheizt, das darin besteht, daß die heißen vom Metallschmelzprozeß nicht voll ausgenutzten Flammengase durch eine mit feuerfesten Steinen ausgesetzte Kammer streichen und ihre Hitze auf diese übertragen. Solcher Kammern gibt es bei jedem Ofen mehrere. Ist eine Kammer auf die erforderliche Temperatur gebracht, dann werden die Flammengase durch die nächste geleitet, während durch die erhitzte die zur Verbrennung des Gases notwendige Luft geleitet und so vorgewärmt wird. Gewöhnlich sind außer den Lufterhitzungskammern auch Gaserhitzungskammern vorhanden, in denen das Generatorgas ebenfalls auf die beschriebene Weise erhitzt wird. Diese Beheizungsart erst hat die Eisenverarbeitung nach dem Martinverfahren ermöglicht, da dieses sonst infolge des hohen Brennstoffbedarfs unlohnend gewesen wäre. Ursprünglich sollte nach dem Siemens-Martin-Verfahren hauptsächlich Schmiedeeisenschrott umgeschmolzen und Roheisen nur zur Verhütung allzu starker Verbrennung zugesetzt werden. Doch wird jetzt auch Roh-

eisen im Herdofen gefrischt, wenn sich dasselbe wegen seiner Zusammensetzung für das Windfrischverfahren nicht eignet. Ebenso wie beim Windfrischverfahren unterscheiden wir beim Siemens-Martin-Prozeß ein basisches und ein saures Verfahren. Der Verlauf einer Charge des basischen Prozesses ist aus nebenstehendem Diagramm (Fig. 58) zu erkennen. Was zunächst auffällt ist die

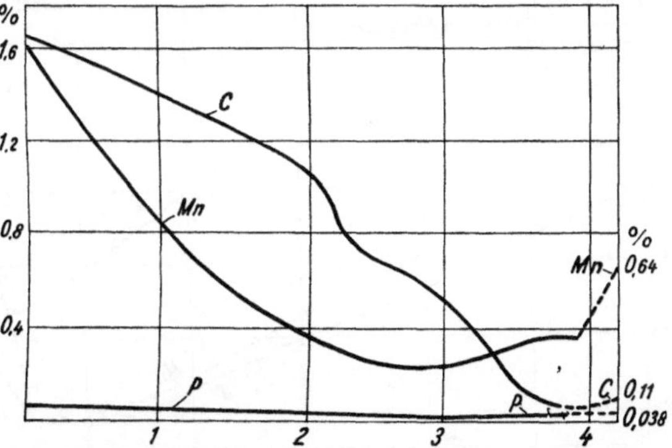

Fig. 58. Metallurgischer Verlauf des Schrotroheisenverfahrens im basischen Siemens-Martin-Ofen *(Petersen)*.

Langsamkeit des Prozesses. Die Charge von etwa 22000 kg erfordert etwa 4 Stunden, während beim Windfrischverfahren eine 11 t-Charge nur etwa 20 Minuten, also die doppelte Menge etwa 40 Minuten erfordert. Der Kohlenstoff nimmt gleichmäßig im ganzen Verlauf ab, Mangan und Phosphor hingegen kommen schnell, bereits im Verlaufe einer Stunde, auf ihren niedrigsten Wert. Mangan nimmt dann infolge Reduktion des Manganoxyduls durch den Kohlenstoff gegen Ende der Charge wieder zu. Auch Phosphor findet sich wieder ein, um allerdings gegen Schluß wieder auf den zulässigen Wert zu sinken. Das saure Verfahren wird angewendet, wenn das Eisen nicht entphosphort werden muß. Auch dieser Prozeß läßt sich durch beistehendes Diagramm (Fig. 59) erläutern. Kohlenstoff geht gleichmäßig zurück. Ebenso Mangan und Silicium, die ungefähr bis auf 0,1 Proz. entfernt werden.

Das modernste Frischverfahren ist dasjenige, das sich der thermischen Wirkungen des elektrischen Stromes zum Schmelzen bedient. Die elektrische Energie wird in den einzelnen Ofenarten auf verschiedene Art in Wärme umgesetzt. Sie wird entweder durch den elektrischen Lichtbogen erzeugt, der sie auf das Bad ausstrahlt, oder es wird durch einen Primärstrom in dem zu schmelzenden Metall als sekundärem Stromkreis ein Induktionsstrom erzeugt, der das Metall zum Schmelzen bringt, oder es werden schließlich der Ofenboden und die Wände als Heizwiderstand benutzt. Bekannte Ofen der ersten Bauart sind die von *Stassano, Girod, Héroult, Nathusius, Keller, Rennerfelt*. Nach der zweiten Art arbeiten die von *Kjellin, Hiorth, Röchling-Rodenhauser*. Infolge der elektrischen Erhitzung entfällt die oxydierende Wirkung der Heizgasflamme. Da die elektrische Wärme aber zu teuer ist, so wird das Verfahren nur in Verbindung mit anderen Verfahren benützt. Das Elektrostahlverfahren wird hauptsächlich benützt, um bereits gefrischtes Eisen auf eine bestimmte Zusammensetzung zu bringen. Es wird z. B. ein im Konverter oder im Siemens-Martin-Ofen gefrischtes Eisen im Elektroofen gekohlt und legiert. Man spart damit die zum Aufschmelzen erforderliche teure elektrische Energie.

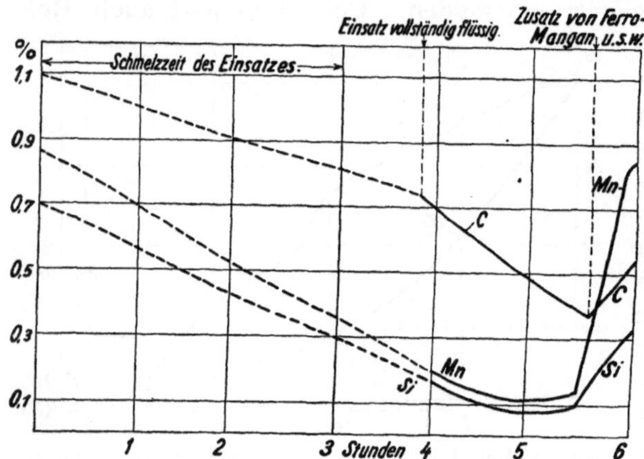

Fig. 59. Beispiel für den metallurgischen Verlauf des sauren Siemens-Martin-Verfahrens.

Während bei den bis jetzt genannten Frischverfahren jeweils große Chargen zur gleichzeitigen Verarbeitung in einem Gefäß gelangen, ist bei dem Tiegelschmelzverfahren die Menge des behandelten Metalls je Tiegel verhältnismäßig gering. Der Einsatz beträgt hier nur etwa 30 bis 40 kg. Nach diesem Verfahren gelingt es ganz besonders gut, das Eisen von der Schlacke zu befreien. Eine wesentliche Änderung der Zusammensetzung des Einsatzes ist im Hinblick auf den allseitig geschlossenen Tiegel nicht möglich. Lediglich der Kohlenstoff reagiert unter Umständen mit der eisenreichen Schlacke unter Bildung von Kohlenoxyd, wodurch eine Herabminderung des Kohlenstoffgehaltes eintreten kann. Ebenso lassen sich einzelne Bestandteile durch Zugabe zum Einsatz entsprechend anreichern. Praktisch wird das Verfahren so ausgeübt, daß die aus feuerfestem Material hergestellten Tiegel nach ihrer Beschickung in Tiegelöfen, die ebenso wie der Martinofen mit Gas nach dem Regenerativsystem beheizt werden, in größerer Anzahl eingesetzt und längere Zeit geschmolzen werden. Nach beendigter Schmelzung werden sie mit Zangen herausgeholt und entweder einzeln in Formen ausgegossen oder ihr Inhalt in größeren Gußpfannen vereinigt. Bekannt ist die Erzeugung ganz großer Gußstücke durch Krupp. — Von den älteren Verfahren soll das Glühfrischen (der Temperprozeß) erwähnt werden, dessen Zweck die Entkohlung von weißem Roheisen in festem Zustande ist. Es wird so ausgeführt, daß die Gußstücke von eisenoxydreichem, schwefelarmem Eisenerz umgeben in Glühtöpfe eingepackt und in die Glühöfen eingesetzt werden, in denen sie 5—7 Tage verbleiben. Das Eisenoxyd oxydiert den Kohlenstoff des Einsatzes. Zunächst wird der Zementit unter Bildung von Temperkohle zersetzt und dann die Temperkohle zu Kohlenoxyd oxydiert. Das Zementieren hat im Gegensatz zum vorigen Verfahren die Einverleibung von Kohle zum Zweck. Es wird ähnlich wie das vorige Verfahren ausgeführt, nur wird statt des oxydierenden ein kohlenstoffreiches Glühmittel verwendet. Auf diese Weise wird ein von schädlichen Beimengungen freies Eisen auf einen für gewisse Zwecke notwendigen Kohlenstoffgehalt gebracht. Wird das Verfahren auf bereits gebrauchsfertige Gegenstände angewendet, um bei diesen eine oberflächliche Härtung zu erzielen, so nennt man es Einsatzhärten. Das bei diesem Verfahren angewendete Härtepulver besteht aus kohlenstoffreichen Substanzen.

Wie oben erwähnt, ist der Zweck der beschriebenen Frischverfahren die Umwandlung des Roheisens in schmiedbares Eisen oder Stahl. Stahl ist ein schmiedbares Eisen, das einen bestimmten, innerhalb verhältnismäßig enger Grenzen schwankenden Kohlenstoffgehalt hat und sich durch besondere mechanische Eigenschaften von dem anderen schmiedbaren Eisen unterscheidet.

Eine scharfe Grenze zwischen Eisen und Stahl besteht nicht. Im allgemeinen versteht man unter Stahl ein schmiedbares Eisen, das einen Kohlenstoffgehalt von 0,6 bis 1,5 Proz. und eine Zugfestigkeit in ausgeglühtem Zustande über 5000 kg/qcm hat. Auch hat ein Eisen mit dem genannten Kohlenstoffgehalt die Eigenschaft, daß sich seine Härte durch Abschrecken des glühenden Materials in kaltem Wasser bedeutend erhöhen läßt. Man kann auf diese Weise einen ganz besonders harten und spröden Stahl erzeugen. Durch Anlassen, d. h. durch Wiedererwärmen auf etwa 200 bis 300°, wird die ungünstige Wirkung des Abschreckens wieder rückgängig gemacht.

Für die Verwendung von Eisen und Stahl als Werkstoffe sind zunächst die physikalischen Eigenschaften maßgebend, deren Prüfung nach den im allgemeinen Teil beschriebenen Verfahren erfolgt.

Die nach den genannten Methoden zu bestimmenden mechanischen Eigenschaften des Eisens sind abhängig von der Zusammensetzung desselben bzw., da das Eisen in überwiegendem Maße vorhanden, von den im Eisen vorhandenen Nichteisenbestandteilen. Das reine Eisen, wie es durch Elektrolyse von Eisensalzen gewonnen wird, ist so weich, daß es sich, ähnlich wie Blei, mit dem Messer schneiden läßt. Seine Härte beträgt nur 4,5, seine Zugfestigkeit 28 kg/qmm, die Bruchdehnung 35 Proz., Elastizitätsmodul 20000 bis 22000 kg/qmm. Die Zugfestigkeit nimmt bei Temperaturerhöhung zunächst ab, steigt dann bei der Temperatur von 250° auf das Maximum von 63 kg/qmm, um von da ab stetig abzufallen. Die Dehnung verhält sich im Anfang ähnlich, sie fällt auch bei 130° auf das Minimum von etwa 15 Proz., um aber dann stetig zu steigen. Bei 600° beträgt sie etwa 47, bei 800° 63 Proz. Die spezifische Wärme beträgt bei 0° 0,105. Bei steigender Temperatur erhöht sich dieser Wert, so bei 725° auf 0,1467, bei 785 bis 919° auf 0,1571. Im geschmolzenen Zustande hat das reine Eisen eine spezifische Wärme von 0,195. Der lineare Ausdehnungskoeffizient zwischen 0 und 100 ist 0,000011, die Wärmeleitfähigkeit bei 18° 0,171 cal/cm/sec/Grad. Das Roheisen, wie es aus dem Hochofen kommt, enthält, wie bereits oben erwähnt, neben dem Kohlenstoff Phosphor, Silicium, Schwefel, Mangan. Die mechanischen Eigenschaften sind zunächst von der Menge und Form des Graphits abhängig. Je höher der Graphitgehalt, desto geringer die Zugfestigkeit, die Härte und die Biegungsfestigkeit. Während das Roheisen mit 1 Proz. Graphit eine Zugfestigkeit von 30 kg/qmm aufweist, so sinkt diese bei 2 Proz. auf 18, bei 3 Proz. sogar auf 7,5 kg/qmm. Ähnlich verhalten sich Härte und Biegungsfestigkeit. Phosphor hat die Eigenschaft, daß seine Anwesenheit dem Eisen bei der Erstarrung eine Volumvergrößerung verleiht, daß somit das erstarrende Roheisen in die feinsten Hohlräume der Gußform sich hineindrückt. Deshalb ist Phosphor bei Gußeisen nicht schädlich. Silicium bewirkt, daß bei raschem Erstarren der Graphit sich in grobblätteriger Form abscheidet und so die Festigkeit des Eisens herabdrückt. Deshalb ist hoher Siliciumgehalt unvorteilhaft. Von der chemischen Wirkung eines hohen Siliciumgehaltes wird später die Rede sein. Schwefel erschwert die Zerlegung des Eisencarbids, weshalb dort, wo Graphit- oder Temperkohle auftreten soll, nur geringe Schwefelmengen im Eisen vorhanden sein dürfen. Mangan erschwert die Graphitbildung. Deshalb ist ein höherer Mangangehalt imstande, die mechanischen Eigenschaften des Gußeisens zu verbessern. Beim schmiedbaren Eisen, bei dem es vor allem auf Schmiedbarkeit ankommt, sind Fremdkörper in größeren Mengen an sich ungünstig. Gewisse kleinere Mengen erhöhen aber die Festigkeit und Härte. Die leichte Schmiedbarkeit des reinen Eisens nimmt ab mit wachsendem Kohlenstoffgehalt. Ebenso die Hämmerbarkeit. Die Zugfestigkeit des geschmiedeten Stahles nimmt bis zu 0,9 Proz. Kohlenstoff zu. Der Maximalwert ist etwa 75 kg/qmm. Ebenso nimmt auch die Härte zu. Die Bruchdehnung hingegen nimmt ab. Das spezifische Gewicht nimmt ebenso mit wachsendem Kohlenstoffgehalt ab. Die Härte, die der geschmiedete und langsam abgekühlte Stahl hat, nennt man die Naturhärte. Wie bereits oben erwähnt, kann das kohlenstoffhaltige Eisen durch Glühen und darauffolgendes Abschrecken auf große Härte gebracht werden. Diese Härtesteigerung wächst im allgemeinen mit dem Kohlenstoffgehalt. Das Anlassen kann nach Belieben, sowohl bezüglich der Temperatur als auch der Dauer, variiert und so können Stahlsorten mit verschiedenen Eigenschaften erhalten werden. Diese Einsatzhärtung, die ein Erhitzen der Werkstücke auf etwa 800 bis 900° und ein darauffolgendes Abschrecken erfordert, verdirbt häufig saubere Oberflächen, bewirkt Härterisse und mehr oder weniger starke Verziehung. Alle diese Übelstände fallen bei einem neueren Oberflächenhärteverfahren von *Krupp* weg, das Nitrieren oder Versticken genannt wird und darauf beruht, daß man Stickstoff in die Oberfläche der zu härtenden Werkstücke eindringen läßt. Bei diesem Verfahren, das bei einer Temperatur unter 580° vor sich geht, fällt das Abschrecken weg. Die

Oberfläche ändert sich bis auf einen geringen grauen Hauch nicht, ebenso erleiden die Stücke keine Formveränderung und keine Verziehung. Durch dieses Verfahren steigt die oberflächliche Härte bis auf 900 bis 1000 Brinell. Mit dieser Härte ist natürlich auch Sprödigkeit verbunden, weshalb man Schneidewerkzeuge und solche Stücke, die schlagender Beanspruchung unterworfen sind, nicht versticken soll. Die auf Verbesserung der mechanischen Eigenschaften hinzielenden Wärmebehandlungen des Eisens werden Vergütung genannt.

Der Schwefelgehalt übt einen ungünstigen Einfluß auf die Eigenschaften des schmiedbaren Eisens aus. Schon 0,2 Proz. genügen, um den Rotbruch, d. i. das Zerfallen bei Bearbeitung in Rotglut, zu bewirken. Die Festigkeit des schmiedbaren Eisens wird durch niedrige Schwefelgehalte unter 0,1 Proz. nicht beeinflußt. Phosphor ruft Sprödigkeit bei gewöhnlicher Temperatur hervor. Auf die Schmiedbarkeit bei hoher Temperatur hat er keinen Einfluß. Die Zugfestigkeit phosphorhaltigen Eisens steigt bei ausgeglühtem Material linear an bis 0,8 Proz., erreicht da den Wert von 60 kg/qmm. Ebenso steigt die Härte und die Elastizitätsgrenze. Der elektrische Leitungswiderstand nimmt ebenfalls mit steigendem Phosphorgehalt zu. Silicium verringert die Schmiedbarkeit des Eisens bei steigendem Gehalt. Die Zugfestigkeit hingegen nimmt mit steigendem Siliciumgehalt zu und erreicht bei ausgeglühtem

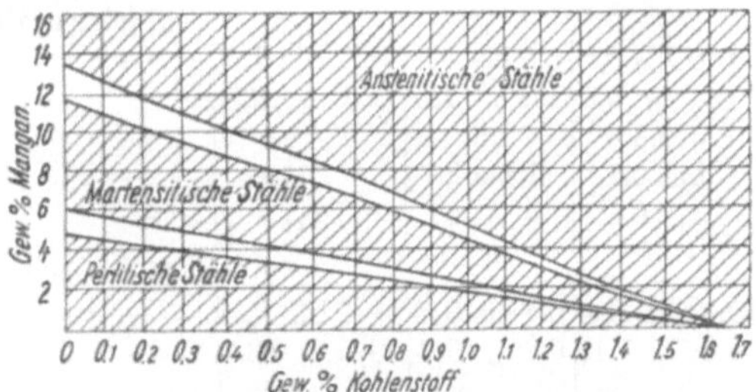

Fig. 60. Gefügediagramm der Manganstähle nach *Guillet*.

Material 55 kg/qmm bei 2,4 Proz. Silicium, in abgeschrecktem Zustande sogar 80 kg/qmm beim gleichen Siliciumgehalt. Auch die Härte nimmt mit wachsendem Siliciumgehalt etwas zu. Der Einfluß von Mangan hängt ab von der Menge des gleichzeitig vorhandenen Kohlenstoffs, da, wie bereits früher erwähnt, Mangan mit den einzelnen Gefügebestandteilen feste Lösungen bildet. Das beistehende Gefügediagramm[1] (Fig. 60) gibt darüber die beste Auskunft. Bei dem perlitischen Stahl, bestehend aus einem Gemisch von Perlit mit Ferrit oder Zementit, erhöht der Mangangehalt die durch den betreffenden Kohlenstoffgehalt verursachten Festigkeitszahlen. Die martensitischen Stähle sind sehr hart und fest, aber auch spröd. Die austenitischen Stähle sind weniger hart und fest, besitzen aber hohe Dehnung. Ihre Elastizitätsgrenze liegt sehr tief. Manganstähle erlangen ihre besten mechanischen Eigenschaften erst nach entsprechender Vergütung. Auch bei Nickel ist die Wirkung vom Kohlenstoffgehalt abhängig, wie aus dem Gefügediagramm (Fig. 61)[1] hervorgeht. Die Zugfestigkeit steigt mit dem Nickelgehalt erst langsam an, erreicht im Felde der martensitischen Stähle rasch

---

[1] *P. Goerens*, Einführung in die Metallographie, 2. Aufl. Halle 1915.

Tabelle 16. Zusammensetzung und Anwendungsgebiete von Kohlenstoffstählen und Sonderstählen (meist nach *Mars*).

Kohlenstoff	Silicium	Mangan	Nickel	Chrom	Wolfram	Anwendungsgebiet
			Kohlenstoffstähle:			
0,1 bis 0,2	—	0,5	—	—	—	Träger, Draht, Stabeisen
0,3 „ 0,4	0,1	0,8	—	—	—	Eisenbahnschienen
0,4 „ 0,5	0,3 bis 0,4	0,3 bis 0,6	—	—	—	Matrizen, Wagenfedern, Wellen, Messer
0,5 „ 0,6	0,6	0,6	—	—	—	Gewehrläufe
1,0	0,2	0,45	—	—	—	Gesteinsbohrer, Hohlbohrer
1,1	0,10	0,3	—	—	—	Federstahl
1,2	0,15	0,3	—	—	—	Feilen
1,3	0,15	0,4	—	—	—	Steinbearbeitungswerkzeuge
1,4 bis 1,6	0,2	0,4	—	—	—	Drehmesser, Rasiermesser, Fräser
			Siliciumstähle:			
0,5 bis 0,6	0,6 bis 0,7	0,8 bis 1,0	—	—	—	Federn
0,4 „ 0,6	1,0 „ 1,5	0,4 „ 0,5	—	—	—	Mittelharter Federstahl
0,3	2,5	—	—	—	—	Harter Federstahl
bis 0,1	1 bis 2	0,1	—	—	—	Transformatorenblech
„ 0,1	2 „ 4	0,1	—	—	—	Dynamoblech
			Manganstähle:			
0,3 bis 0,4	0,1 bis 0,2	1,3 bis 1,4	—	—	—	Radreifen (Bandagen)
0,95 „ 1,15	0,2 „ 0,4	10,0 „ 13,0	—	—	—	Brechbacken, Schienen (unbearbeitbarer, sog. Hadfieldstahl)
			Nickelstähle:			
0,05 bis 0,15	—	—	1 bis 4	—	—	Zapfen; Autoteile für Einsatzhärtung
0,20 „ 0,45	—	—	1,5 „ 4	—	—	Kurbelwellen, Achsen usw., in vergütetem Zustand zu verwenden
0,30 „ 0,50	—	—	25 „ 28	—	—	Austenitisch, unmagnetisch, für Ventile von Explosionsmotoren, Rheostaten
0,30 „ 0,50	—	—	35 „ 38	—	—	Chronometrische u. geodätische Instrumente (Invarstahl)
0,15	—	—	46	—	—	Platinit, Ersatz für Platin in der Glühlampenfabrikation
			Chromstähle:			
0,9 bis 1,0	0,20	0,20	—	0,5	—	Spiralbohrer,, Sägeblätter
0,3 „ 0,5	0,20	0,20	—	1,0 bis 1,5	—	Meißel
0,8 „ 1,0	0,25	0,25	—	2 bis 4	—	Lochdorne, Stempel, Kaltwalzen
1,5 „ 1,8	0,50	0,25	—	13,0 „ 14,0	—	Zieheisen

Tabelle 16. Zusammensetzung und Anwendungsgebiete von Kohlenstoffstählen und Sonderstählen (meist nach *Mars*). (Fortsetzung.)

Kohlenstoff	Silicium	Mangan	Nickel	Chrom	Wolf-ram	Anwendungsgebiet
Nickelchromstähle:						
0,25 bis 0,45	—	—	1,5 bis 3,0	0,5 bis 0,75	—	Panzerplatten
0,50 „ 0,80	—	—	2,0 „ 2,5	0,6 „ 2	—	Panzergranaten
0,25 „ 0,45	—	—	2,5 „ 2,75	0,25,, 0,5	—	Automobilwellen
Wolframstähle:						
0,6 bis 0,7	0,2 bis 0,25	0,10 bis 0,20	—	1,5 bis 2,0	1 bis 2	Magnete

Schnellarbeitsstähle:

Kohlenstoff	Silicium	Mangan	Vanadin	Molyb-dän	Chrom	Wolf-ram	Marke
0,68	0,37	0,10	—	—	2,90	16,31	Novo Superior
0,60	0,10	0,11	0,45	2,30	4,15	18,20	*Böhler*, Rapid
0,65	0,24	0,19	0,90	—	3,78	15,20	*Allen & Co.*

Statistisches.

Deutsche Roheisen-Produktion, -Einfuhr, -Ausfuhr und -Verbrauch.

	1913	1924	1925	1926	1927
Produktion a)	19 309 172	7 812 231	10 176 699	9 643 519	13 102 528
+ Einfuhr b)	124 316	260 335	201 949	109 506	283 546
	19 433 488	8 072 566	10 378 648	9 753 025	13 386 074
— Ausfuhr b)	782 911	56 286	191 708	466 265	320 211
= Verbrauch	18 650 577	8 016 280	10 186 940	9 286 760	13 065 863

a) Nach den Erhebungen des Vereins Deutscher Eisen- und Stahl-Industrieller.
b) Nach der deutschen Reichsstatistik.

Durchschnittspreise für Eisen- und Stahlwaren in RM je Tonne.

	1913	1924	1925	1926	1927
Gießerei-Roheisen III ab Hütte					
Jan.	74,50	90 bis 102	89	86	87
Apr.	74,50	87 „ 100	91	86	86
Juli	74,50	89 „ 106,50	91	86	86[1]
Okt.	74,50	89	86	86	78
Hämatit-Roheisen ab Hütte					
Jan.	81,50	105 bis 108	97,50	93,50	93,50
Apr.	81,50	102 „ 106	99,50	93,50	93,50[1]
Juli	81,50	103 „ 113,50	99,50	93,50	93,50
Okt.	81,50	97,50	93,50	93,50	93,50
Vorblöcke[2]					
Jan.	97,50	110 bis 115	112,50	111,75	105
Apr.	97,50	120 „ 125	112,50	111,50	105
Juli	92,50	100 „ 95	112,50	111,50	105
Okt.	87,50	95	111,75[1]	105	105
Knüppel[2]					
Jan.	105	115 bis 120	120	119,25	112,50
Apr.	105	125 „ 135	120	119,00	112,50
Juli	100	107,50 „ 102,50	120	119,00	112,50
Okt.	95	100 „ 102	119,25[1]	112,50	112,50

Durchschnittspreise für Eisen- und Stahlwaren in RM je Tonne.

	1913	1924	1925	1926	1927
			Platinen[2]		
Jan.	107,50	120 bis 130	125	124,25	117,50
Apr.	107,50	132	125	124,00	117,50
Juli	102,50	115 bis 110	125	124,00	117,50
Okt.	97,50	105 „ 110	124,25[3]	117,50	117,50
		Träger ab Diedenhofen für Norddeutschland (für Süddeutschland RM. 3.— mehr).			
Jan.	115	127	127,50 bis 133	131,25 bzw. 122	131 bzw. 125
Apr.	115	143 bis 150	130 bis 132	131 bzw. 132	131 „ 125
Juli	115	120 „ 110	132	131 „ 132	131 „ 125
Okt.	110	106 „ 108	131,25 bzw. 122[4]	131 „ 132	131 „ 125
	Flußstabeisen ab Werk		⌀ ab Nov. 1926 ab Wunkirchen		
Jan.	123 bis 126	130	130 bis 135	134,30 bzw. 125	134 bzw. 128
Apr.	116 „ 121	145 bis 155	132 „ 135	134 bzw. 132	134 „ 128
Juli	98 „ 103	120 „ 115	125 „ 130	134 „ 132	134 „ 128
Okt.	95 „ 98	110 „ 112	134,30 bzw. 125	134 „ 132	134 „ 128
			Bandeisen		
Jan.	—	165	165	154,20	154
Apr.	—	200 bis 190	165 bis 157,50	154,00	154
Juli	—	160	145	154,00	154
Okt.	—	140 bis 150	154,20[5]	154,00	154
			Grobbleche ab Werk		
Jan.	132 bis 135	150	145	149,25	148,90
Apr.	130 „ 135	155 bis 150	140 bis 145	148,90	148,90
Juli	118 „ 125	145 „ 135	135 „ 138	148,90	148,90
Okt.	100 „ 108	125 „ 128	149,25[6]	148,90	148,90

[1] von Okt. 1925 ab Schnittpunkt Dortmund oder Ruhrort   [2] von Okt. an großer Preis ab Oberhausen, kleiner Preis ab Türkismühle   [3] von Okt. an ab Oberhausen   [4] von Okt an ab Essen   [5] von April an ab Oberhausen   [6] 1913 ab Schnittpunkt   1924 ab Werk bzw. Hütte

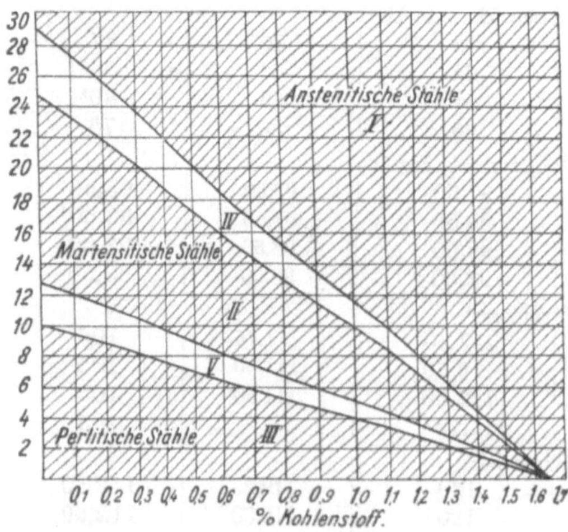

Fig. 61. Gefügediagramm der Nickelstähle nach *Guillet*.

ein Maximum von 120 kg/cmm bei 20 Proz. Nickelgehalt. Im allgemeinen unterscheidet man 3 Gruppen von Nickelstählen, die perlitischen mit Festigkeitseigenschaften ähnlich denen der Kohlenstoffstähle, die martensitischen, die besonders hohe Festigkeit und Härte aufweisen, aber spröde sind, und die austenitischen, die bei mittlerer Festigkeit besonders große Zähigkeit besitzen.

Chrom, das zum Zwecke der Härtesteigerung des Stahls zugegeben wird, verändert für sich allein bei kohlenstoffarmen Eisen die Schmiedbarkeit nicht. Bei An-

wesenheit von höherem Kohlenstoffgehalt entstehen leicht Risse beim Schmieden. Desgleichen wird die Schmiedbarkeit durch Chrom ungünstig beeinflußt.
Die Zugabe von Chrom und Nickel
und richtige Wärmebehandlung erhöht die mechanischen Eigenschaften
ganz bedeutend. Ein solcher Stahl
wird für die meist beanspruchten
Konstruktionsteile angewendet.
Wolfram erteilt dem damit versetzten
Stahl eine besonders hohe Härte und
macht ihn so geeignet zur Herstellung
von Werkzeug. Die Härte ist in
hohem Grade beeinflußt von der
Temperatur, wie aus beistehendem
Diagramm[1] (Fig. 62) ersichtlich.
Man bezeichnet die Wolframstähle
auf Grund ihrer besonderen Eignung
als Schnellarbeitsstähle.

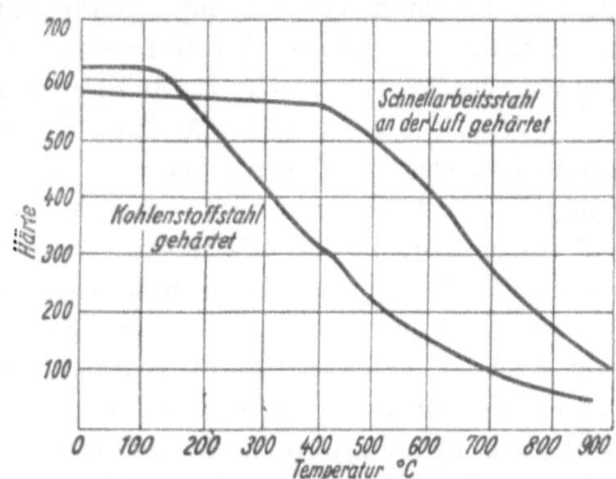

Fig. 62. Abhängigkeit der Härte von der
Temperatur. Vergleich zwischen Kohlen-
stoffstahl und Schnellarbeitsstahl.

Die Zusammensetzung und Anwendungsgebiete der eben genannten Stahlsorten ist in Tabelle 16[2] verzeichnet.

2. Säurefeste Emaillierung.

Die chemische Empfindlichkeit des Eisens, insbesondere gegen Säuren-
einflüsse, ist ein großes Hindernis bei seiner Verwendung zum Bau chemischer
Apparate, wozu es kraft seines billigen Preises und seiner leichten Bearbeitbarkeit in erster Linie berufen erscheint. Die neuere und neueste Forschung
hat gefunden, daß Legierungen des Eisens mit den verschiedensten Metallen
in gewissen Verhältnissen eine weitgehende Widerstandsfähigkeit gegen den
Einfluß von chemischen Agentien aufweisen. Von diesen Legierungen soll
später eingehend gesprochen werden. Ein anderer Schutz des Eisens gegen
chemische Einflüsse ist der Überzug mit Email. Man versteht darunter
das Auftragen und Schmelzen eines Glassatzes auf das Metall, so daß das
Glas auf der Metallfläche haften bleibt. Das Emaillieren ist eine alte Kunst,
die früher ausschließlich zu dekorativen und künstlerischen Zwecken geübt
wurde. Bereits bei den alten Ägyptern und Phöniziern wurden derartige
Kunstgegenstände hergestellt, die bis auf unsere Zeit erhalten geblieben sind
und dafür zeugen, zu welcher Vollkommenheit diese Technik in alten Zeiten
gediehen war. Sie fand sich im Laufe der Zeiten auch bei allen anderen
Kulturvölkern. Der neueren Zeit blieb es vorbehalten, diese Technik auf
Nutzgegenstände auszudehnen, und so finden wir im 19. Jahrhundert bereits
eine blühende Industrie, die emaillierte Gegenstände, vor allem Haushalt-
geräte, in größtem Ausmaße herstellt. Das .in dieser Industrie, der Blechemailindustrie, hergestellte Email ist durchaus geeignet, die im täglichen

---

[1] *P. Goerens:* Einführung in die Metallographie. 2. Aufl. Halle 1915.
[2] *Ullmann:* Enzyklopädie der technischen Chemie Bd. IV, S. 355.

10*

Leben, insbesondere im Haushalt auftretenden chemischen Einflüsse, vor allem das Rosten, dann die Angriffe organischer Säuren, wie sie im Gemüse und in Früchten vorkommen, hintanzuhalten. Angriffen stärker wirkender Chemikalien, vor allem der Mineralsäuren, leistet dieses Blechemail nicht den genügenden Widerstand. So zweigte sich von der Blechemailindustrie bald die Industrie des säurebeständigen Emails ab, die es sich zur Aufgabe gestellt hat, eiserne Gegenstände mit einem Email zu versehen, das sie befähigt, in der chemischen Industrie als säurefeste Apparate Verwendung zu finden. Während die Hauptbestandteile der meisten Blechemailarten Quarz, Feldspat, Ton, Soda und Borax bilden, zu denen sich als Mittel zur Erzielung leichterer Schmelzbarkeit Flußspat, Salpeter und Pottasche, ferner zur Färbung entsprechende Trübungsmittel, beispielsweise Zinnoxyd oder andere Metalloxyde, gesellen, besteht das säurebeständige Email in der Hauptsache aus Erdalkalisilicaten. Es ist also ein Glasfluß aus Kieselsäure, Aluminiumoxyd, Calciumoxyd und Magnesia. Von Färbungsmitteln sieht man beim säurebeständigen Email vollständig ab, da alle derartigen Zusätze die Widerstandsfähigkeit gegen chemische Angriffe herabsetzen, ebenso vermeidet man Zusätze, die leichtere Schmelzbarkeit des Emails hervorrufen, da auch diese die Säurebeständigkeit herabsetzen, höchstens Zinnoxyd wird zur Trübung angewendet. Zum säurebeständigen Emaillieren eignet sich bis jetzt hauptsächlich nur Gußeisen, während die Emaillierung von Schmiedeeisen (also auch Eisenblech) nur unter gewissen Voraussetzungen möglich und auch dann nicht von solcher Güte ist wie auf Gußeisen. Stahlguß und Nichteisenmetalle hat man bis jetzt nicht säurebeständig zu emaillieren vermocht. Die gewöhnliche Emaillierung von Blech ist insofern leichter auszuführen, als das gewöhnliche Emailgerät auch in thermischer Hinsicht nur einer geringen Beanspruchung ausgesetzt ist, während die in der chemischen Industrie, zur Verwendung gelangenden Apparate im allgemeinen auch auf hohe Temperaturen beansprucht werden und insbesondere großen Temperatursprüngen ausgesetzt sind. Da nun Eisen und Email verschiedene Ausdehnungskoeffizienten haben, so ist bei starker Erhitzung und schneller Abkühlung eine Zerstörung des Emails nicht zu vermeiden. Diese Schwierigkeit wurde überwunden durch Anwendung eines Grundemails, das als Vermittler zwischen der Eisenfläche und dem Email dient. In der Fabrikation säurebeständigen Emails werden immer mehrere Lagen Emailmasse angewendet, die nacheinander aufgetragen und aufgebrannt werden. — Die Herstellung des Emails geschieht so, daß zunächst die Grundmasse wie auch die anderen Emailmassen nach genauer Dosierung und gründlicher Mischung der Einzelbestandteile gefrittet oder geschmolzen werden. Die gefritteten oder geschmolzenen Massen werden sodann in besonderen Mühlen teils naß, teils trocken vermahlen, sodann werden sie in wässeriger Suspension auf das entsprechend vorbehandelte Gußstück aufgetragen. Die Gußfläche des zu emaillierenden Stückes muß metallisch rein sein, also vor allem keine Fremdkörper aufweisen. Hingegen ist glatte Bearbeitung, z. B. eine gehobelte oder gedrehte Fläche, nicht notwendig. Im Gegenteil trägt und brennt sich die

Emailmasse auf rauher körniger Oberfläche bedeutend besser auf. Nach der Reinigung der Oberfläche wird das Gußstück einem Glühprozeß unterworfen, der alle verborgenen Fehler, wie Blasen und Schilpen, aufdeckt. Diesem Glühen folgt ein langsames Abkühlen, welches vorhandene Gußspannungen unschädlich macht. Nach einer nochmaligen mechanischen Reinigung wird das Stück entweder einem Beizprozeß in verdünnter Schwefel- oder Salzsäure unterworfen und mit Stahlbürsten gereinigt oder mittels eines besonders kräftigen Sandstrahlgebläses gründlich abgefegt, sodann wird die Emailmasse aufgetragen. Das grundierte Stück wird getrocknet, was mit Hilfe der Abwärme der Brennöfen geschieht. Die Brennöfen sind außenbeheizte Muffelöfen, weil das Gut nicht verunreinigt werden und daher mit den Heizgasen nicht in direkte Berührung kommen darf. Die Feuerung der Öfen geschieht mit Generatorgas. Jede aufgetragene Schicht verlangt eine andere Temperatur. Die höchste Temperatur ist die der Grundmasse. Jede weitere Schicht wird in stufenweise abnehmender Schmelztemperatur gebrannt. Es wird immer eine Lage auf der anderen verschmolzen, so daß nach Fertigstellung alle Aufträge miteinander wie eine Schmelzmasse festgebrannt erscheinen. Trotz der mehrfachen Emailschichten, die die verschiedenen Wärmeausdehnungskoeffizienten auszugleichen haben, ist das Gußeisen, das einen möglichst kleinen Ausdehnungskoeffizienten besitzt, das zur Emaillierung günstigste. Je geringer der Unterschied der Wärmeausdehnung zwischen dem Eisen und der Emaildecke ist, desto zuverlässiger das fertige Stück. Die wichtigste Eigenschaft des so hergestellten Emails ist vor allem die Säurebeständigkeit. Diese Bezeichnung soll auch die Widerstandsfähigkeit gegen alkalische Angriffe umfassen. Es ist festgestellt worden, daß eine 100stündige Erhitzung in konzentrierter Salpetersäure oder Schwefelsäure, ja auch konzentrierter Salzsäure, das Email nicht wesentlich angreift. Ebensowenig greifen auch schwach schwefelsaure und schwach ammoniakalische Lösungen das Email an. Flußsäure zersetzt das säurebeständige Email ebenso wie jedes andere Glas. Ebenso zerstörend, wenn auch nicht in gleichem Maße, wirken Essigsäure und Ameisensäure. Die zweite wichtige Eigenschaft ist die Hitzebeständigkeit. Säurebeständig emaillierte Gegenstände, wie Kessel oder Schalen, können Temperaturen bis 450° C ausgesetzt werden, ohne daß das Email darunter leidet. Das Email besitzt ferner hohe Festigkeit, insbesondere große Widerstandsfähigkeit gegen Druck und Zug. Emaillierte Apparate können auch hohen Drucken (20 Atmosphären und darüber) ausgesetzt werden. Gegen Schlag mit spitzigen und scharfen Eiseninstrumenten ist das Email wie jedes andere Glas empfindlich. Eine willkommene Eigenschaft des Emails ist seine Giftfreiheit und Geschmacklosigkeit. Diese Eigenschaft macht es geeignet für Apparate der Nahrungsmittelindustrie und der pharmazeutischen Industrie. Schließlich wäre noch die absolute Dichtigkeit des Emails zu erwähnen. Außer den genannten Industrien machen Fabriken der Farbenindustrie, der Sprengstoffindustrie, der Kunstseidefabrikation, der Herstellung ätherischer Öle, ferner reiner organischer Säuren weitgehenden Gebrauch von säurebeständig emaillierten Apparaten.

3. Kupfer.

Nach dem Eisen spielt unter den für den Apparatebau wichtigen Metallen das Kupfer die größte Rolle. Diese hervorragende Brauchbarkeit verdankt es sowohl seinen chemischen Eigenschaften, über die später eingehender gesprochen werden soll, als auch seiner guten mechanischen Verarbeitbarkeit. Es ist verhältnismäßig weich, sehr zähe und dehnbar, läßt sich hämmern, walzen, ziehen, schweißen und löten. Die große Zähigkeit, die das Auswalzen zu dünnsten Blechen gestattet, ermöglicht die Anwendung bedeutend geringerer Blechstärken als beim Eisen und damit sparsamen Verbrauch des allerdings teuren Metalls. Gewonnen wird das Kupfer gediegen in der Natur oder aus den verschiedensten, verhältnismäßig häufig vorkommenden Erzen auf dem Wege ziemlich komplizierter Verhüttungsverfahren. Die Kupfererze, die für die Verhüttung in Frage kommen, enthalten das Kupfer als Sulfür, Sulfid für sich oder in Verbindung mit anderem Metall, als Oxydul, Oxyd, Carbonat, Silikat. Sulfidische Erze sind beispielsweise Kupferglanz, Kupferkies, Kupfereisensulfid, Kupferindig, Fahlerz, Kupferantimonsulfid, Oxydul ist Rotkupfererz, Kupfercarbonat + Kupferhydroxyd, Malachit, Kupfersilikat Chrysokoll. Die Verhüttung der Erze geschieht entweder auf trockenem oder auf nassem Wege. Die trockene Gewinnung beginnt mit dem Rösten der Erze, das ebenso wie beim Eisen die Entfernung des Schwefels und der Kohlensäure und daneben die Verflüchtigung des Arsens und Antimons zum Zweck hat. Dem Wesen nach verschieden von den Röstprozessen ist das Brennen der Kupferschiefer, die einen verhältnismäßig hohen Gehalt an Bitumen besitzen, das vor der Verhüttung ausgebrannt werden muß. Versuche zum Extrahieren dieses Bitumens wie bei der Kohle sind bis jetzt ohne Erfolg geblieben. — Das Rösten der Kupfererze, das in früheren Zeiten auf dem primitiven Wege der Haufen- und Stadelröstung ausgeführt wurde, geschieht jetzt entweder in Flamm- oder in Schachtöfen. Bei beiden ist ausgiebige Berührung des Gutes mit dem Luftsauerstoff Bedingung. Bei stückigem Erz ist dies nicht schwer, wohl aber bei Erzklein oder Schlichen. Der Luftzutritt muß bei letzteren durch Aufrühren des erhitzten Erzes begünstigt werden. Es geschieht dies entweder durch Bewegung des auf feststehendem Herd befindlichen Gutes mit beweglichen Rührern oder durch Bewegung des Herdes bei feststehenden Rührern. Auf feststehendem Herd geschieht die Bewegung des Erzes vielfach noch von Hand, was hohe Lohnkosten verursacht und zumeist schon zum Ersatz der Menschenkraft durch Maschinenkraft geführt hat. Es ist eine große Zahl solcher mechanischer Ofenkonstruktionen bekannt geworden, auf die hier nicht näher eingegangen werden kann. Die Röstung des Erzes in Flammöfen bei verhältnismäßig unbeschränktem Luft- und Flammengaszutritt läßt das gebildete Schwefeldioxyd in zu niedriger Konzentration auftreten, als daß seine Verwertung zur Schwefelsäuregewinnung in Frage kommen könnte. Wesentlich günstiger in dieser Beziehung ist das Rösten in Schachtöfen, das ohne fremdes Brennmaterial arbeitet. Das Oxydieren des in den Sulfiden enthaltenen Schwefels ist ja ein exothermischer Prozeß, der einer äußeren Wärmezufuhr nicht bedarf. Die Schwierig-

keit der Behandlung von kleinkörnigen Erzen gab auch hier Anlaß zu einer
großen Anzahl von Ofenbauarten, von denen der Malétra-, McDougall-,
Herreshoff- und Wedgeofen namentlich angeführt seien. Beim Rösten selbst
tritt ein Schmelzen noch nicht ein. Das oxydische Röstprodukt wird mit
Koks und —.unter Umständen — mit Zuschlägen auf den sog. Rohstein
verschmolzen. In den „Stein" gehen die wertvollen Bestandteile hinein,
während die wertlosen in der Schlacke sich abscheiden. Grundsätzlich besteht das Verschmelzen auf Rohstein darin, daß der an die Verunreinigungen,
vor allem an das Eisen gebundene Schwefel sich mit dem Kupferoxyd zu
Kupfersulfid umsetzt, während das entstehende Eisenoxydul mit Kieselsäure in Eisensilicatschlacke umgewandelt wird. Es resultiert schließlich ein
Kupfersulfür entweder für sich oder in Verbindung mit Eisenoxyd. Die hier
auftretenden chemischen Vorgänge lassen sich am besten durch folgende
Gleichungen wiedergeben:

1. $2\,CuO + C = 2\,Cu + CO_2$,
2. $4\,Cu + 3\,FeS = (Cu_2S)_2\,FeS + 2\,Fe$,
3. $Fe + Fe_2O_3 = 3\,FeO$,
4. $FeO + SiO_2 = FeSiO_3$,
5. $CuSiO_3 + FeS = FeSiO_3 + CuS$,
6. $2\,CuS = Cu_2S + S$,
7. $Cu_2S + 2\,CuO = 4\,Cu + SO_2$.

Bei Anwesenheit von Arsen und Antimon setzt sich neben der Schlacken-
und Kupfersteinschicht eine besondere Schicht (Speise) ab, die Arsen- und
Antimonverbindungen der Metalle enthält. Die Verarbeitung der Speisen
geschieht auf diejenigen Anteile, die darin entweder der Menge oder ihrem
Werte nach das Übergewicht haben. Die Schlacken, die möglichst wenig
Kupfer enthalten sollen, bestehen aus Silicaten von Eisen, Mangan, Kalk,
Aluminium und Magnesium und werden vielfach in Formen gegossen und
als Straßenpflastermaterial verwendet. — Der Rohstein wird auf einen
Kupfergehalt von etwa 40 bis 50 Proz. angereichert. Das Verschmelzen
der Erze auf Rohstein geschieht im Schachtofen, Flammofen oder auch,
wenn auch seltener, im elektrischen Ofen. Der erstere besteht aus einem
Schacht aus feuerfesten Steinen, der von einem eisernen Mantel mit ringförmig aneinandergeschlossenen eisernen Kühlkästen umgeben ist. Letztere
sind unabhängig voneinander mit Wasserzu- und -abfluß versehen. Diese
Öfen werden deshalb als Wassermantelöfen bezeichnet. Die Kühlvorrichtung
gestattet, ohne daß man eine Zerstörung des feuerfesten Futters zu befürchten
hat, die Anwendung hoher Temperaturen (1300 bis 1500°). Der Wind tritt,
ähnlich wie beim Hochofen, durch gekühlte Formen ein, wird aber in der Regel
nicht vorgewärmt. Der Betrieb dieser Öfen ist kontinuierlich. Demgegen-
über erfolgt das Verschmelzen des Kupfersteins im Flammofen chargen-
weise. Diese Öfen sind deshalb weniger leistungsfähig. Die so erzielte Schlacke
enthält noch größere Kupfermengen. Hingegen haben die Flammöfen den
Vorteil, daß man in ihnen auch feine Erze verschmelzen kann, was im Schacht-

ofen nicht möglich ist. Die Beheizung geschieht mit festen oder gasförmigen Brennstoffen. — Der elektrische Ofen hat technisch große Vorteile aufzuweisen, kann jedoch wirtschaftlich mit den anderen Öfen nicht in Wettbewerb treten. — Die Weiterverarbeitung des Kupfersteins geschieht nach verschiedenen Methoden. Die älteren Methoden, der deutsche Prozeß, der im Totrösten des Rohsteins und dem Verschmelzen auf Schwarzkupfer im Schachtofen ohne oder mit Einschaltung von Konzentrationsarbeit, und der englische Prozeß, der im Röstschmelzen des Steines im Flammofen besteht, sollen hier weiter nicht beschrieben werden, da sie neuerdings fast allgemein durch das Verblasen des Steines in der Bessemerbirne ersetzt werden. Ähnlich wie beim Verhütten des Eisens wird auch hier Luft unter Druck durch den flüssigen Kupferstein gepreßt. Die chemischen Vorgänge bestehen hier darin, daß zuerst das Eisensulfid oxydiert und in Schlacke übergeführt wird. Sodann wird das Kupfersulfür teilweise oxydiert, so zwar, daß das zurückbleibende Sulfür mit dem entstandenen Oxydul reagiert und unter Abspaltung von schwefliger Säure Kupfermetall frei wird. Der Verblaseprozeß läßt sich durch folgende Gleichungen wiedergeben:

$$1.\ 2\,FeS + 3\,O_2 \ \ = 2\,SO_2 \ \ + 2\,FeO,$$
$$2.\ 2\,FeO + 2\,SiO_2 = 2\,FeSiO_3,$$
$$3.\ 2\,Cu_2S + 3\,O_2 \ \ = 2\,Cu_2O + 2\,SO_2,$$
$$4.\ Cu_2S \ \ + 2\,Cu_2O = 6\,Cu \ \ + SO_2.$$

Von den 4 Gleichungen verlaufen die ersten 3 exothermisch, die 4. endothermisch, wenn auch der Wärmeverbrauch bedeutend geringer als die Wärmeerzeugung ist. Immerhin ist die Wärmeerzeugung beim zweiten Teil des Vorganges, der durch die Gleichungen 3 und 4 gekennzeichnet ist, nicht so groß wie beim ersten Teil und daher mit wachsendem Kupfergehalt die Gefahr, daß die gebildete Wärme nicht ausreicht und der Prozeß zum Einfrieren kommt, vorhanden. Daher darf der zu verblasende Rohstein nicht mit über 50 Proz. Kupfergehalt in die Bessemerbirne eingebracht werden. Es hat sich auch gezeigt, daß das Verfahren versagen muß, wenn man den Wind, wie beim Eisenbessemern, am tiefsten Teile der Birne eintreten läßt. Das an dieser Stelle angesammelte metallische Kupfer muß durch den hindurchtretenden Wind abgekühlt werden und einfrieren. Man läßt daher den Wind seitlich in einer gewissen Höhe über dem Boden eintreten. Die Konverter haben entweder die Form der Bessemerbirnen oder auch trommelähnliche Formen. Das Futter war zunächst sauer. Man bezeichnet deshalb das bisher beschriebene Verfahren als das saure Verblasen. Das saure Futter wird aber schnell verbraucht und muß daher öfters erneuert werden. Die Anwendung von sauren Zuschlägen verbietet sich aber, da die Temperatur zur Verschlackung des zugesetzten Quarzes nicht hoch genug ist. *Brandt* hat vorgeschlagen, anstatt mit atmosphärischer Luft mit sauerstoffangereicherter Luft zu blasen. Die dadurch erhöhte Temperatur ermöglicht die Verwendung von sauren Zuschlägen und auch von basischem Futter, das sich besser hält als das saure. Das basische Futter ist auch anderweitig empfohlen worden, der Prozeß wird in diesem Falle aber anders geführt. In Amerika z. B. ist das basische Verfahren nur bei großen Einheiten durchgeführt worden, bei denen die notwendige Wärme ohne Sauerstoff leichter aufgebracht und infolge ihrer größeren Wärmekapazität auch besser festgehalten wird. Für die kleineren europäischen Hüttenwerke ist dieses Verfahren, das, wie erwähnt, mit ganz anderen, bedeutend größeren Chargen (etwa 65 t) arbeitet, nicht brauchbar.

Die nasse Kupfergewinnung beruht darauf, daß das Kupfer aus den Erzen mit Wasser, verdünnten Säuren oder Salzlösungen ausgelaugt und aus der Lösung auf verschiedene Weise ausgefällt wird. Sulfide, Oxyde und Carbonate werden durch Wasser oder verdünnte Schwefelsäure ausgelaugt, sulfidische Erze zuerst vorher abgeröstet. In Nordspanien (Rio Tinto) werden die sulfidischen Erze ohne vorhergehende Röstung mit Ferrisulfat ausgelaugt. Dies läßt sich durchführen, weil einfache Kupferverbindungen vorliegen. Doppelverbindungen, wie Kupferkies u. dgl., lassen sich auf diese Weise nicht auflösen. Diese Erze müssen vorher geröstet werden. Wichtig ist, daß die Röstung nur soweit getrieben wird, daß das Schwefelkupfer in Oxyd und Sulfat übergeführt wird, da sonst unlösliche Verbindungen des Kupfers entstehen. Die Röstung kann auch chlorierend unter Zusatz von Steinsalz ausgeführt werden, wobei Kupferchlorid entsteht, daß ebenfalls leicht löslich ist. Die nasse Kupfergewinnung eignet sich insbesondere für arme Kupfererze, die eine Verhüttung unrentabel erscheinen lassen. Die Ausfällung des Kupfers aus den Laugen kann geschehen durch Eisen, etwa nach den Gleichungen:

$$CuSO_4 + Fe = FeSO_4 + Cu,$$
$$CuCl_2 + Fe = FeCl_2 + Cu,$$
$$2\,CuCl + Fe = FeCl_2 + 2\,Cu.$$

Hierbei werden zur Ausfällung Eisenabfälle verwendet. Die Ausfällung mit Schwefelwasserstoff wird weniger verwendet. Mit Kalkmilch lassen sich nur Laugen fällen, die das Kupfer als Chlorid oder Chlorür enthalten. Die Abscheidung geschieht nach den Gleichungen:

$$CuCl_2 + Ca(OH)_2 = Cu(OH)_2 + CaCl_2,$$
$$2\,CuCl + Ca(OH)_2 = 2\,CuOH + CaCl_2.$$

Das Kupfer kann auch mit Hilfe von elektrischem Strom abgeschieden werden, was bei der Kupferraffination näher ausgeführt werden soll.

Das beim Verblasen erhaltene Schwarzkupfer enthält noch eine große Reihe von Fremdkörpern, die oxydiert oder verschlackt oder, wie die Arsen-, Antimon- und Zinnverbindungen, unter Bildung von Säuren und ihren Salzen entfernt werden müssen. Die Raffination geschieht mit Hilfe von Sauerstoff, der zunächst Kupferoxydul bildet. Dieses Kupferoxydul gibt seinen Sauerstoff an die Metalle weiter, die eine größere Affinität zum Sauerstoff haben als das Kupfer, d. h. an alle Metalle mit Ausnahme der Edelmetalle. Zunächst entsteht ein kupferoxydulhaltiges, sog. rohgares Kupfer, das durch reduzierendes Schmelzen, sog. Polen, in hammergares oder Raffinatkupfer umgewandelt wird. Dieser Prozeß wird allgemein in Flammöfen ausgeführt. Von den Verunreinigungen verdampft das Zink schon in der Einschmelzperiode. Während derselben Zeit verbrennt das Eisen und bildet mit dem Quarzfutter ein leicht schmelzbares basisches Silicat. Ebenso verhält sich Kobalt. Zinn wird entweder in der Oxydationsperiode als Zinnoxyd oder als Stannat abgeschieden. Blei verdampft in der Oxydationsperiode. Arsen verflüchtigt sich beim Einschmelzen als Metall, beim Verblasen als arsenige Säure oder es geht in Arsenit über. Ebenso verhält sich Antimon. Nickel und Wismut lassen sich auf trockenem Wege nicht aus dem Kupfer entfernen. Der Schwefel, der als Sulfür vorhanden ist, verbrennt während des Einschmelzens. Ein anderer Teil setzt sich mit dem entstandenen Cu_2O um. Das Austragen des Raffinats erfolgt bei kleineren Öfen durch Ausschöpfen mit Kellen. Für größere Öfen hat man Gießmaschinen konstruiert, die auf verschiedene Weise das flüssige Kupfer in die Gußformen überführen. Das edelmetallhaltige Schwarzkupfer muß auf elektrolytischem Wege raffiniert werden. Die Elektrolyse erfolgt entweder mit löslichen oder mit unlöslichen Anoden.

Im ersteren Falle verwendet man meist Schwarzkupfer als Anode. Als Lauge dient Kupfersulfat. Die theoretische Grundlage der elektrischen Kupferabscheidung ist die Erscheinung, daß an der Anode das Metall mit der größeren Lösungstension in Lösung geht, während an der Kathode das Metall, das mit dem geringsten Aufwand seine elektrische Ladung verliert, abgeschieden wird. Die Reihenfolge der Metalle ist Mn, Zn, Cd, Fe, Co, Ni, Sn, Pb, As, Bi, Sb, H, Cu, Hg, Ag, Au. Alle Metalle, die vor dem Kupfer angeführt sind, gehen vor dem Kupfer in Lösung, werden aber nicht an der Kathode niedergeschlagen, solange genügend Kupferionen in Lösung sind. Die vor dem Kupfer genannten Metalle gehen in den sog. Anodenschlamm, der für sich aufgearbeitet wird; ebenso aber auch Edelmetalle, wenn sie im Elektrolyten nicht gelöst sind. Sind sie gelöst, dann gehen sie auch vor dem Kupfer an die Kathode. Auf die Niederschlagung des Kupfers an der Kathode haben Einfluß die Zusammensetzung des Elektrolyten, die Stromdichte und die Temperatur des Bades. Unter Stromdichte versteht man die Ampèrezahl pro qm Elektrodenfläche. Ist die Stromdichte niedrig, so tritt keine Kupferabscheidung auf, sondern es werden die Cupri-Ionen in Cupro-Ionen umgewandelt. Es tritt also eine Teilentladung auf. Erst bei höherer Stromdichte wird auch das Cupri-Ion vollständig entladen, und das Kupfer scheidet sich metallisch an der Kathode ab. Die Neigung zur Partialentladung steigt mit der Temperatur. — Praktisch wird die Elektrolyse in Zellen ausgeführt, die aus Holz gebaut und mit Bleiblech ausgefüttert sind. Neuerdings werden die Bäder auch aus Beton hergestellt und mit Asphalt überzogen. Gegen Erdschluß sind sie durch isolierende Unterlagen, u. a. auch Glas, gesichert. Die Anoden werden, wie bereits erwähnt, in gewissen Abmessungen aus Schwarzkupfer gefertigt und besitzen seitliche Ohren zur Aufhängung an den oberen Badrändern. Die Kathoden bestehen aus dünnen Elektrolytkupferblechen. Der Elektrolyt hat einen Gehalt von 1,2 bis 3,6 Proz. Kupfer und 5 bis 15 Proz. Schwefelsäure. Wichtig ist, daß zur Vermeidung von Konzentrationsunterschieden innerhalb des Elektrolyten die Lauge in dauernder Bewegung sich befindet. Dies wird zur Zeit durch eine dauernde Zirkulation der Lauge bewirkt. Die Lauge tritt unten ein und oben aus. Zu diesem Zwecke sind die Bäder terrassenförmig angeordnet. Die Zuführung

des Stromes geschieht so, daß die einzelnen Bäder hintereinandergeschaltet
sind: der Strom kommt von der Maschine über die Schalttafel an die Anode
des ersten Bades, geht durch das letztere an die Kathode und die Stromableitung, von da an die Anode des nächsten Bades usw. Von der Kathode
des letzten Bades geht er in die Maschine zurück. Die Elektrolyse geht so
weit, bis die Kathoden die gewünschte Stärke von etwa 10 bis 12 mm erreicht
haben. Dann wird die Arbeit zur Herausnahme der alten und Einführung
neuer Kathoden unterbrochen. — Bei der Elektrolyse an unlöslichen Anoden
wird das Kupfer aus der Lauge allein gewonnen. Als Elektrolyt dient zumeist auch Kupfersulfat, nur selten Kupferchlorid mit freier Salzsäure. Der
Vorgang der Elektrolyse läßt sich durch die Gleichungen ausdrücken:

$$CuSO_4 = Cu + SO_4,$$
$$SO_4 + H_2O = H_2SO_4 + O.$$

Es scheidet sich also an der Anode immer für jedes Atom Kupfer an der
Kathode ein Atom Sauerstoff ab, der das Anodenmaterial stark angreift.
Es ist deshalb schwer, genügend widerstandsfähiges Anodenmaterial zu finden.
Die neuesten Anlagen besitzen Magnetitanoden, doch sind auch solche aus
Eisensiliciumlegierung in Gebrauch. Die Laugen für diese Prozesse stammen
vielfach aus der nassen Kupfergewinnung. Auch bei dieser Art der Elektrolyse
werden die Bäder terrassenförmig aufgestellt und die Laugenzufuhr in das
erste Bad geleitet, von wo sie nacheinander die übrigen Bäder durchfließt.

Das Kupfer des Handels ist, wenn es nicht auf elektrolytischem Wege raffiniert wurde, mit allerhand Beimengungen verunreinigt, die nicht nur seine
chemischen, sondern auch seine mechanischen Eigenschaften beeinflussen. Es
schmilzt unter Luftabschluß bei 1083°, bei Luftzutritt hat es infolge von Oxy-
dationsvorgängen keinen scharfen Schmelzpunkt. Seine Dichte beträgt 8,65 bis
8,93 je nach seiner Reinheit. Sein linearer Ausdehnungskoeffizient beträgt im
Intervall 0 bis 1000° 0,0000170, von 100 bis 300° 0,0000188. Seine spezifische
Wärme beträgt im Mittel 0,09272. Die Wärmeleitfähigkeit beträgt 0,96 von der
des Silbers, ist also sehr hoch. Der Elastizitätsmodul ist im gezogenen Zustande
12500. Er sinkt beim Erhitzen sehr beträchtlich. Die Zerreißfestigkeit des gegossenen Kupfers ist 16 bis 20 kg pro qmm. Beim Kaltrecken durch Walzen,
Hämmern, Ziehen steigt die Zerreißfestigkeit, wie Tabelle 17 nach *Webster* zeigt.

Tabelle 17.

Querschnittsver- minderung durch Walzen %	Bruchgrenze kg/qmm	Dehnung %	Kontraktion %
0	22	43	72
10	25	27	69
20	31	13	65
30	34	7	61
40	36,5	6	58
50	38,5	5,5	57
60	41	5	56
70	43	4	55

Beim Erhitzen geht auch bei kaltgerecktem Metall die Festigkeit stark
zurück, wie sich folgender Tabelle 18 von *Weidig* entnehmen läßt.

Tabelle 18.

Behandlung	Bruchgrenze kg/qmm	Dehnung %
kaltgezogen	32,71	5,8
1 Std. bei 400° geglüht	22,63	40,0
1 „ „ 600° „	22,49	40,0
1 „ „ 800° „	20,90	35,12

Die Druckfestigkeit des Kupfers ist für gezogenes Material 60 kg pro qmm.
Die Härte nach Brinell für Elektrolytkupfer 35 bis 40, für Raffinatkupfer
40 bis 48. Kaltrecken läßt die Härte bis auf 80 bis 120 steigen. Ein geringer
Gehalt an Arsen (etwa 0,3 Proz.) hat einen günstigen Einfluß auf Festigkeit und Zähigkeit. Ein Gehalt von 0,7 Proz. wirkt bereits schädlich. Ähnlich wirken auch Blei, Phosphor. Antimon wirkt an sich günstig bis zu
0,4 Proz. Arsen- und Antimongehalt n e b e n Nickel oder Mangan wirken
aber schädlich. Wismut wirkt ohne Ausnahme nachteilig auf die Festigkeitseigenschaften. Nickel und Eisen erhöhen die Zerreißfestigkeit. Sauerstoff-
gehalt ist schädlich. Phosphor, Mangan und Zinn wirken im allgemeinen
mit steigendem Gehalt günstig auf die Festigkeitseigenschaften. Kupfer
ist von allen für technische Verwertung in Frage kommenden Metallen der
beste Leiter für elektrischen Strom. Sein spezifischer Widerstand beträgt
0,0167 bis 0,0175. Es wird deshalb im ausgedehntesten Maße für elektrotechnische Zwecke verwendet.

Kupfer kann durch Gießen geformt werden, doch ist es zumeist notwendig, Desoxydationsmittel, wie beispielsweise Phosphor, Silicium, Calcium,
Zink usw. zuzusetzen, die mit dem Sauerstoff flüchtige Oxyde bilden, bei
der hohen Gießtemperatur entweichen und das Kupfer allein zurücklassen.
Im allgemeinen gießt man Kupfer weniger gern, weil es im flüssigen Zustande
Gase löst, sie beim Erstarren wieder abgibt und so besonders beim Gießen
in Sandform porös wird. Außerdem hat es einen ziemlich hohen Schwindungs-
koeffizienten, der die größte Sorgfalt erfordert, um beim Gießen Lunker,
Hohlräume usw. zu vermeiden. Die Schwindung beträgt etwa 1,4 Proz.
Durch Schmieden sowie durch sonstige kalte und warme Reckbehandlung,
wie Walzen, Ziehen, läßt sich das Kupfer sehr gut verarbeiten. Besonders
gute mechanische Eigenschaften ergibt das Walzen mit nachfolgender Erhitzung. Zur Herstellung von Verbindungen wird Kupfer zumeist gelötet
oder genietet. Es läßt sich sowohl mit Weich- wie mit Hartlot leicht löten.
Wegen seiner schnellen Oxydation bei der Schweißtemperatur und wegen
seiner hohen Wärmeleitfähigkeit schweißt man Kupfer nur ungern, sei es
nun durch Hammerschweißung, sei es mit Hilfe des Sauerstoff-Acetylen-
Brenners oder mit dem elektrischen Lichtbogen.

Das Kupfer ist ständig verunreinigt mit mehr oder weniger Kupferoxydul. Der Gehalt schwankt in der Regel zwischen 0,5 bis 1 Proz. Cu_2O.

Während kleine Gehalte an Kupferoxydul ohne wesentlichen Einfluß auf die Festigkeitseigenschaften des Kupfers sind, macht sich von etwa 0,9 Proz. Cu_2O an ein allmähliches Herabsinken der Festigkeitseigenschaften bemerkbar.

Das Kupfer wird von trockener Luft bei Zimmertemperatur nicht angegriffen. Auch bei Temperaturen bis 180° ist die Oxydation nur unbedeutend. Erst oberhalb dieser Temperatur bilden sich oberflächlich CuO und Cu_2O. Auch bei höheren Temperaturen leistet Kupfer Wasserstoff, Stickstoff, Kohlenoxyd, Kohlensäure und Wasserdampf Widerstand. Überhitzter Dampf macht Kupfer brüchig. Bei Gegenwart von Ammoniak wird es leicht oxydiert. In Kohlensäure und wasserhaltiger Luft bildet sich eine aus basischem Kupfercarbonat bestehende blaugrüne Oberflächenschicht, die schützend wirkt. Erhitzt man Kupfer in Wasserstoff, so nimmt es den letzteren auf. Ist Kupferoxydul im Metall enthalten, so wird es unter Bildung von Wasserdampf reduziert. Dieser diffundiert nicht durch das Kupfer, sondern sprengt es auf, wobei feine Risse entstehen und das Metall unbrauchbar wird. Diese Erscheinung bezeichnet man als die Wasserstoffkrankheit des Kupfers. — In geschmolzenem Zustande löst Kupfer viele Gase und gibt sie beim Erstarren wieder ab, wobei das Metall porös wird. Von Säuren, wie Schwefelsäure, Salzsäure, wird es nur in Gegenwart von Luft bzw. Sauerstoff angegriffen, in geringerem Maße von organischen Säuren. Es können sich daher bei Nahrungsmitteln, die organische Säuren enthalten, wenn sie in Kupfer aufbewahrt werden, giftige Kupfersalze bilden. Dies ist für die Verwendung des Kupfers in der Nahrungsmittelindustrie von besonderer Bedeutung. Salpetersäure löst Kupfer unter Bildung von Stickoxyden. Salpetersäure vom spez. Gewicht 1,54 passiviert das Kupfer. Konzentrierte Schwefelsäure löst Kupfer bei höherer Temperatur unter Bildung von SO_2. Alkalien greifen nur wenig an, und auch dies nur beim Erhitzen. Salzlösungen greifen nur schwach an. Schwefelwasserstoff bildet mit dem Kupfer schwarzes Kupfersulfür. Ebenso tut dies Schwefeldampf.

Überall dort, wo es darauf ankommt, einen Werkstoff von hoher elektrischer Leitfähigkeit, hoher Wärmeleitfähigkeit, Geschmeidigkeit, sowie Widerstandsfähigkeit gegen chemische Einflüsse zu verwenden, ist Kupfer das gegebene Metall. Seine wichtigste Eigenschaft ist die erstgenannte, die elektrische Leitfähigkeit, dank welcher etwa 50 Proz. des Gesamtverbrauches an Kupfer auf die Elektrotechnik entfallen. Daneben wird es aber auch in größtem Maße im Maschinen- und Apparatebau verwendet, worauf ja schon früher hingewiesen worden ist. Rohrleitungen, Dampf- und Kühlschlangen, Kochkessel, Destillationskolonnen, Warmwasserbereitungsapparate, Dichtungen, werden aus Kupfer gefertigt. Dazu kommt noch der Verbrauch an Kupfer für Legierungszwecke, insbesondere mit Zink, ferner auch mit Zinn und anderen Metallen. Die Legierungen von Kupfer sollen später behandelt werden.

Statistisches[1].

Die Bergwerksproduktion an Kupfer in Deutschland betrug in 1000 t:

		in Deutsch-Österreich
1913	26,9	
1924	22,8	1,8
1925	23,8	1,7
1926	24,0	2,0

Die Hüttenproduktion:

		in Deutsch-Österreich
1913	41,5	
1924	34,6	3,8
1925	39,1	3,8
1926	46,2	3,7

Da der Verbrauch an Rohkupfer

	in Deutschland	in Österreich
1913	259,7	
1924	131,3	13,7
1925	232,2	18,8
1926	167,4	15,2

war, so ist daraus ersichtlich, daß die Hauptmenge an Kupfer aus den Produktionsländern eingeführt wird, und zwar als Metall und nicht als Erz. Als Produktionsland für den deutschen Verbrauch stehen die Vereinigten Staaten von Nordamerika an erster Stelle.

Der Preis des Kupfers (Elektrolytkupfer) betrug:

1924	1,28	Mk./kg
1925	1,35	„
1926	1,33	„
1928 (Januar)	1,35	„ [2]

4. Blei.

Dieses Metall ist für die chemische Industrie deswegen so wichtig, weil es gegen Säuren, hauptsächlich gegen Schwefelsäure und Salzsäure, sehr widerstandsfähig ist. Es ist ein bläulich weißes Metall von geringer Härte, das sich leicht bearbeiten läßt. Es kommt in der Natur in Erzen vor, die es in erster Linie als Sulfid, dann als Carbonat, als Sulfat, Chlorid und Phosphat usw. enthalten. Das wichtigste Bleierz ist der Bleiglanz, in der Hauptsache aus PbS bestehend, mit einem theoretischen Gehalt an Blei von 86,6 Proz. Daneben enthält es aber auch Silber und sonstige Verunreinigungen. Das Weißbleierz oder Cerusit ist ein Bleicarbonat mit einem theoretischen Bleigehalt von 77,5 Proz. Ist es mit Kalk, Ton, Eisenoxyd verunreinigt, so heißt es Bleierde. Sind kohlige Substanzen darin enthalten, die es schwarz färben, führt es den Namen Schwarzbleierz. Das Weißbleierz ist ein Zersetzungsprodukt des Bleiglanzes, ebenso wie auch Bleivitriol $PbSO_4$ mit 68,3 Proz. Blei, Pyromorphit, $PbCl_2 + 3(Pb_3P_2O_8)$ mit 69,5 und ˙Mimetesit, $PbCl_2 + 3(Pb_3As_2O_8)$, mit 76,2 Proz. Blei. Aus diesen Erzen, hauptsächlich aus

---

[1] Nach den „Statistischen Zusammenstellungen" der *Metallgesellschaft Metallbank und Metallurgische Gesellschaft A.-G.* Frankfurt 1927.

[2] V. D. I.-Nachrichten Preistafel.

dem Bleiglanz, wird das Blei hüttenmäßig gewonnen. Seiner Zusammensetzung entsprechend bedarf der Bleiglanz zunächst der Röstung, d. h. der Entfernung des Schwefels, und sodann der Reduktion. Es sind zwei Verfahren zur hüttentechnischen Ausführung dieser chemischen Vorgänge in Gebrauch, 1. das Röst- und Reaktionsverfahren und 2. das Röst- und Reduktionsverfahren. Bei ersterem wird der Bleiglanz bei Temperaturen von etwa 500 bis 600° unter häufigem Umrühren oxydiert, bis sich das Erz in ein Gemisch von Bleioxyd, Bleisulfat und Schwefelblei in einem gewissen Verhältnis umgewandelt hat. Sodann wird die Temperatur gesteigert, so daß die oxydierten und die geschwefelten Bestandteile miteinander in Reaktion treten. Chemisch lassen sich die beiden Vorgänge ausdrücken durch die Gleichungen:

$$PbS + PbSO_4 = 2\,Pb + 2\,SO_2,$$
$$PbS + 2\,PbO = 3\,Pb + SO_2.$$

Diese Reaktionen ähneln denjenigen bei der Kupferverhüttung. Sie werden in Flamm- oder Herdöfen ausgeführt. — Dieses Verfahren wird aber in neuerer Zeit durch das zweite der genannten Verfahren, das Röst- und Reduktionsverfahren, verdrängt. Bei ihm wird der Schwefel zu einem Drittel abdestilliert, wobei er zu SO_2 verbrennt, sich auch teilweise zu SO_3 oxydiert und mit den Metalloxyden Sulfate bildet. Diese Röstung wird nach dem Verfahren von *Huntington* und *Heberlein* durch Verblasen ausgeführt. Das Erz wird unter Zuschlag von Kalkstein und Quarz in besonders gebauten Bleikonvertern mit Luft behandelt, so zwar, daß der Wind durch die Beschickung durchgepreßt wird. Das Bleierz verliert einen Teil seines Schwefels und sintert mit den Zuschlägen zusammen. Die gerösteten und gesinterten Erze werden im Schachtofen mit Koks geschmolzen. Die niedrigen Schachtöfen sind in neuerer Zeit fast durchwegs durch Hochöfen ersetzt. Diese haben entweder rechteckigen oder runden Querschnitt, bestehen aus einem hohen Schacht, der in der Schmelzzone von einem Wassermantel umgeben ist. Der Wind, der beim Bleischmelzverfahren nicht vorerhitzt wird, tritt durch eine Ringleitung und Düsen in die Schmelzzone ein. Der unterste Teil des Ofens, der Tiegel, besteht aus feuerfestem Material und ist mit zwei Abstichöffnungen, die sich in verschiedener Höhe befinden, versehen. Durch die obere wird die Schlacke abgestochen, durch die untere das Blei und der Stein. Im Hochofen wird das Bleioxyd zum Teil schon durch Kohlenoxyd reduziert. Bleisilicat und verschlackte Massen überhaupt, die für die Ofengase undurchlässig sind, bedürfen der direkten Berührung mit dem glühenden Kohlenstoff des Brennstoffes. Die Reduktion des Silicats geschieht auch indirekt, indem es durch Eisenoxydul oder Kalk zersetzt wird und Bleioxyd bildet, das sich durch Kohle und auch durch Kohlenoxyd reduzieren läßt. Ebenso wird auch Bleisulfid durch Kohle oder durch das Eisenoxydulsilicat reduziert. Das unvermeidliche Bleisulfat geht entweder über das Sulfid oder über das Silicat durch Reduktion ebenfalls in Blei über. Die anderen Beimengungen gehen in die Schlacke, wie Eisen, Mangan, Zink. Kupferoxyd und -oxydul werden zu Kupfer reduziert, setzen sich mit dem Schwefel zu Kupferstein um oder gehen bei Schwefelmangel ins Blei. Arsen verflüchtigt sich als arsenige Säure. Teilweise werden Arsenmetalle von der Schlacke aufgenommen, zum großen Teil bilden sie aber die Speise, ähnlich wie bei der Kupferverhüttung. Analog verhält sich Antimon. Die Edelmetalle gehen ins Blei. Die Schlacke wird aus dem Hochofen in fahrbare Schlackentöpfe abgestochen. Schlacke und Stein setzen sich übereinander ab und können leicht voneinander getrennt werden. Der Bleistein besteht aus Sulfiden von Eisen, Blei, Kupfer und den anderen Metallen, die als Verunreinigungen in den Erzen vorkommen. Unter anderem ist auch ein Teil des Silbers in Bleistein enthalten. Die Schlacke soll nicht mehr als $^{1}/_{2}$ bis 1 Proz. Blei enthalten. Das Werkblei wird entweder direkt in Formen gegossen oder gelangt in einen Kessel, wo es abgeschäumt wird. Die auf dem Blei schwimmende Krätze ist silberärmer als das Blei. Die Zusammensetzung des Werkbleies der verschiedenen Hütten geht aus folgender Tabelle 18 hervor:

Tabelle 18.

	Freiberg (Sachsen)	Mechernich	Pribram (Böhmen)	Andreasberg (Oberharz)	Overpelt (Belgien)
Pb	95,088	99,5913	97,3597	98,9105	98,78
Ag	0,470	0,0215	0,4230	0,0930	0,14
Au	—	Spuren	Spuren	—	Spuren
Bi	0,019	„	0,0070	0,0195	—
Cu	0,225	0,1332	0,1100	0,0347	0,19
As	1,826	—	0,2900	0,0652	0,08
Sb	0,958	0,2180	1,5240	0,3886	0,72
Sn	1,354	—	0,2500	0,1715	—
Cd	—	—	—	Spuren	—
Zn	0,002	0,0060	0,0012	0,0016	—
Fe	0,007	0,0300	0,0036	0,0054	0,04
Ni	—	Spuren	0,0015	0,0063	—
S	0,051	—	0,0300	—	0,08

Die Raffination des Werkbleies kann entweder dazu dienen, ein für die Entsilberung reines Metall oder aber ein reines Handelsblei zu erzeugen. Den ersteren Prozeß nennt man Vorraffination, den letzteren Fertigraffination. Die Vorraffination wird entweder in Kesseln oder in Flammöfen ausgeführt. Sie hat den Zweck, vor allem das Kupfer, das sich, wie bereits erwähnt, durch die Verhüttung im Hochofen nicht entfernen läßt, ebenso das Wismut aus dem Blei zu entfernen. Das erstere gelingt bei der Vorraffination. Die im Verlaufe von etwa 8 Stunden langsam eingeschmolzene Charge scheidet auf der Oberfläche den größten Teil des Kupfers und daneben auch einen Teil des Arsens, Eisens und Nickels in Gestalt von Krätzen ab, die abgezogen werden. Das Silber wird entweder mit Hilfe von Zink nach dem Verfahren von *Parkes* dem Blei entzogen, indem sich eine Zink-Silber-Blei-Legierung abscheidet, oder nach dem Verfahren von *Pattinson*. Durch wiederholtes Aufschmelzen und Abkühlen werden Bleikrystalle ausgesaigert, die ärmer an Silber sind als das ursprüngliche Blei. Es bleibt das an Silber angereicherte Blei zurück. Das nach dem Parkesverfahren vom Silber befreite Werkblei enthält Zink, das nunmehr mit Hilfe der Fertigraffination entfernt werden muß. In flachen Herdöfen wird das zinkhaltige Blei auf hohe Temperatur gebracht, wobei das Zink teils als solches abdestilliert, teils oxydiert und mit der gleichzeitig gebildeten Bleiglätte in Schlacke umgewandelt wird. Das Werkblei wird auch auf elektrolytischem Wege raffiniert, indem es in Anoden gegossen und in einem aus Bleifluorsilicat bestehenden Bad der Elektrolyse unterworfen wird. Die Kathoden bestehen aus dünnen reinen Bleiblechen. — Bei der Bleiverhüttung treten viel Metallverluste ein, sowohl durch die Verschlackung als auch durch die Bildung von Flugstaub. Letzterer wird aber entweder durch Trockenfilter, durch nasse Kondensation oder mit Hilfe der elektrischen Niederschlagsverfahren aus den Abgasen abgeschieden und wiedergewonnen.

Das Blei schmilzt bei 327° und siedet bei 1525° C. Vor Erreichung des Schmelzpunktes wird es spröde und läßt sich in krystallinische Stücke zerklopfen. Seine Dichte ist im festen Zustande 11,94, in geschmolzenem etwa 10,69. Sein linearer Ausdehnungskoeffizient von 0 bis 100° beträgt 0,000029, seine spezifische Wärme 0,0305. Die Wärmeleitfähigkeit 8,5 bezogen auf Silber = 100 oder $0,0836 \dfrac{\text{cal}}{\text{m} \cdot \text{sec} \cdot \text{Grad}}$. Die Zerreißfestigkeit beträgt etwa 2 kg/qmm, die Druckfestigkeit 5 kg/qmm. Durch Kaltrecken wird die Zugfestigkeit kaum gesteigert. Sein Elastizitätsmodul beträgt 1500 bis 1700. Die Dehnung ist sehr hoch. Beim Walzen von 30×35 auf 3×40 mm ist sie, wie *Heyn* festgestellt hat, 39,5 Proz., nach einem Walzen wie oben und darauffolgender Erhitzung 51°. Die Härte des Bleies ist gering, nur etwa 5 bis 6 nach *Brinell*. Seine Plastizität hingegen ist sehr hoch. Das elektrische Leitvermögen beträgt etwa 7,6 auf Silber = 100 bezogen oder $4,83 \dfrac{\text{mm}}{\text{Ohm} \cdot \text{qmm}}$.

Blei läßt sich sehr leicht vergießen und füllt die Form gut aus. Es läßt sich walzen, pressen, stanzen, prägen, infolge der geringen Festigkeit aber nicht zu dünnen Drähten ziehen. Bleche werden im allgemeinen durch Walzen, Drähte und Rohre durch Pressen hergestellt. Nur weite Rohre werden auch gegossen. Die Verbindung von Blei erfolgt in erster Linie durch Löten, aber nicht mit Hilfe eines fremden Lötmetalls, sondern mit Blei selbst, nach Art der autogenen Schweißung mit Hilfe des Lötkolbens oder der Gebläseflamme.

Blei bleibt in trockener Luft unverändert bläulich weiß. In feuchter Luft überzieht es sich mit einer Schicht von Oxyd und basischem Carbonat, die es vor weitergehenden Angriffen bewahrt. Beim Erhitzen des geschmolzenen Bleis auf Rotglut bildet sich Oxyd, das leicht abzuschöpfen ist, so daß die ganze Masse allmählich in Oxyd übergeht. Wasser greift Blei unter Bildung von Hydroxyd an, insbesondere, wenn darin Chloride und Nitrate enthalten sind. Harte Wasser bilden auf dem Blei eine Schutzschicht aus basischen Verbindungen, weshalb man Blei auch für Wasserleitungsrohre verwenden kann. Von Kalk-Sand-Mörtel wird Blei stark angegriffen, ebenso von Zementmörtel, nicht hingegen von Gips. Salzsäure und Schwefelsäure greifen Blei kaum an, letztere erst bei einer Konzentration von 60° Baumé. Schwefelsäure in der Hitze löst das Blei ebenfalls. Salpetersäure, Königswasser lösen Blei auf. Fluorwasserstoffsäure bildet ebenso wie Kohlensäure eine Schutzschicht. Schwefelwasserstoff gibt schwarzes Bleisulfid. Gegen SO_2 ist es das widerstandsfähigste Metall. Organische Säuren greifen bei Luftzutritt schon in schwacher Konzentration das Blei an. Daher ist seine Anwendung bei Apparaten der Nahrungsmittelindustrie unmöglich, denn Blei ist sowohl als Metall als auch in Form seiner Salze sehr giftig. Seine Gefährlichkeit wird dadurch erhöht, daß es sowohl durch den Mund als auch durch die Haut aufgenommen wird.

Blei gelangt entweder als reines Blei oder Weichblei mit 99,8 Proz. Blei zur Anwendung, oder als Hartblei, welches eine Legierung mit Antimon ist, die 70 bis 95 Proz. Blei enthalten kann.

Die Verwendung des Bleis in der chemischen Industrie ist eine äußerst vielseitige und ist begründet durch eine Reihe von wichtigen Eigenschaften dieses Metalls: Es läßt sich sehr leicht verformen und mit Werkzeugen der verschiedensten Art ohne Mühe bearbeiten. Es läßt sich ferner gut löten und schweißen, vor allem an dem Orte, wo es eingebaut ist bzw. wird. Eine nicht zu unterschätzende Eigenschaft ist seine Verwertbarkeit auch als Altmaterial. So sehr man aber das Blei in der chemischen Industrie seiner chemischen Widerstandsfähigkeit wegen schätzt, so wenig kann man es wegen seiner geringen mechanischen Festigkeit für sich allein zu Apparaten verarbeiten. Man hilft sich so, daß man mechanisch beanspruchte Apparate aus festem Werkstoff, Eisen, Kupfer, Holz u. dgl. herstellt und die chemisch beanspruchten Flächen mit Blei bekleidet. Von den Verbleiungsverfahren kommen für Eisen in Betracht: die Feuerverbleiung, die darin besteht, daß man die vorher entsprechend gesäuberten Eisengegenstände durch ein Bad von geschmolzenem Blei zieht; die Spritzverbleiung, bei welcher man mit Hilfe einer Spritzpistole das flüssige Blei auf das Eisen schleudert; die elektrolytische Verbleiung, bei der die Bleischicht elektrolytisch auf dem Eisen niedergeschlagen wird. Bei allen diesen Verfahren ist die Schicht nicht gleichmäßig auf dem Eisen aufgetragen, so daß der Schutz kein zuverlässiger ist. Für Holz-, Kupfer-, Beton- und auch Eisenapparate ist auch die Verkleidung mit Bleiblech viel in Gebrauch. Die Walzbleiauskleidung hat vor allem den Vorzug, daß sie an bereits fertig montierten Apparaten jederzeit angebracht werden kann. Die einzelnen Bleche werden nach entsprechender Befestigung am Apparat untereinander durch Löten verbunden und bilden so ein zusammenhängendes Gefäß im anderen Gefäße. Diese Art der Verbleiung hat den Nachteil, daß sie bei höherer Temperatur, bei Druck und Unterdruck nicht zu brauchen ist. Die Bleche lösen sich von der Gefäßwand und sacken zusammen, wobei nicht selten Reißen der Bleche an den Lötnähten eintritt. Die Folge ist, daß die zerstörende Flüssigkeit an das chemisch empfindliche Außengefäß gelangt. Für solche auf Druck, Unterdruck sowie höhere und wechselnde Temperaturen beanspruchte Apparate eignet sich am besten die sog. homogene Verbleiung. Auf die sorgfältig gesäuberte und leicht verzinnte Metallfläche wird Blei durchgängig aufgeschmolzen, so zwar, daß zwischen dem Unterlagsmetall und der Bleischicht nicht der geringste Zwischenraum besteht. Diese Verbleiung kann auf Stahl, Stahlguß und Kupfer aufgebracht werden. Für Gußeisen eignet sie sich nicht. Da die zu verbleiende Fläche sich beim Aufschmelzen immer in wagerechter Lage befinden muß, so läßt sich die homogene Verbleiung nur in der Werkstatt, nicht aber am fertig montierten Apparat ausführen. Diesem Nachteil stehen aber verschiedene Vorteile gegenüber, vor allem das viel geringere Bleigewicht, sowie die Möglichkeit, das chemisch viel widerstandsfähigere Weichblei zu verwenden.

Was nun die Industriezweige anlangt, in denen Blei besonders angewandt wird, so ist vor allem die Schwefelsäureherstellung zu erwähnen, die nahezu nur Blei benützt, und zwar für die Säurekammern, Säuretürme und -kästen, Eindampfapparate, Rohrleitungen, Pumpen, Ventilatoren, Ventile, Hähne, Düsen usw. Eine ebenso häufige Anwendung findet es in der Bleicherei, Färberei, Kunstseidefabrikation, wo man Behälter, Rohrleitungen, Ventilatoren aus Blei herstellt. In der Kokerei und Gasindustrie werden die Ammoniaksättiger mit Blei ausgefüttert, ebenso in der Fett-, Öl-, Seifenindustrie, in der Mineralölraffination, kurz überall dort, wo Reaktionen mit Schwefelsäure oder Salzsäure stattfinden. Die elektrolytischen Betriebe verwenden zum Teil auch mit Blei ausgeschlagene Bäder. Die Fabrikation der Flußsäure und die Betriebe, die sich der Flußsäure bedienen, machen auch von der Widerstandsfähigkeit des Bleis gegen diese Säure Gebrauch. Ein sehr wichtiger Verwendungszweig ist die Herstellung von Bleiakkumulatoren. Sonst wird das Metall in der Elektrotechnik zur Sicherung der Kabel gegen Korrosion angewendet. Die schon oben besprochene Eigenschaft, daß sich das Blei mit einer dauerhaften Schutzschicht überzieht, läßt seine Verwendung zu Wasserleitungsrohren zu. Solche Rohre sollen aber nicht in Kalk oder Kalksandmörtel, sondern in Gipsmörtel verlegt werden. — Infolge seiner leichten Schmelzbarkeit wird das Blei auch für Bleibäder gebraucht.

Eine große Anzahl von Legierungen, von denen noch später die Rede sein soll, hat Blei als Hauptbestandteil.

Statistisches[1].

Die Bergwerksproduktion an Blei betrug in 1000 t

	in Deutschland	in Deutsch-Österreich
1913	79,0	
1924	32,5	6,5
1925	35,8	6,5
1926	40,0	8,2

Die Hüttenproduktion

	in Deutschland	in Österreich
1913	188,0	
1924	50,2	5,0
1925	70,5	5,4
1926	76,2	6,5

---

[1] Nach den „Statistischen Zusammenstellungen" der *Metallgesellschaft Metallbank und Metallurgische Gesellschaft A.-G.*, Frankfurt 1927.

Der Verbrauch war

	in Deutschland	in Österreich
1913	230,4	
1924	89,7	9,1
1925	192,9	9,5
1926	152,3	12,6

Der Verbrauch an Blei war in beiden Ländern etwa doppelt so groß wie die Inlandsproduktion. Eingeführt wird Blei als Erz und Metall hauptsächlich aus den Vereinigten Staaten von Nordamerika, Spanien und Mexiko, Belgien und Polnisch-Oberschlesien.

Der Preis für Blei beträgt etwa (Januar 1928): 44 Mk. pro 100 qkg.[1]

5. Nickel.

Dieses Metall kommt infolge seines hohen Preises als Baustoff nur für besondere Apparate in Frage. Hingegen sind Nickellegierungen, und zwar insbesondere mit Stahl, Chrom und Kupfer, für die chemische Technik von hoher Bedeutung. — Nickel kommt in der Natur nur in gebundenem Zustande vor. Gediegenes Metall ist bis jetzt nur in Meteoriten gefunden worden. Wenn als Nickelerze auch Rotnickelkies (NiAs) mit 43,9 Proz. Nickel und Chloantit ($NiAs_2$) mit 28 Proz. Nickel in Deutschland in größeren Mengen vorkommen (im Erzgebirge, im Schwarzwald, im Mansfelder Kupferschiefer und im Spessart), so sind die Ausgangsmaterialien der modernen Nickelgewinnung doch vor allem der Garnierit (Magnesiumnickelsilicat) und die Kupfer-Nickel führenden Magnetkiese. Ersterer kommt in Neukaledonien in großen Lagern vor, letztere in der Hauptmenge in Kanada. Dieses Land erzeugt auch etwa 90 Proz. der Gesamtweltproduktion an Nickel. Aus den Erzen wird das Metall auf hüttenmännischem Wege mit Hilfe verschiedener Verfahren gewonnen, die sich nach der Zusammensetzung der Erze richten. Die oxydischen Erze werden anders verhüttet als die kupferhaltigen, und diese wieder anders als die arsenhaltigen. Der Garnierit wird zunächst unter Zusatz schwefelabgebender Mineralien, wie Gips oder Schwerspat oder Rückständen von der Leblanc-Sodafabrikation, im Schachtofen zu Nickelrohstein geschmolzen, wobei eine arme Schlacke fällt. Das Nickel ist in dem Rohstein als Ni_3S_2 enthalten, in schwefel-eisenreichen Steinen in der gleichen Form, aber gebunden an das Schwefeleisen. Der Rohstein wird gemahlen, dann teilweise abgeröstet. Die Entschwefelung darf aber nur so weit gehen, daß noch genügend zurückbleibt, um das Nickel als Sulfid zu binden. Der abgeröstete Stein wird sodann unter Zuschlag von Quarz und Koks verschmolzen, das Eisen hierbei als Schlacke abgeschieden und ein Konzentrationsstein mit etwa 65 Proz. Nickel erhalten. Im Eisenkonverter wird dieser auf Nickelfeinstein mit etwa 77 bis 78 Proz. Nickel verblasen. Der Feinstein wird aus dem Konverter zunächst in kleine Barren gegossen, zermahlen und abgeröstet, nach dieser zweiten Mahlung nochmals geröstet, wobei ein Nickeloxydul mit 77 bis 78 Proz. Ni verbleibt. Dieses wird mit

---

[1] V. D. I.-Nachrichten Preistafel.

einem Bindemittel, gewöhnlich Mehl und Wasser, zu einem Teig angerührt und in Kuchen geformt und diese Kuchen mit Holzkohlenpulver in Schamotterohren zu Rohmetall reduziert. — Kupferhaltige Nickelerze, die zumeist schwefel- oder arsenhaltig sind, werden teilweise abgeröstet, das Röstgut im Schacht- oder Flammofen auf Rohstein verschmolzen. Der Letztere wird durch Verblasen im Konverter auf konzentrierten Stein verarbeitet, der wie der obenerwähnte Konzentrationsstein totgeröstet und reduziert wird. — Arsenhaltige Erze werden ähnlich verhüttet wie die schwefelhaltigen. Es gibt noch eine Reihe anderer Verfahren, die insbesondere die Trennung der einzelnen Metalle zum Gegenstand haben. Unter den Raffinationsverfahren ist von besonderem Interesse der Prozeß von *Mond, Langer* und *Quincke*. Dieser beruht darauf, daß das Nickeloxyd durch Wasserstoff, Kohlenoxyd oder ähnliche reduzierende Gase zu Nickelschwamm reduziert wird. Letzterer wird durch Einwirken von überschüssigem Kohlenoxyd bei Temperaturen von etwa 50° in Nickelcarbonyl $Ni(CO)_4$ umgewandelt. Bei dieser Temperatur werden Kupfer und Kobalt nicht, wohl aber das im Nickeloxyd vorhandene Eisen im gleichen Maße angegriffen. Bei der darauffolgenden Erhitzung wird das gasförmige Nickelcarbonyl in Nickel und Kohlenoxyd zurückverwandelt. Ebenso zerfällt auch das entstandene Eisencarbonyl in Eisen und Kohlenoxyd. Zur Bildung des Nickelcarbonyls eignet sich nur ein Nickelschwamm, der genügend fein verteilt ist und zu diesem Zwecke nur bei Temperaturen von etwa 350° reduziert sein darf. Das Verflüchtigen ist ein exothermer Prozeß, bei dem die Temperatur dauernd auf 40 bis 50° gehalten werden muß. Er wird in kurzen, zylinderförmigen, mit Rührern versehenen Kammern ausgeführt, in denen das Gut von oben nach unten dem Kohlenoxydstrom entgegenwandert. Die nickelhaltige Substanz muß von Zeit zu Zeit reduziert werden, um ihre volle Aktivität zur Umwandlung wieder zu erlangen. Das gasförmige Nickelcarbonyl wird filtriert und in einem Zersetzungsturm bei 180 bis 200° zersetzt. Hierbei muß besonders darauf geachtet werden, daß sich das Nickel nicht als Schwamm an den Wänden absetzt, und daß nicht Leitungen, Öffnungen u. dgl. durch die Ausscheidung des Nickels verstopft werden. Die Niederschlagung des abgeschiedenen Nickels erfolgt auf Nickelschrot, das davon in dünnen Schichten überzogen wird. Haben die einzelnen Körner eine gewisse Größe erreicht, so werden sie ausgeschieden. Das auf diese Weise raffinierte Nickel hat eine Reinheit von 99,3 bis 99,8 Proz.

Von anderen Verhüttungsverfahren soll noch der Orfordprozeß Erwähnung finden, der in Amerika am meisten ausgeführt wird. Der im Konverter erhaltene Konzentrationsstein wird mit Sulfat im Kupolofen geschmolzen. Das durch die Reduktion des Sulfates gebildete Natriumsulfid bildet mit dem Kupfersulfid einen Stein von geringem spezifischen Gewicht. Das Ofenprodukt wird in Töpfen erkalten gelassen, in denen sich oben die Hauptmenge des Kupfersulfids mit Natriumsulfid, unten das Nickelsulfid absetzt. Die beiden Teile werden nach dem Abkühlen getrennt. Nach mehreren solchen Behandlungen werden die kupferhaltigen Teile in einem Konverter zu Schwarzkupfer verblasen. Das Nickelsulfid wird geröstet, in reines Nickeloxyd umgewandelt und schließlich mit Holzkohle oberhalb seiner Schmelztemperatur zu metallischem Nickel reduziert, das dann in Blöcke gegossen oder durch Einfließen in Wasser in Form von Granalien erhalten wird. Das Elektrolytnickel wird hergestellt, indem man dieses reduzierte Metall zu Anoden gießt und an reinen Nickelkathoden aus einem Nickelsulfatbad niederschlagen läßt. Den verschiedenen Gewinnungsverfahren entsprechend erscheint das Nickel in folgenden Formen im Handel: 1. Körner, kleine Würfel oder Staub, wenn es durch Reduktion von Nickeloxyd bei niedriger Temperatur und nicht im Wege des Schmelzflusses erhalten worden ist; 2. als Nickel in konzentrischen Schalen niedergeschlagen durch Zersetzung von Nickelcarbonyl; 3. als Elektrolytnickel in Form der Kathodenbleche; 4. in Blöcken, die durch Reduktion von Nickeloxyd oberhalb der Schmelztemperatur des Nickels erhalten sind, und schließlich 5. als schmiedbares Nickel, auf die gleiche Weise wie 4. erhalten, jedoch mit Desoxydationsmitteln behandelt. Dieses wird in Form von Stäben, Blechen, Draht, Rohr hergestellt. Die Hauptmenge des Handelsnickels gehört in Klasse 4. Wie weit die Raffination des Nickels geht, ist aus den in folgender Tabelle 20 verzeichneten Analysen zu ersehen:

Tabelle 20.

Bezeichnung	Form	Ni u. CO_2	CO	Cu	Fe	C	S	Si	Mn	As	Sn u. Sb	Unlösliches
Kanada Nickel	Elektrolyt	99,80	—	0,01	0,12	—	—	—	—	Spur	Spur	0,015
Elektrolyt „	„	98,75	—	0,10	0,50	—	0,01	—	—	—	—	—
Nickel- . . .	Schrot	99,00	—	0,05	0,50	0,10	0,03	0,05	—	—	—	—
Mond Nickel . {	„	99,36	0,06	0,03	0,39	0,11	0,002	0,11	0,09	—	—	—
	„	99,92	0	0,08	0,040	0,030	0	0,007	—	—	—	—
schmiedbares Nickel . .	Blech	99,26	—	0,12	0,40	0,045	0,024	0,17	Spur	—	—	—

Nickel wird auch in nichtmetallischer Form gebraucht, z. B. im Edisonakkumulator in Form von Nickelhydroxydul, ferner für katalytische Zwecke, insbesondere bei der Fetthärtung.

Das Nickel ist ein silberweißes, stark glänzendes Metall mit einem Stich ins Stahlgraue. Es hat zackigen Bruch. Sein Schmelzpunkt liegt bei 1400 bis 1450°. Seine Dichte schwankt je nach seiner Behandlung: gegossenes Nickel hat 8,35, geschmiedetes 8,66 bis 8,93, kaltgezogenes 8,76 und kaltgerecktes und geglühtes 8,43 bis 8,84. Sein Ausdehnungskoeffizient bei gewöhnlicher Temperatur ist 0,00001234. Seine spezifische Wärme in dem Temperaturintervall + 20 bis + 100 ist 0,108. Der Elastizitätsmodul des Nickels schwankt je nach seiner Verarbeitung von 20000 bis 22000. Ebenso ist die Zerreißfestigkeit nach der Bearbeitungsart verschieden. Gezogenes Nickel hat Zerreißfestigkeit von 45 kg/qmm. Durch Kaltrecken erreicht es die Festigkeit bis zu 70 kg pro qmm. Wird es geglüht, so fällt die Festigkeit, ebenso auch die Elastizitätsgrenze, wie sich aus folgender Tabelle 21 ersehen läßt:

Tabelle 21.

Glühtemperatur °C	Festigkeit kg/qmm	Elastizitäts-grenze kg/qmm	Dehnung %
Unbehandelt	70,0	40,5	11
350°	70,2	41,4	13,5
400°	70,2	42,6	13,5
450°	68,5	43,4	14
500°	67,2	29,7	14
550°	65,0	30,1	16
600°	63,8	28,1	17
650°	59,9	27,6	20
700°	58,9	3,8	28
750°	59,6	3,5	28
800°	50,3	3,7	33

Die Härte nach *Brinell* wurde bei kaltgerecktem Metall zu 158 festgestellt, geht aber nach dem Glühen stark zurück (80 bis 90 kg). Nickel läßt sich ebenso wie Eisen, jedoch in schwächerem Maße, magnesitieren. Oberhalb 320° verliert es seinen Magnetismus und ist nicht mehr magnetisierbar. Diese Temperatur muß als sein magnetischer Umwandlungspunkt angesehen werden. Die elektrische Leitfähigkeit ist nur 0,2 von der des Silbers oder $11,5 \dfrac{m}{\Omega \cdot qmm}$. Sein spezifischer Widerstand beträgt 0,12, der Temperaturkoeffizient 0,00007. Infolge dieses hohen und bei verschiedenen Temperaturen gleichmäßigen Widerstandes ist es für die Elektrotechnik ein äußerst wichtiger Werkstoff.

Ebenso wie bei den anderen Metallen, so haben auch bei Nickel die darin vorkommenden Verunreinigungen gewisse Einflüsse auf die mechanischen Eigenschaften. Kohlenstoff ist regelmäßig im Nickel enthalten und auch notwendig für die Herstellung von schmiedbarem Nickel. Innerhalb der normalen Grenze befindet es sich im Nickel in fester Lösung und erhöht die Härte und Festigkeit des Metalls. Ebenso ist Mangan im schmiedbaren Nickel notwendig. Nickeloxyd wurde früher als schädlich für die Schmiedbarkeit angesehen. Nach neuen Forschungen ist dies aber nicht der Fall. Schwefel macht schon in der Menge von 0,01 Proz. das Metall rotbrüchig. Eisen ist immer im Nickel vorhanden, gewöhnlich in Mengen unter 1 Proz., hat aber keinen merkbaren Einfluß auf die Eigenschaften des Metalls. Ebensowenig fehlt Kobalt im Nickel, auch ohne einen besonderen Einfluß auszuüben. Silicium, das in der Form von Ni_3Si in geschmolzenem Nickel löslich ist, ist bis zum Gehalt von 0,2 Proz. ohne **Einfluß**. Höhere Gehalte erhöhen die Härte und setzen die Duktilität, noch höhere auch die Schmiedbarkeit herunter. Bei 3 bis 5 Proz. Silicium ist das Nickel unschmiedbar.

Bei gewöhnlicher Temperatur wird es von atmosphärischer Luft, feuchter oder trockener, von Süß- und Seewasser nicht angegriffen. Von den Mineralsäuren greift nur die Salpetersäure lösend an. Salpetersäure von 1,48 passiviert das Nickel. Schwefel- und Salzsäure lösen Nickel nur sehr langsam, auch

Phosphorsäure wirkt nur schwach darauf. Organische Säuren, wie Essigsäure, Oxalsäure, Weinsäure und Citronensäure, greifen es in merkbarem Maße nur nach langer Zeit an. Gegen Alkalien in geschmolzenem oder gelöstem Zustande ist es sehr widerstandsfähig. Mit Kohlenoxyd bildet es, wie bereits bei der Herstellung erwähnt, Nickeltetracarbonyl. In geschmolzenem Zustande wirkt es ebenso wie Kupfer lösend auf Gase, die es beim Erstarren wieder abgibt. Bei etwa 500° wird es oberflächlich oxydiert und zersetzt auch Wasser unter Bildung von Wasserstoff. Die Löslichkeit in verschiedenen Chemikalien geht aus folgender Tabelle 22 zahlenmäßig hervor.

Tabelle 22.

Proben eingetaucht in	Gewichtsverlust für 100 ccm	
	in 7 Tagen Lösung täglich erneuert	in 28 Tagen Lösung nicht erneuert
HNO_3 (N/5)	4,200 mg	2,100 mg
HCl (N/5)	250	450
H_2SO_4 (N/5)	250	400
$MgCl_2$ (N/5)	50	100
NaOH (N/5)	0	0
$CaCl_2$ (N/5)	80	50
NaCl (N/5)	0	0
NH_4OH (N/5)	0	0
Na_2CO_3 (N/5)	0	0

Solange man die guten Eigenschaften des Reinnickels und die Arten seiner mechanischen Bearbeitung nicht kannte, wurde es in der chemischen Technik wenig verwendet. Neuerdings ist das Nickel besonders durch die Bemühungen der Berndorfer Metallwarenfabrik *Arthur Krupp A.-G.* mehr in die chemische Technik eingedrungen. Es können alle Apparate, nahtlos gezogene Rohre, Kessel der größten Dimensionen, hergestellt werden. Dies wird vor allem durch die leichte Schweißbarkeit des Nickels ermöglicht.

Statistisches[1].

Die Bergwerksproduktion an Nickel in Deutschland ist verschwindend. Der Hauptproduzent ist Kanada, das 1926 30 600 t bergmännisch gewonnen hat. In weitem Abstand folgt Australien (Neukaledonien). Diese Länder versorgen die ganze Welt.

Der Preis für Reinnickel betrug (Januar 1928): 345 bis 350 Mk. pro 100 kg[2].

6. Chrom.

Chrom, ein Metall von spröder Beschaffenheit und der Härte des Korunds, ist in zusammenhängender Form stark glänzend und gut polierbar. Das Ausgangsmaterial für die Gewinnung des Metalls ist Chromeisenstein oder

---

[1] Nach den „Statistischen Zusammenstellungen" der *Metallgesellschaft, Metallbank und Metallurgische Gesellschaft A.-G.*, Frankfurt 1927.

[2] V. D. I.-Nachrichten. Preistafel.

Chromit, Cr_2O_3FeO, worin das FeO teilweise durch MgO, das Cr_2O_3 durch Al_2O_3 oder Fe_2O_3 ersetzt ist. Das reine Chrom wird nach dem *Goldschmidt*schen alumino-thermischen Verfahren hergestellt. Man mischt reines gepulvertes Chromoxyd mit granuliertem Aluminium und entzündet das Gemisch mittels einer Zündkirsche. Nach der Gleichung $Cr_2O_3 + Al_2 = Al_2O_3 + Cr_2$ geht dann die Reaktion exothermisch vor sich, wobei Temperaturen bis 3000° erreicht werden. Ist das verwandte Chromoxyd nicht ganz rein, so gibt man ihm etwas Chromsäure oder chromsaures Salz zu. Dieses Verfahren wird im Tiegel ausgeführt und kann, wenn man durch zwei Öffnungen das Metall und die geschmolzene Schlacke getrennt absticht, auch kontinuierlich gestaltet werden. Der Tiegel wird dabei gebildet aus einem mit Magnesiaauskleidung versehenen Blechmantel. Saures Material darf für die Auskleidung nicht verwendet werden, da die flüssige Tonerde sonst die Auskleidung durch-schmelzen würde. Das so erhaltene Metall ist 99proz. und enthält nur ganz geringe Mengen von Eisen, Silicium, Aluminium und Spuren von Schwefel und Kohlenstoff. Das Verfahren wird deswegen besonders rentabel, weil die Schlacke aus Korund besteht, der für Schleif- und Poliermittel seinen besonderen Wert hat. Neben dieser Herstellungsart haben die anderen, ins-besondere die elektrolytische, nur noch historische Bedeutung. Das reine Chrommetall hat einen Schmelzpunkt von 1515 bis 1520°, einen Siedepunkt von 2200°. Seine Dichte bei 20° beträgt 6,92. Die spezifische Wärme ist bei 0° zu 0,104, bei 100° zu 0,112, bei 500° zu 0,150 festgestellt worden. Das elektrische Leitvermögen bei 0° ist $38,5 \cdot 10^4$ reziproke Ohm für den Zenti-meterwürfel. Die hauptsächlichste chemische Eigenschaft des metallischen Chroms ist die hohe Korrosionsbeständigkeit gegen atmosphärische Einflüsse. Beim Glühen an der Luft bedeckt es sich mit einer grünen Schicht von Chrom-oxyd. In heißer Schwefelsäure ist es löslich unter Bildung von Chromisulfat. Ebenso greifen es heiße starke Halogensäuren àn. Von kalter Salzsäure wird es nicht angegriffen. Salpetersäure wirkt zunächst passivierend, erst nach einiger Zeit der Einwirkung oder bei der Wärme tritt Lösung ein. Gegen Alkalien ist Chrom beständig, ebenso wirken Salzlösungen aller Art, See-wasser usw. in keiner Weise darauf ein. Chrom dient hauptsächlich zur Her-stellung von Legierungen. Für sich allein wird es zur Herstellung von Appa-raten usw. nicht angewendet. (Über die Chromlegierungen s. unten.) Als zweite Verwendungsform hat sich besonders in der letzten Zeit die Ver-chromung entwickelt. Die Verchromung wird ausschließlich auf galvani-schem Wege vorgenommen. Bei der Überwindung der Schwierigkeiten, mit denen die galvanische Verchromung verbunden ist, haben sich besonders die *Langbein-Pfanhauser Werke A.-G.* Leipzig erfolgreich betätigt und haben Verfahren ausgearbeitet, mit deren Hilfe die Herstellung von Chromnieder-schlägen auf Metall im technischen Maßstabe erst ermöglicht worden ist.

7. Zinn.

Dieses Metall dient im reinen Zustande im allgemeinen nicht zum Bau von Apparaten, wohl aber werden viele Metallgerätschaften mit Zinn überzogen und damit gewissen chemischen Einflüssen unzugänglich gemacht. Gewonnen wird es aus Erzen, von denen das wichtigste das Zinnerz oder Kassiterit ist, ein Zinnoxyd [SnO_2], das im reinen Zustande 78,6 Proz. Zinn enthält, gewöhnlich aber mit Eisenoxyd, Mangan und Kieselsäure verunreinigt ist. Seltener ist der Zinnkies Cu_2FeSnS_4, mit einem theoretischen Gehalt von 27,6 Proz. Zinn. Aus dem oxydischen Erz wird das Zinn nach entsprechender mechanischer Aufbereitung, die hauptsächlich darin besteht, die den Zinnstein verunreinigenden Braun- und Roteisenstein- und Kalksteinknollen zu entfernen, durch Reduktion und Umschmelzen gewonnen. Die Sulfide müssen zuvor einer oxydierenden Röstung unterworfen werden. Die Schwierigkeiten des reduzierenden Verschmelzens liegen hauptsächlich darin, daß der Schmelzpunkt des Zinns bei 232°, die Reduktionstemperatur des Zinnoxyds jedoch erst bei 1000 bis 1100° liegt, wodurch einerseits Fremdmetalle mit reduziert werden und in das Zinn gelangen, andererseits das Zinn sich verflüchtigt. Auch verschlackt es sich leicht, da das Zinnoxyd sowohl als Base Silicate, wie auch als Säure mit anderen Basen Stannate bildet. Das Reduktionsschmelzen wird in Schachtöfen, aber auch in Flammöfen ausgeführt. In ersteren zumeist in den chinesischen und malaiischen Zinnerzgebieten, in Sachsen und in Böhmen, in letzteren im übrigen Deutschland, England, Australien. Auch im elektrischen Ofen läßt es sich trotz der hohen darin auftretenden Temperaturen gut verschmelzen. Hierbei haben die Schlacken viel weniger Zinn als Silicat als beim Schacht- und Flammofenschmelzen. Man erspart die Arbeit des Schlackenschmelzens. Die Schwierigkeit, die sich aus der Verflüchtigung ergibt, ist aber auch hier vorhanden.

Aus den beim reduzierenden Schmelzen anfallenden zinnreichen Schlacken muß das wertvolle Metall natürlich auch wiedergewonnen werden. Zu diesem Behufe werden die Schlacken mit Kohle und einer stärkeren Base als das Zinnoxyd, zumeist mit Kalk, reduziert. Der Vorgang ist dabei so, daß die Kohle das Zinnoxyd reduziert und das Eisen sich mit dem Zinnsilicat zu Eisensilicat und Zinn umsetzt. Bei dieser Metallgewinnung erhält man eisenhaltiges Zinn mit etwa 95,5 Proz. Reingehalt. — Das beim Erz- und Schlackenschmelzen ausgebrachte Rohzinn muß gereinigt werden, was auf dem Wege des Seigerns geschieht. Die hauptsächlichsten Verunreinigungen im Rohzinn sind Eisen, Blei, Kupfer, Wolfram, Antimon und Arsen. Das Seigern besteht nun darin, daß man das Zinn bis zum Schmelzpunkt und wenig darüber erhitzt. Es schmilzt zunächst das Reinzinn, während eine Zinn-Eisen-Legierung fest zurückbleibt. Das Zinn wird abgegossen und der Prozeß so oft wiederholt, bis das Zinn keine Rückstände mehr hinterläßt. Diese Arbeit wird entweder in Seigerherden oder in Flammöfen besonderer Bauart ausgeführt. Um die letzten Reste von Eisen und die anderen Beimengungen zu entfernen, wird das Seigerzinn noch einem oxydierenden Schmelzen unterworfen. Die Oxydation erfolgt in Kesseln, entweder durch heftiges Aufrühren des Zinnbades, wobei die Verunreinigungen schließlich als Oxyde (Zinnkrätze) auf der Oberfläche schwimmen, oder dadurch, daß man das in Kesseln befindliche geschmolzene Zinn ununterbrochen mit Löffeln ausschöpft und aus einiger Höhe in das Bad zurückfallen läßt. Auch auf diese Weise erreicht man die Oxydation der Verunreinigungen. Entsprechend dem hohen Wert des Metalls hat auch seine Wiedergewinnung aus Abfällen, insbesondere Weißblechabfällen, große wirtschaftliche Bedeutung. Wenn es auch Verfahren gibt, nach denen das Zinn durch Abschmelzen von den Eisenblechabfällen, teilweises Oxydieren und Reduzieren im Flammofen gewonnen wird, so sind die nassen Verfahren doch wesentlich verbreiteter. Sie beruhen einerseits auf der Chlorierung des Zinns, das so in Lösung gebracht und als Metallsalz verwertet wird, oder auf der Elektrolyse der Abfälle im schwefelsauren oder alkalischen Bade. Zu diesem Behufe werden die Abfälle in Pakete gestampft und in den Elektrolyten gebracht. Da es sich herausgestellt hat, daß im sauren Bade eine vollständige Entzinnung nicht zu erreichen ist, so verwendet man jetzt durchwegs alkalische Elektrolyten, und zwar in erster Linie Natronlauge. Das Paket mit den gestampften Abfällen dient hierbei als Anode. Die als Elektrolysengefäß gebrauchten Eisenbottiche und eingehängte verzinnte Eisenbleche bilden die Kathoden. Das Zinn fällt bei diesem Verfahren pulver- oder schwammförmig an und wird nach dem Trocknen verschmolzen. — Besonders vorteilhaft ist die in neuerer Zeit erfundene trockene Chlorentzinnung. Sie beruht darauf, daß ganz trockenes gasförmiges Chlor nur auf Zinn und nicht auf das Eisen einwirkt. Dieses Verfahren wird in großen Zylindern aus Schmiedeeisen ausgeführt, in die man das Blech, ähnlich wie bei der Elektrolyse, in Paketform einsetzt und sodann Chlor einleitet. Das Zinn wandelt sich dabei in flüssiges Chlorzinn um, das abgelassen wird.

Das Zinn kommt in 2 Modifikationen vor: bei tiefen Temperaturen als graues Zinn, über 18° als tetragonales weißes Zinn. Letzteres befindet sich also bei gewöhnlicher Temperatur in metastabilem Zustand. Es tritt daher, besonders bei Abkühlung und längerem Aufenthalt des Zinns in der Kälte, die Umwandlung in das graue Zinn ein, die sich zunächst in Form von kleinen grauen Warzen auf den Zinngegenständen zeigt und dann schnell um sich greift, bis die Gegenstände in graues, sprödes Pulver zerfallen. Man bezeichnet diese Erscheinung als Zinnpest, weil sie wie eine Krankheit auftritt. Kleine Teilchen dieses grauen Zinns, auf gesunde Zinngegenstände aufgebracht, bewirken die Umwandlung des weißen Metalls in die graue Modifikation.

Zinn schmilzt bei 232°. Sein Siedepunkt ist 2270°. Das spez. Gewicht des grauen Zinns beträgt 5,75, das des weißen Zinns bei 20° 7,28, beim Schmelzpunkt 6,99. Vom beginnenden Schmelzen dehnt sich das Zinn stark aus. Seine Dichte geht daher stark zurück. So beträgt sie bei

400°	6,86
600°	6,77
800°	6,69
1000°	6,56

Die spezifische Wärme bei 0° ist zu 0,0536, beim Erstarren zu 0,0615 ermittelt worden. Die Wärmeleitfähigkeit bei 18° ist $0,1528\dfrac{\mathrm{cal}}{\mathrm{cm\,sec\,Grad}}$. Der Ausdehnungskoeffizient zwischen 0 und 100° ist 0,000027. Die Zugfestigkeit des gegossenen Zinns beträgt 3,5 bis 4,0 kg/qmm, seine Härte nach *Brinell* 12,0 kg/mm³, die Elastizitätsgrenze etwa 3,4 kg/qmm und der Elastizitätsmodul rund 5500 kg/qmm. Das Schwindmaß ist gering und beträgt bei Bankazinn mit 99,85 Proz. Zinn bei Sandguß 0,225 Proz., bei Kokillenguß 0,695 Proz.

Zinn wird durch Luftsauerstoff bei gewöhnlicher Temperatur nicht angegriffen. In geschmolzenem Zustande oxydiert es sich zu Oxydul und Oxyd. Schwefelwasserstoff wirkt bei 100° nicht ein. Erst bei gewöhnlicher Temperatur entsteht SnS. Halogene wirken stark auf Zinn: Chlor und Brom schon bei gewöhnlicher Temperatur, Jod bei 50°, Fluor bei 100°. Verdünnte Salzsäure greift langsam an, konzentrierte Salzsäure löst Zinn auf. Durch Salpetersäure wird es zu Metazinnsäure oxydiert. Schwefelsäure greift je nach Temperatur und Konzentration verschieden an. Wasser ist ohne Wirkung, ebenso Wasser und Luft gleichzeitig. Alkalilauge löst das Zinn unter Bildung von Stanniten oder Stannaten. Konzentrierte Alkalichlorid- und Schwefelalkalilösungen greifen Zinn an, Eisenchlorid, Zinkchlorid und Kupfersulfat lösen Zinn auf. Organische Säuren wirken im allgemeinen nicht, bei Luftzutritt schwach auf Zinn ein. Deswegen und wegen seiner physiologischen Eigenschaften — es wirkt auf Tiere und Menschen in kleinen Dosen nicht schädlich — wird es für Gefäße und Büchsen sehr viel verwendet. Zu diesem Zwecke wird das Material dieser Gegenstände, Eisenblech, Gußeisen, Kupfer, verzinnt. Die Verzinnung geschieht entweder auf galvanischem Wege oder mit Hilfe des flüssigen Metalls, das auf die entsprechend hergerichteten Gegenstände aufgetragen wird (Feuerverzinnung). Bedeutend ist sein Verbrauch für Verpackungszwecke in Form von dünnen Blättern (Stanniol). Zur Fortleitung von Flüssigkeiten, die für menschlichen Genuß in Frage kommen, und für die daher Blei nicht angewendet werden kann, werden Röhren aus Zinn gebraucht.

Statistisches[1].

Zinn wird in Europa nur in Großbritannien in verhältnismäßig geringen Mengen bergmännisch gewonnen. Die Hauptgewinnungsländer sind die Malayenstaaten (Malakka), Niederländisch-Indien und Bolivien, aus denen das Zinn als Metall eingeführt wird. Demgemäß ist auch die Hüttenproduktion in Deutschland nur klein. Sie betrug in 1000 t

1924	2,5
1925	1,0
1926	2,2

Der Preis für 100 kg betrug für Januar 1928 Mk. 507.—.

8. Aluminium.

Dieses Metall ist in Form seiner Verbindungen, vor allem als Oxyd und Silicat, das verbreitetste auf der Erde. Es ist aber erst vor 100 Jahren rein

---

[1] Nach den „Statistischen Zusammenstellungen" der *Metallgesellschaft, Metallbank und Metallurgische Gesellschaft A.-G.*, Frankfurt 1927.

hergestellt und noch viel später technisch verwendet worden. Der Grund hierfür ist die Schwierigkeit seiner Reindarstellung in großem Maßstabe. Die wissenschaftliche Gewinnung bediente sich zuerst des Aluminiumchlorids, das wieder durch Glühen eines Gemisches von Tonerde und Kohle im Chlorstrom erzeugt wurde. Dieses Aluminiumchlorid wurde von *Wöhler* mit metallischem Kalium zersetzt und die Schmelze mit Wasser ausgezogen, wobei das Aluminium als graues Pulver zurückblieb. Die technische Herstellung geht auch von dem Aluminiumoxyd aus, das auf dem Wege der Elektrolyse in seine Bestandteile zersetzt wird. Man hat dabei zwei Schwierigkeiten zu überwinden, erstens die Herstellung der reinen Tonerde, die Voraussetzung des elektrolytischen Verfahrens ist, und zweitens den letzteren Prozeß selbst. Zur Reindarstellung des Aluminiumoxyds verwendet man bis jetzt allgemein den Bauxit, ein Mineral, das in der Hauptsache aus Tonerde und Eisenoxyd besteht und daneben noch verschiedene Verunreinigungen, wie Kieselsäure, Kalk, Magnesia und Titanoxyd enthält. In folgender Tabelle 23 sind einige Bauxitanalysen wiedergegeben.

Tabelle 23.

	Al_2O_3	Fe_2O_3	$SiO_2 + TiO_2$	H_2O %
Südfranzösischer Bauxit (1893 vom Verein chemischer Fabriken, Mannheim, verarbeitet) . . . . .1.	63,7	4,54	14,17	15,50
2.	61,85	12,97	10,04	15,14
Weißer Bauxit von Arles . . . . . . .1.	59,0	8,0	16,6	16,3
2.	73,0	1,5	16,5	9,0
Bauxit zwischen Marseille und Nizza (verarbeitet von der chemischen Fabrik Goldschmieden) . . . . .geglüht	72,62	22,86	4,52	—
Bauxit (vom Verein chemischer Fabriken, Mannheim, 1893 verarbeitet)	56,37	3,60	13,43	26,40
Bauxit von Alabama	56 bis 60	3	9 bis 10	25 bis 30
Bauxit von Arkansas	55,59	6,08	10,13	28,99

Bauxit wird bergmännisch im Tagebau gewonnen. Die Aufschließung des Bauxits erfolgt in erster Linie mit Hilfe von Alkalien. Die bekanntesten dieser Verfahren sind das pyrogene und das *Bayer*sche Verfahren. Das erstere besteht darin, daß man Bauxit trocknet und mahlt, hierauf mit Soda mischt und das Gemisch zum Sintern bringt. Wichtig ist dabei, daß man Bauxite mit möglichst wenig Kieselsäure verwendet. Auf 1 Mol Al_2O_3 nimmt man etwa 1 bis 1,2 Mol Na_2O. Das Sintern wird neuerdings hauptsächlich in rotierenden Öfen vorgenommen, deren Hauptteil eine schmiedeeiserne, mit feuerfesten Steinen ausgekleidete Trommel ist. Die Beheizung erfolgt direkt durch Feuergase. Die Schmelze wird gemahlen und mit heißem Wasser behandelt, wodurch eine Natriumaluminatlauge entsteht und die Nebenbestandteile unlöslich ausfallen und abfiltriert werden. Die Lauge wird durch Kohlensäure in Tonerdehydrat und Sodalauge zerlegt, das erstere calciniert, die letztere auf Krystallsoda verarbeitet oder in calcinierte Soda umgewandelt, die sich wieder im gleichen Betrieb verwenden läßt. Viel wichtiger als dieses Verfahren ist das von *Bayer*, bei dem der Bauxit zunächst geglüht und fein gemahlen wird, worauf er im Autoklaven mit Natronlauge unter Druck und dauerndem Rühren behandelt wird. So entsteht das Alkalialuminat und ein unlöslicher Rückstand, der abfiltriert werden muß. Da er Kieselsäure und Titansäure enthält, gestaltet sich diese Filtration sehr schwierig, indem einerseits Verluste an Alkali eintreten, andererseits Verstopfung der Filtertücher den Filterprozeß erschwert. Man ist dieser Schwierigkeiten Herr geworden, doch bedarf das Verfahren einer sehr genauen analytischen und Betriebsaufsicht. Die Aluminatlauge wird nicht mit Kieselsäure zersetzt, sondern unter Einwirkung von suspendiertem, gefälltem Tonerdehydrat unter starkem Rühren in Tonerdehydrat und Ätznatron zerlegt. Dieses Ausrührverfahren ist der interessanteste Teil des Prozesses, der nur dann technisch und wirtschaftlich durchgeführt werden kann, wenn das Verhältnis von Aluminiumoxyd zu Natron, die Konzentration und Temperatur der Lauge, die Art des Rührens und die Beschaffenheit des die Zersetzung bewirkenden Tonerdehydrats einer scharfen Kontrolle unterworfen werden. Ebenso ist die Abwesenheit organischer Substanzen von besonderer Wichtigkeit. Daher die Notwendigkeit des Glühens des Silicats vor seiner Zersetzung. Das zum Erreichen der Ausfällung nötige Tonerdehydrat muß bei ganz bestimmten Temperaturen hergestellt sein, da nur dann seine Wirksamkeit den Anforderungen des Betriebes entspricht. Das nach diesem Verfahren hergestellte Tonerdehydrat hat den Vorteil, daß es viel kohlensäureärmer ist und sich daher für die nachfolgende Verarbeitung besser eignet. Trotz der Schwierigkeiten, die das nasse Verfahren dem trockenen gegenüber aufweist, ist es doch technisch und wirtschaftlich bedeutend vorteilhafter. Die Ausbeute der Tonerde ist bedeutend höher. Es benötigt weniger Heizung, geringere Lohnkosten und vermeidet den Anfall an Soda. Die entstehende Ätznatronlauge wird unmittelbar im Betrieb wieder verwendet. Es ist noch eine Anzahl anderer Verfahren zur Herstellung der Tonerde aus Hydrat bekannt und teilweise auch in den Großbetrieb übergeführt worden, aber die beiden alkalischen Verfahren sind die in den großen Werken bisher allein verwendeten. Da in Deutschland der Bauxit nur in kleinen Lagern vorkommt und zumeist aus Frankreich oder Ungarn eingeführt werden muß, bemüht man sich schon längere Zeit, aus Ton und kalihaltigen Aluminiumsilicaten reine Tonerde herzustellen. Die ausgedehnten, mit großen Mitteln angestellten Versuche haben zu einer Verdrängung des Bauxits bislang noch nicht geführt. Es ist aber zu hoffen, daß die Anwendung des auch bei uns in großer Menge vorkommenden Tones zu diesem Zwecke bald gelingen wird. Die Silicate werden hierbei fast ausschließlich durch Säuren aufgeschlossen, und zwar sind bei uns Salzsäure und Schwefelsäure zu diesem Behufe in Verwendung. Näheres, insbesondere über die Ausbeuten, läßt sich noch nicht sagen. — Die auf diesen Wegen gewonnene Tonerde wird nunmehr in geschmolzenem Kryolith gelöst und dieser Schmelzfluß mittels Kohlenelektroden durch elektrischen Strom zerlegt. Es wird in der Hauptsache nur die Tonerde zersetzt,

wobei sich das an der Kathode abgeschiedene metallische Aluminium am
Boden des Ofens ansammelt und der Sauerstoff mit dem Kohlenstoff der
Anode sich verbindet und diese verbrennt. Neben der Zersetzung des Alu-
miniumoxyds findet auch eine solche des Kryoliths (Na_3AlF_6) statt, weshalb
an der Anode auch fluorhaltige Gase, an der Kathode auch zuweilen Natrium
sich abscheiden. Die Temperatur des Bades wird durch den Zusatz des Kryoliths heruntergesetzt. Sie soll nicht mehr als 8 bis 900° betragen, womit die
Menge der Tonerde beschränkt erscheint. Mehr als 20 Proz. Al_2O_3 darf das
Bad nicht enthalten. Die Stromdichte beträgt 70 bis 90 Amp./dm³, die
Spannung etwa 7 bis 8 Volt, die nur bei Störungen bis etwa 10 Volt steigen
kann. Die Dichte des Bades fällt mit dem größeren Anteil an Schmelzmitteln,
was die Abscheidung des Aluminiums unter dem Schmelzfluß ermöglicht.
Die Dichte des flüssigen Aluminiums beträgt 2,54, die des mit Tonerde ge-
sättigten Kryoliths 2,35, die eines Schmelzflusses aus 1 Mol Kryolith, 2 Mol
Aluminiumfluorid mit Tonerde gesättigt 2,14. Die Einhaltung dieser Dichten
ist bei der Elektrolyse Voraussetzung des Arbeitens, da bei kleiner Veränderung
der Dichten leicht eine Umkehr des Bades stattfindet, das Metall an die
Oberfläche steigt und das Bad dann keine Ausbeuten mehr liefert. Nur
durch die dauernde Zugabe von Schmelzmitteln wird die Einhaltung der
geringeren Dichte des Bades erzielt. Das abgeschiedene Metall kann aus dem
Bade entweder durch Abstechen entfernt werden, oder es wird mit eisernen
Löffeln ausgeschöpft. Das so gewonnene Aluminium wird in Flammöfen
nochmals umgeschmolzen und liefert dann ein 99proz. Metall. Der Rest
verteilt sich auf Silicium und Eisen.

Das Metall ist je nach der Geschwindigkeit der Abkühlung und der Reinheit fein dendritisch bis körnig, in reinstem Zustande feinnadelig. Wird es
gewalzt oder gepreßt, besitzt es faserige Struktur. Es schmilzt bei 658°,
siedet bei 1800°. Bei 500° wird es mürbe und läßt sich pulvern. Seine Dichte
beträgt je nach der Bearbeitung 2,6 bis 2,7. Lineare Wärmeausdehnung
bei Temperaturen von 0 bis 100° ist 0,000027. Seine Wärmeleitfähigkeit
beträgt bei 100° 0,490 und hält sich zwischen der des Kupfers und der des
Eisens. Die spezifische Wärme ist sehr hoch: zwischen −80 und +15 0,198,
zwischen +15 und +185 0,219, in der Nähe des Schmelzpunktes 0,308.
Durch diese hohe spezifische Wärme ist es zu erklären, daß erhitzte Gefäße
nur langsam auskühlen, was man auch im Haushalt zu beobachten Gelegenheit hat. Das Schwindmaß ist 1,7 bis 1,8 Proz., was beim Gießen von Alu-
miniumgegenständen Berücksichtigung finden muß. — Der Elastizitätsmodul
beträgt 6300 bis 7500, die Dehnung 10 bis 12 Proz. Die Zerreißfestigkeit
im gegossenen Zustande ist 10 bis 12 kg/qmm, steigt aber bei kalt gerecktem
Metall bis etwa 18 kg. Mit Erhöhung der Temperatur fällt die Zerreißfestigkeit, wie sich aus folgender Tabelle ergibt:

Temperatur	20°	100°	200°	300°	400°	500°	600°
Zerreißfestig- { gezogen	13,5	11,6	8,8	4,6	2,0	1,0	0,5
keit kg/qmm { geglüht	9,5	8,3	5,4	3,1	1,5	0,8	0,5

Die Verunreinigungen des Handelsaluminiums bestehen zumeist aus Silicium und Eisen. Da beide Bestandteile härtend wirken, so nimmt die Festigkeit des Aluminiums mit steigender Reinheit ab, wie aus folgenden Zahlen zu ersehen:

Al-Gehalt	98,7 Proz.	99,1 Proz.	99,9 Proz.
Zugfestigkeit qmm . .	25	18,5	14,2
Dehnung Proz.	7,5	9,0	10,0

Die Härte nach *Brinell* beträgt für Aluminiumguß etwa 27, für gewalztes und dann geglühtes Material etwa 30. Die Härte wird durch das Glühen ebenso wie die Zerreißfestigkeit verringert. Das Metall läßt sich bei gewöhnlicher und auch bei höherer Temperatur gut hämmern und walzen, ebenso sehr leicht treiben, stanzen und prägen. Die spezifische Leitfähigkeit ist $31,2 \dfrac{m}{qmm \cdot \Omega}$. Der spezifische Widerstand ist $0,032 \dfrac{qmm \cdot \Omega}{m}$. Aluminium ist demnach nach dem Silber und Kupfer der beste Leiter, was vielfach in der Elektrotechnik ausgenutzt wird.

Das Löten des Aluminiums, lange Zeit ein ungelöstes Problem, ist nunmehr gelöst. Entweder lötet man mit Loten, deren Hauptbestandteil Aluminium ist, und die daneben Kupfer, Nickel, Silber, Mangan, Zinn, Zink enthalten. Die Arbeitstemperaturen liegen bei 540 bis 630°. Die Potentialunterschiede gegen Reinaluminium sind nicht sehr groß und betragen etwa 0,05 V. Die Lötstellen selbst sind, was für die Verwendung des Aluminiums in der chemischen Industrie besonders wichtig ist, in ihrem chemischen Verhalten dem Aluminium sehr ähnlich. Auch läßt sich die Lötstelle hämmern. Gelötet wird mit Hilfe der Lötflamme, nicht mit dem Lötkolben. Oder man verwendet aluminiumfreie oder aluminiumarme Lote, die in der Hauptsache aus Zink oder Zinn und anderen niedrig schmelzenden Schwermetallen bestehen. Aluminium ist darin nur in geringem Maße oder gar nicht enthalten. Die Arbeitstemperaturen liegen zwischen 150 und 450°. Die Potentiale gegen Reinaluminium sind natürlich viel höher als bei aluminiumreichen Loten. Sie betragen etwa 0,25 bis 0,4 Volt. Korrosionsbeständigkeit kann von solchen Loten nicht erwartet werden. Auch bei dieser Lötung wird mit dem Schweißbrenner gearbeitet. Im allgemeinen verwendet man diese Lötungen nur zum Ausbessern kleiner Gußfehler, zum Abdichten und zu eiligen Wiederherstellungsarbeiten. Schweißen läßt sich Aluminium verhältnismäßig gut. Das Metall wird mit oder ohne Flußmittel auf etwa 400° erwärmt und zusammengehämmert.

Das chemische Verhalten des Aluminiums wurde in Deutschland sehr eingehend studiert, hauptsächlich deswegen, weil es als einheimisches Erzeugnis im Kriege als Ersatz für Kupfer diente und auch neuerdings schnell Eingang in den Bau chemischer Apparate gefunden hat. Es gehört zu jenen Metallen, die oberflächlich zwar leicht oxydiert werden, aber dabei eine dünne dichte Oxydhaut auf der Oberfläche bilden und damit vor weiterem Angriff geschützt sind. Die Oxydation erfolgt sowohl in trockener wie in feuchter Luft, in letzterer schneller. Destilliertes Wasser beschleunigt ebenso die Bildung der Oxydhaut und wirkt weiter nicht auf das Aluminium ein, wohingegen Leitungswasser, überhaupt salzhaltiges Wasser in ganz charakteristischer Weise angreift. Es bilden sich örtliche Anfressungen, Aufbeulungen, schließlich Löcher. Wird das kalt gewalzte Material vorher auf etwa 450° erhitzt, so treten diese Anfressungen nicht ein, weshalb man eine solche Nachbehandlung nur empfehlen kann, wenn die Verminderung der Festigkeit und Härte dabei keine Rolle spielt. In Salzsäure löst sich Aluminium leicht, Salpetersäure wirkt hingegen in der Kälte fast gar nicht, in der Wärme auch nur langsam lösend. Ebenso wirkt verdünnte Schwefelsäure nur wenig, konzentrierte Schwefelsäure schneller. In fixen Alkalien ist Aluminium unter Bildung von Wasserstoff und Aluminaten leicht löslich, unlöslich hingegen in Ammoniak. — Salzlösungen, insbesondere Metallchloride, greifen, wie bereits erwähnt, stark an. Quecksilber und Quecksilbersalze oxydieren stark. — Aus den angegriffenen Stellen wächst das Aluminiumoxyd moosartig mit sichtbarer Geschwindigkeit heraus. Oxyde von Eisen, Chrom, Mangan werden durch Aluminiumpulver, wenn sie genügend hoch erhitzt werden, unter Entwicklung hoher Temperaturen reduziert. Darauf gründet sich das sog. Thermitverfahren von *Goldschmidt*.

Zur Einführung des Aluminiums in den Apparate- und Maschinenbau hat die Aluminiumindustrie eine eigene Beratungsstelle gegründet, die in den letzten Jahren Rundfragen bei chemischen Fabriken über Erfahrungen mit Aluminiumverwendung veranstaltet hat. Die Ergebnisse sind zusammengefaßt und veröffentlicht worden und sind heute eine wichtige Fundgrube für jeden, der sich über die Möglichkeit, Aluminiumapparate bei einem bestimmten chemischen Verfahren zu verwenden, unterrichten will. Die folgenden Angaben sind diesen Veröffentlichungen sowie einer neueren Veröffentlichung von *Buschlinger* in der „Zeitschrift für Metallkunde" entnommen. Von verdünnter Schwefelsäure 10 bis 15 Proz. wird Aluminium angegriffen. Durch Zusatz von Salzen zu der Säure wird die Korrosion verlangsamt. Die Widerstandsfähigkeit ist größer, wenn das Aluminium frei von anderen Beimengungen ist und eine möglichst dichte Oberfläche hat. Schwächere Säuren 2 bis 6 Proz. greifen noch weniger an. Handelsübliche Bleche halten bei dieser Einwirkung und Zimmertemperatur etwa 1 Jahr lang. Konzentrierte Schwefelsäure greift stark an. Schweflige Säure greift in wässeriger Lösung Reinaluminiumblech mit steigender Konzentration immer stärker an. Salpetersäure wirkt in der Kälte auf Aluminium am stärksten ein in einer Konzentration von 70 Proz. Bei 60 bis 70° wurde bei 60proz. Säure die stärkste Einwirkung festgestellt. Bei niedrigen Konzentrationen ist der Angriff bedeutend schwächer. Salzsäure greift kalt wie heiß Aluminium stark an. Bei Phosphorsäure steigt der Angriff mit der Konzentration und der Temperatur. Während verdünnte Säure unter 1 Proz. bei Zimmertemperatur nicht schadet, ist der Angriff bei Siedetemperatur auch bei dieser Konzentration recht beträchtlich. Über die Widerstandsfähigkeit gegen schwache alkalische Laugen liegen widersprechende Angaben vor. Einzelne Fabriken haben Reinaluminium bei schwachen Laugen längere Zeit ohne Angriff angewendet. Im allgemeinen ist aber Alkalilauge, und zwar nicht bloß ätzende, sondern auch Soda, höchst schädlich. Dem Ammoniak hingegen leistet Reinaluminium auch bei hoher Konzentration und bei höherer Temperatur guten Widerstand. Für erdalkalische Produkte eignet sich Aluminium ebenfalls gut. Kohlensäurehaltiges Wasser wirkt nicht ein. Recht verschiedenartig verhalten sich Salze. Alaun, Chloralkali, Chlorbarium, Ferrocyankali, Kältesalze, wie Magnesium- und Calciumnitrat, Alkalisilicate, greifen mehr oder weniger an, ebenso Quecksilbersalze, während Kalisalpeter und Magnesiumchlorid keine oder nur verschwindend geringe Einwirkung zeigen. Von Interesse ist, daß Aktivin, ein neues wasserlösliches organisches Chlorpräparat, nicht korrodierend auf Aluminium einwirkt. Auch geschmolzener Schwefel greift nicht an. — Ist aus den genannten Angaben also zu entnehmen, daß anorganische Verbindungen im allgemeinen ungünstig auf das Metall einwirken, so kann dies von organischen Verbindungen nicht gesagt werden. Paraffinische Kohlenwasserstoffe von geringer molekularer Größe sind ohne Wirkung. Höher molekulare, wie Schmieröle, wirken nur durch mechanischen Abrieb ein, wobei sich ein ganz feines schwarzes Metallpulver im Öl zeigt. Ceresin, Asphalt, ferner Teere und Montanwachs greifen nicht an, ebensowenig ungesättigte Kohlenwasserstoffe der Äthylen- und Acetylenreihe. Bei Halogenkohlenwasserstoffen konnte im allgemeinen eine Einwirkung nicht festgestellt werden. Nur Tetrachlorkohlenstoff wirkt in feuchtem Zustande, jedenfalls infolge Chlorwasserstoffabspaltung. Alkohole in verdünnter wie konzentrierter Form sind für Aluminium unschädlich; daher auch ausgedehnte Verwendung in der Gärungsindustrie für Gär- und Lagertanks, Hefezuchtapparate, Eimer, Bottiche usw. Auch mehrwertige Alkohole, Glykol, Glycerin, schaden nicht, ebensowenig Äther und Aldehyde. Organische Säuren korrodieren im allgemeinen nicht. Bezüglich der Essigsäure sind die Urteile weit auseinandergehend. Systematische Versuche ergaben, daß der Angriff von der Temperatur abhängt, so zwar, daß kalte Säure auch höherer Konzentration nicht angreift, während siedende Säure stärker einwirkt. Die Angriffswirkung nimmt bei zunehmender Säurekonzentration ab, ist bei Eisessig am geringsten. Von besonderer Bedeutung ist das Verhalten des Aluminiums gegen Obst und Fruchtsäfte. Hier ist es bedeutend widerstandsfähiger als das Kupfer. Citronensäure wirkt in der Wärme verhältnismäßig stark, in der Kälte nur wenig auf Aluminium. Säurechloride dürften stark angreifend wirken, sonstige Ester haben keinen Angriff ergeben. Technische feste Fette, Öle und ätherische Öle schaden an sich dem Aluminium nicht. Eine Behandlung solcher Fette mit Alkalien ist aber in Aluminiumgefäßen selbstverständlich ausgeschlossen. Was die ätherischen Öle und Riechstoffe anlangt, so gehen die Erfahrungen auseinander. In den meisten Fällen haben sich Aluminiumgefäße bewährt, einzelne Fabrikationen lehnen sie ab. Unter den stickstoffhaltigen organischen Verbindungen wird das Trimethylamin als schädlich angesehen. Von Cyanverbindungen liegen nur Erfahrungen mit Senf vor, der verschiedene Senföle in Glucosidbindung enthält. Diese wirken auf Aluminium nicht ein. Für Rhodansalze eignen sich nur Aluminiumapparate aus reinem Metall (99,5 Proz. Al). Weniger reines wird angegriffen.

Steinkohlenteer, der ein Gemisch der verschiedensten aromatischen Verbindungen ist, ist im allgemeinen ohne Einwirkung auf Aluminiumgefäße. Einzelne Fraktionen, in denen Phenolkörper in höherer Konzentration enthalten sind, wirken hingegen in der Wärme korrodierend auf das Metall. Die Urteile über Phenole lauten verschieden. Während ein Teil der Prüfer auf Grund von Versuchen absolute Unempfindlichkeit des Aluminiums gegen Phenole feststellte, konnten andere deutliche Korrosion beobachten, insbesondere in der Wärme. Die höheren Homologen sind schädlicher als das Phenol selbst. Prüfungen substituierter Phenole sind in neuerer Zeit nicht angestellt worden, daher fehlen diesbezügliche Urteile. Phenolcarbonsäuren, wie Salicylsäure, greifen in Lösung an, trocken sind sie ohne Einwirkung. Mehrbasische Carbonsäuren wirken ungünstig auf das Metall. Terpene, Campher, Harze schaden dem Aluminium nichts, so daß für diese Zwecke seine Verwendung unbedenklich ist. Dasselbe scheint bei Alkaloiden der Fall zu sein. Stickstoffhaltige Biokolloide, Käse, können in Aluminiumgefäßen hergestellt werden. Die zur Verpackung von Weichkäsesorten verwendete Aluminiumfolie ist aber verschiedentlich stark angegriffen worden. Die Gründe sind noch nicht festgestellt. Gegen Leuchtgas hat sich Aluminium als unempfindlich erwiesen. Man muß daran denken, Gasverbrauchsapparate daraus herzustellen, und darf annehmen, daß sie sich besser halten werden als die aus Eisen gefertigten.

Im allgemeinen läßt sich wohl sagen, daß die Widerstandsfähigkeit von Aluminiumgefäßen abhängt von der Reinheit des Metalls, und daß Reinaluminium in den meisten Fällen wesentlich günstigere Ergebnisse aufweist als das technische Metall, das früher im Handel war, und mit dem auch die Mehrzahl der ungünstigen Erfahrungen gemacht worden ist.

Statistisches[1].

Die Produktion von Aluminium ist in Deutschland in stetem Aufschwung begriffen. Es wurde erzeugt in 1000 t:

1913	1,0
1924	18,7
1925	26,2
1926	29,6

Der Verbrauch war in den gleichen Zeiträumen:

1913	13,6
1924	23,0
1925	32,6
1926	22,6

Während Deutschland vor dem Kriege nahezu vollständig auf die Einfuhr angewiesen war, die namentlich aus der Schweiz erfolgte, so ist seit 1926 die Produktion höher als der Inlandsverbrauch.

---

[1] „Statistische Zusammenstellung" der *Metallgesellschaft Metallbank und Metallurgische Gesellschaft A.-G.*, Frankfurt 1927.

Die Preise waren im Mittel:

$$
\begin{array}{ll}
1924 \ldots \ldots \ldots & 1{,}28 \text{ Mk./kg} \\
1925 \ldots \ldots \ldots & 1{,}356 \quad \text{,,} \\
1926 \ldots \ldots \ldots & 1{,}335 \quad \text{,,} \\
1928 \ldots \ldots \ldots & 2{,}10 \quad \text{,,}
\end{array}
$$

9. Zink.

Dieses Metall besitzt auch einige Eigenschaften, die es für gewisse Zwecke in der chemischen Industrie brauchbar erscheinen lassen. In der Natur kommt es in Erzen vor, die zum Teil oxydisch, zum Teil sulfidisch, zum Teil Karbonate sind. Auch Silicate kommen, wenn auch in geringem Maße, vor. Zinkblende ZnS hat theoretisch 67 Proz. Zn, ein Erz von brauner bis schwarzer Farbe, das neben Zink auch Eisen und Blei, ferner Mangan, Kupfer, Cadmium enthält. Rotzinkerz ZnO, 80 Proz. Zn, ist zumeist mit Mn_2O_3 verunreinigt und rot gefärbt. Galmei, Zinkspat, $ZnCO_3$ 65 Proz. ZnO, das häufig zum Teil durch FeO, MnO, PbO, CdO, CuO u. a. ersetzt ist. Kieselgalmei $Zn_2SiO_4 + H_2O$ enthält 67,5 Proz. ZnO. Vor der Verhüttung müssen diese Erze, weil sie stark mit anderen Gesteinsbestandteilen vermengt sind, mechanisch aufbereitet werden, was auf nassem Wege mit Setzmaschinen oder nach dem Schaumschwimmverfahren (Flotation) geschieht. Auch die elektromagnetische Aufbereitung wird angewendet. Die Verhüttung des Erzes geht über das Zinkoxyd, weshalb alle nicht oxydischen Erze erst in die Oxydform gebracht werden müssen. Dies geschieht durch Abrösten der Sulfide und Austreiben der Kohlensäure und des Wassers. Galmei wird gewöhnlich in Schachtöfen calciniert. Die Temperatur muß um so höher sein, je mehr Verunreinigungen das Erz enthält, da auch diese vollständig von Kohlensäure befreit sein müssen. Während das Zinkkarbonat schon bei 600° praktisch keine Kohlensäure mehr enthält, zerfällt Calciumcarbonat erst bei etwa 800°. Zinkblende wird nach gründlicher Zerkleinerung in Röstöfen verschiedener Bauart abgeröstet, die grundsätzlich den in der Kupfer- und Eisenverhüttung gebräuchlichen ähnlich sind. Der Vorgang besteht darin, daß, wie auch sonst bei Röstprozessen, der Schwefel der Blende mit Luft verbrannt wird. Die Blende wird zuerst auf Entzündungstemperatur gebracht, worauf der Prozeß exothermisch eintritt. Es muß aber während des Vorganges trotzdem Wärme von außen zugeführt werden, damit der Schwefel möglichst vollständig beseitigt wird. Trotzdem bleibt ein gewisser Gehalt von Schwefel noch erhalten. Bei der Röstung treten verschiedene Verluste auf durch Verstaubung, durch Verflüchtigung des Sulfids und Oxyds, durch Reduktion des Oxyds zu Metall. Diese Staubverluste werden zum Teil in Staubkammern zurückgehalten, neuerdings zum Teil auch auf dem elektrischen Wege niedergeschlagen.

Die Reduktion des in den vorbereiteten Erzen vorhandenen Zinkoxyds erfolgt nach folgenden Gleichungen:

1. $ZnO + C = Zn + CO$,
2. $ZnO + CO = Zn + CO_2$.

Beide Vorgänge sind endothermisch und benötigen daher einer starken Wärmezufuhr. Die Reduktionstemperatur des Zinkoxyds liegt um etwa 150° höher als der Siedepunkt des Zinks, so daß die Reduktion immer mit einer Destillation und darauffolgender Kondensation des Zinkdampfes verbunden ist. Die Reduktion und Destillation wird in Retorten oder Muffeln aus hochfeuerfestem Material, die in größerer Anzahl in einem gemeinsamen Ofen angeordnet sind, ausgeführt. Die Reduktionstemperatur ist etwa 1100°. Zunächst wird das Gut zum Austreiben des Wassers und anderer flüchtiger Bestandteile vorerhitzt, worauf die Temperatur auf die notwendige Höhe gesteigert wird. Die Temperatur im Ofen wird dann auf etwa 1300° eingestellt. Gewisse Erze benötigen eine noch weitere Steigerung, so daß man unter Umständen den Ofen bis auf 1550° erhitzen muß. Die Dämpfe werden in Tonvorlagen verdichtet, die auf solcher Temperatur gehalten werden, daß das Zink sich in flüssiger Form abscheidet. Wird diese Wärme nicht eingehalten, so schlägt sich der Zinkdampf in Form von Zinkstaub nieder. Die anzuwendende Kohlenmenge ist etwa $2^1/_2$ bis 3mal so groß als theoretisch nach den genannten Gleichungen erforderlich. Die Größe und Leistung der einzelnen Ofentypen ist in den verschiedenen Gewinnungsgebieten verschieden. Die schlesischen Öfen enthalten in einer Reihe bis 72 Gefäße, deren Fassungsvermögen etwa 60 bis 100 kg beträgt. Die belgischen und rheinischen Öfen enthalten eine wesentlich größere Anzahl von Gefäßen mit einem geringeren Fassungsraum, etwa 20 bis 50 kg Erz. In den schlesischen Ofen wird pro Tonne Erz zwischen 1,75 bis 3,35 t Heizkohle und 0,4 bis 0,6 t Reduktionskohle benötigt, während die belgischen und die rheinischen Öfen pro Tonne Erz einen wesentlich geringeren Heizkohlenbedarf, zwischen 1 und 2,2 t, und etwa 0,2 bis 0,7 t an Reduktionskohle haben. Die Metallverluste schwanken zwischen 9 und 18 Proz. und werden dadurch verursacht, daß Zink in den Rückständen zurückbleibt, daß die Muffeln undicht sind, und daß nicht alles Metall in den Vorlagen kondensiert wird. Die Rückstände werden auch aufgearbeitet. Das Rohzink, das, wie die folgenden Analysen zeigen, noch mit verschiedenen anderen Elementen verunreinigt ist, wird raffiniert.

Tabelle 24.

	I	II	III	IV	V	VI	VII
Zink	98,7529	98,7749	98,7830	98,2400	98,8330	99,2710	97,2600
Blei	1,1524	1,2013	1,1920	1,7000	1,1240	0,6730	2,6315
Cadmium	0,0705	0,0044	—	—	0,0170	0,0010	0,0780
Kupfer	Spur	0,0011	0,0002	—	—	—	0,0005
Wismut.	—	Spur	Spur	—	—	—	—
Arsen	0,0015	0,0007	—	—	0,0020	—	0,0015
Antimon	0,0020	0,0025	Spur	—	—	Spur	0,0005
Eisen	0,0073	0,0104	0,0238	0,0200	0,0240	0,0550	0,0280
Silber	0,0002	0,0002	0,0007	—	—	—	—
Silicium	0,0022	0,0005	—	—	—	—	—
Kohle	0,0075	0,0022	—	—	—	—	—
Schwefel	0,0035	0,0008	Spur	0,0400	—	Spur	—

Die Reinigung geschieht durch Einschmelzen und Stehenlassen der Schmelze bei niedrigen Temperaturen, wobei Blei und Eisen ausseigern und zu Boden sinken. Andere Verunreinigungen steigen an die Oberfläche und werden zugleich mit dem durch Oxydation entstandenen Zinkoxyd als Zinkasche entfernt. Das Schmelzen geschieht zumeist in Wannenöfen. In Gegenden mit billigem elektrischen Strom geschieht die Zinkraffination auch in elektrischen (Lichtbogen) Öfen. Der anfallende Zinkstaub kommt nach entsprechender Siebung als solcher in den Handel und wird in erster Linie für chemische Zwecke verwendet, kann jedoch auch, falls kein genügender Absatz vorliegt, in das Verfahren zurückgegeben werden. — An Stelle der liegenden Öfen mit ihrem periodischen Betrieb werden für die Zinkdestillation auch stehende Retorten mit kontinuierlichem Betrieb angewendet. Der Ofen von *Roitzheim* und *Remy* hat sich in langjährigem Betrieb gut bewährt. Die Beschickung wird am oberen Ende eingetragen, sinkt langsam nach unten. Der Abschluß gegen die Außenluft wird bei oben offenen Retorten durch eine infolge der Abkühlung sich bildende Haut von festem Zink und Zinkoxyd gebildet. — Zink wird auch auf elektrolytischem Wege dargestellt. Es wird dabei aus Zinksulfatbädern auf Kathoden aus Zink oder Aluminiumblech niedergeschlagen. Die Kathoden bestehen dabei am besten aus Elektrolytzink.

Zink ist ein grauweißes Metall von mehr oder weniger fein krystallinischer Struktur, das bei 419° schmilzt und bei 950° siedet. Seine Dichte beträgt im gegossenen Zustand 7,14, im gehämmerten oder gewalzten 7,2 bis 7,3. Das flüssige Zink hat Dichte 6,5. Sein linearer Ausdehnungskoeffizient ist sehr groß. Er beträgt 0,0000291. Wärmeleitfähigkeit (auf Silber = 100 bezogen) ist 61 für gegossenes, 64 für gewalztes Metall. Die spezifische Wärme zwischen 0 und 100° beträgt 0,094, 100 bis 300° 0,1015, 300 bis 400° 0,122. Der Elastizitätsmodul ist, je nachdem, ob es sich um das gegossene oder das gezogene Metall handelt, recht verschieden. Er beträgt für das erstere 1700, für das letztere 4150. Die Zerreißfestigkeit des gegossenen Zinks ist nur 2 kg/qmm. Sie wächst durch Walz-, Preß- oder Ziehbehandlung bis etwa 19 kg/qmm. Oberhalb 100° wird die Festigkeit bedeutend geringer. Die Härte nach *Brinell* ist 40 bis 45. Die elektrische Leitfähigkeit ist (auf Silber

$= 1$ bezogen) 0,27, der spezifische Widerstand $0,0625 \dfrac{\Omega \, \text{qmm}}{\text{m}}$.

Zink verändert sich in trockener Luft nicht, in feuchter Luft bildet sich infolge der Einwirkung von Sauerstoff und Kohlensäure eine Schutzschicht von basischem Zinkcarbonat. Diesem Umstand verdankt es seine Anwendungsmöglichkeit auf dem Gebiete des Korrosionsschutzes. Geschmolzenes Zink bildet an der Oberfläche eine Oxydhaut, die sich leicht abstreichen läßt. Kohlensäure wirkt auf Zink bei Rotglut oxydierend. Es bildet sich Kohlenoxyd und Zinkoxyd. Auch in Wasser bildet sich auf dem Zink eine Schutzschicht von Oxyd. Salzhaltiges Wasser (Seewasser) greift das Metall stärker an. Destilliertes Wasser übt eine starke Korrosionswirkung aus. In Mineralsäuren läßt sich Zink leicht lösen, wobei sich bei der Einwirkung von Salzsäure und Schwefelsäure Wasserstoff bildet, bei der Einwirkung von Salpetersäure Stickoxyd. Zink wirkt auf konzentrierte Schwefelsäure und schweflige Säure reduzierend ein. Organische Säuren wirken auch korrodierend auf Zink. Alkalien lösen es unter Wasserstoffbildung. — Die Bearbeitung von Zink erfolgt teils durch Guß, bei reinem Metall auch durch Pressen, Walzen und Ziehen.

Das Zinkmetall wird in erster Linie als Blech zu Bedachungszwecken verwendet, ferner zu Rinnen, Abfallröhren. Seine Hauptverwendung ist aber als Überzug auf Eisen, das es vor Rost schützt. Diese Schutzwirkung beruht darauf, daß es infolge seiner elektropositiven Eigenschaften mit dem Eisen ein galvanisches Element bildet und das Eisen deshalb nicht angegriffen wird. Das Verzinken geschieht entweder auf dem Wege der Feuerverzinkung durch Eintauchen in flüssiges Zink, durch Galvanisieren, durch Aufspritzen nach dem Verfahren von *Schoop* oder durch Sherardisieren. Hierbei wird das Eisen in Trommeln mit Zinkstaub erhitzt und oberflächlich mit dem Zink legiert.

Die Frage, ob Feuerverzinkung ebenso gut ist wie die galvanische, wird oft gestellt. Es kommt auch häufig zu Prozessen deshalb. Von Interesse ist, daß von Sachverständigen gelegentlich eines solchen Prozesses festgestellt wurde, daß beide Verzinkungen gleichmäßig gut sind.

Statistisches[1].

Die Bergwerksproduktion Deutschlands an Zink war in 1000 t:

1913 250,3
1924 41,7
1925 49,1
1926 50,0

Die Hüttenproduktion:

1913 281,1
1924 41,5
1925 58,6
1926 68,3

Der Verlust des hauptsächlichsten deutschen Zinkproduktionsgebietes, Ost-Oberschlesiens, hat bewirkt, daß Deutschland heute Zink einführen muß. Der Verbrauch betrug in 1000 t:

1913 232,0
1924 78,9
1925 141,7
1926 143,8

Die Einfuhr erfolgt zu etwa gleichen Teilen aus dem ehemals deutschen Produktionsgebiet, aus Belgien und aus den übrigen Produktionsländern.

Zink kostet (Januar 1928) etwa 53 Mk. pro 100 kg.

---

[1] „Statistische Zusammenstellung" der *Metallgesellschaft Metallbank und Metallurgische Gesellschaft A.-G.*, Frankfurt 1927.

Die Edelmetalle.

Die Edelmetalle, Silber, Gold, Platin, sind diejenigen, die infolge ihrer
geringsten Verwandtschaft zum Sauerstoff der Oxydation und damit auch
der Einwirkung von Säure den größten Widerstand entgegensetzen. Sie wären
die idealsten Werkstoffe für chemische Apparate, wenn ihr hoher Preis diese
Verwendung nicht verbieten würde und man deshalb nur in den äußersten
Fällen zu diesen kostbaren Materialien greift.

10. Gold.

Das Gold kommt in der Natur zumeist in gediegenem Zustande vor,
ist aber teilweise gebunden an Schwefelkies, Arsenkies, Kupferkies u. dgl.
Mineralien, auch an Tellur und Selen. Wo es durch die Zertrümmerung der
primären Lagerstätten in freiem Zustande vorkommt, wird es als Gold-
seife bezeichnet. Die Goldseifen bildeten bis zur Mitte des 19. Jahrhunderts
die Hauptquelle der Goldproduktion. In den letzten Jahrzehnten ist die
Seifengoldgewinnung immer mehr durch die Berggoldgewinnung verdrängt
worden. Aus den Goldseifen wird das Metall durch Waschprozesse gewonnen,
die auf dem Unterschied der spezifischen Gewichte des gediegenen Goldes
und der Begleitmineralien beruhen. Die Goldseifen werden beispielsweise
in geeigneten Rinnen mit Wasser oben aufgegeben. Der Wasserstrom spült
zunächst die leichten Begleitmineralien fort, während die Goldteilchen mehr
oder minder schnell zu Boden sinken. Je kleiner die Teilchen sind, desto
schwieriger ihre Trennung von den anderen Mineralien. Es gibt eine große
Reihe von Waschvorrichtungen, die aber alle nach diesen Grundsätzen gebaut
sind. Der Waschprozeß, der auf verhältnismäßig primitive Weise ausgeführt
wird, hat demzufolge auch ziemlich große Metallverluste zur Folge, sie betragen 20 bis 50 Proz. Die in den Mündungsgebieten der Flüsse oder am Meeres-
ufer angeschwemmten Goldseifen werden mit besonderen Baggern gewonnen
und der Weiterverarbeitung zugeführt. Die Bagger sind auf schwimmenden
Bootskörpern angebracht, auf denen sich dann auch unmittelbar die Waschvorrichtungen befinden. — Eine weitere Art der Goldgewinnung ist die
Amalgamation, die darin besteht, daß das gediegene Gold mit Quecksilber
ein Amalgam bildet, das durch Destillation in flüchtiges Quecksilber und nicht
flüchtiges metallisches Gold sich zerlegen läßt. In Erzen enthaltenes Gold
muß vor der Amalgamierung oxydierend oder chlorierend geröstet werden.
Die Amalgamierung erfordert ein weit zerkleinertes Material, das mit Hilfe
verschiedener Zerkleinerungsvorrichtungen erzielt wird. In erster Linie
werden Pochwerke verwendet. Diese haben den Vorteil, daß die Erzkörner
nur aufgebrochen werden, während bei anderen Zerkleinerungsvorrichtungen,
wie Walzwerken oder Kugelmühlen, die Metallteile flachgeschlagen werden.
An die Pochtröge sind Amalgamiertische angeschlossen, die aus Platten von
Elektrolytkupfer bestehen. Diese Platten werden mit Quecksilber eingerieben
und bilden ein Kupferamalgam. Mit dem Erz zusammen wird den Poch-
trögen Quecksilber zugeführt. Das Gemisch aus Quecksilber und dem zer-
kleinerten Erz läuft über die entsprechend geneigten Platten, wird daselbst

als Amalgam zurückgehalten. Von den Platten wird es täglich abgestrichen, durch Pressen von überschüssigem Quecksilber befreit und in Retorten aus Eisen destilliert. In den Retorten bleibt schwammiges Rohgold zurück, das in Graphittiegeln eingeschmolzen, zu Barren gegossen und in die Raffinieranstalten gebracht wird. Auch dieses Verfahren ist noch mit großen Goldverlusten verbunden. Man bedient sich daher neuerdings mehr der nassen Verfahren, bei denen Gold in wasserlösliche Verbindungen übergeführt wird. Ein solches ist beispielsweise die Chloration. Man wendet sie vielfach bei solchen Erzen an, aus denen sich durch Amalgamierung das Gold nicht ausziehen läßt, z. B. aus Pyriten. Diese werden zuerst oxydierend geröstet, sodann mit Chlor behandelt, das entweder außerhalb oder innerhalb der Chlorierungsgefäße entwickelt wird. Ist die Chlorierung vollendet, wird das Reaktionsprodukt ausgelaugt. Aus der Goldchloridlösung fällt man das Gold mit Schwefelwasserstoff, filtriert den Sulfidschlamm in Filterpressen, trocknet die Filterkuchen und röstet sie ab. Auf diese Weise erhält man ein Produkt, das aus metallischem Gold und Silber sowie aus Oxyden der gerösteten und mitgefällten Edelmetalle besteht. Dieses wird dann mit Borax, Soda und Salpeter verschmolzen und das Gold in Barren gegossen. Beim Chlorationsverfahren kann man 90 bis 96 Proz. des Goldes ausbringen. Ein anderes nasses Verfahren, das zur Zeit wohl die größte Ausbreitung besitzt, ist das Cyanidverfahren. Gold wird durch Cyanidlösung nach folgender Gleichung gelöst:

$$2\,Au + 4\,KCN + O + H_2O = 2\,KAu(CN)_2 + 2\,KOH.$$

Zur Cyanidlaugung eignen sich reine Erze besser als solche, die Sulfide oder basische Metallverbindungen enthalten. Diese letzteren beeinträchtigen die Auflösung des Goldes. Wichtig ist, wie aus der obigen Gleichung hervorgeht, die Anwesenheit von Sauerstoff bei der Reaktion, die durch Rühren mit Preßluft herbeigeführt wird. Die Kaliumcyanidlösung wird in der Stärke von etwa 0,1 bis 0,25 Proz. angewendet. Die Ausführung geschieht in Bottichen. Zur Laugung gelangt das körnig zerkleinerte Erz oder Goldschlamm. Die Lösung wird von dem Brei durch Filterpressen getrennt, auch Vakuumfilter sind im Gebrauch. Aus den Lösungen kann das Gold durch Elektrolyse gewonnen werden oder aber durch Ausfällung mit metallischem Zink. Diese letztere Methode wird jetzt nahezu allgemein angewendet. Ihr Chemismus läßt sich durch folgende Gleichung darstellen:

$$KAu(CN)_2 + 2\,KCN + Zn + H_2O = K_2Zn(CN)_2 + Au + H + KOH,$$

doch gehen noch andere chemische Prozesse daneben her. Die Fällung geschieht so, daß die Goldlösung in Kästen durch Zinkspäne hindurchgeleitet wird. Nach anderen Verfahren verwendet man Zinkstaub zur Ausfällung. Das so ausgefällte Gold wird in bestimmten Zeitabständen aus dem Fällkasten entfernt. Der Goldniederschlag wird entweder direkt geschmolzen oder zur Oxydierung des Zinks vor dem Schmelzen geröstet. Dadurch geht Zink in Oxyd über und so leichter in die Schlacke. Der Niederschlag kann ferner mit Säure behandelt werden, wodurch das Zink gelöst wird und das

Gold zurückbleibt, das dann zuerst durch Dekantieren, darauf durch Filtrieren von der Sulfatlösung getrennt wird. Ein viertes Verfahren besteht darin, daß man den Niederschlag mit Bleiglätte, Borax, Quarzsand und gepulvertem Koks mischt und brikettiert, die Briketts in einem Treibofen schmilzt und die Schlacke abzieht. Das Blei wird zu Bleiglätte oxydiert und immer wieder abgezogen. Das nach diesem Verfahren erhaltene Gold muß noch einer raffinierenden Schmelzung unterzogen werden, was unter Zusatz von Flußmitteln geschieht. — Der Reingehalt des fertigen Metalls wird nach Tausendteilen festgestellt. Das feinste Seifengold hat 980 Feingehalt, steigt auch bis 990. Die beim Raffinationsschmelzen erhaltenen Goldbarren enthalten stets noch andere Metalle, vor allem Silber, von denen sie dann entweder auf trockenem oder auf nassem oder elektrolytischem Wege geschieden werden. ˙ Von diesen Verfahren hat sich die Scheidung mit Schwefelsäure, auch Affination genannt, am meisten durchgesetzt, da sie vor allem für Legierungen mit den verschiedensten Goldgehalten verwendbar ist. Sie beruht darauf, daß das Silber in konzentrierter siedender Schwefelsäure löslich, das Gold darin unlöslich ist. Ausgeführt wird das Verfahren so, daß das Metall in entsprechend zerkleinertem Zustande in Kesseln mit Schwefelsäure 4 bis 12 Stunden lang behandelt wird, so zwar, daß auf 1 Teil Silber 2 bis $2^1/_2$ Teile Säure angewendet werden. Nach Abkühlung wird der ganze Inhalt abgehebert und in einem Bleikasten die gebildeten Salze gelöst, wobei das Gold zu Boden fällt. Der Prozeß kann noch mehrmals wiederholt werden. — Eine weitere Reinigung des Goldes geschieht durch Lösung in Königswasser, wobei das Silber in Chlorsilber umgewandelt und durch Filtrieren abgeschieden wird. Das Gold wird durch Eisenvitriol ausgefällt und geschmolzen. — In der Deutschen Gold- und Silberscheideanstalt wird die Scheidung auf elektrolytischem Wege nach dem Verfahren von *Möbius* ausgeführt, das darin besteht, daß das goldhaltige Silber als Anode, eine Silberplatte als Kathode und Silbernitratlösung als Elektrolyt dient. An der Anode bleibt das Gold in pulverförmigem Zustande zurück, während das gesamte Silber sich an der Kathode niederschlägt. Das Gold wird sodann in Salpetersäure ausgekocht.

Das Gold, das in geschmolzenem Zustande eine glänzend gelbe, in gefälltem eine mattgelbe bis braune Farbe besitzt, hat den Schmelzpunkt 1063° C, die Dichte 19,2 bis 19,5 je nach der Art der Herstellung. Sein linearer Ausdehnungskoeffizient zwischen 17 und 100° beträgt 0,0000143. Die spezifische Wärme wurde in dem Temperaturintervall 18 bis 100° zu 0,031 festgestellt. Die Wärmeleitfähigkeit beträgt 0,744 $\dfrac{\text{g kal}}{\text{Grad} \cdot \text{cm} \cdot \text{sec}}$. Die Härte (nach der *Mohs*schen Skala) ist 2,5 bis 3, der Elastizitätsmodul 7000 bis 9500. Die Zerreißfestigkeit eines hartgezogenen Golddrahtes ist 27 kg/qmm, nach Anlassen 11 kg/qmm. Die elektrische Leitfähigkeit bei 18° beträgt 45,1 $\dfrac{\text{m}}{\Omega \cdot \text{mm}^2}$ der Widerstand bei 18° 0,024 Ohm.

Molekularer Sauerstoff wirkt nicht auf Gold ein, wohl aber nascierender oder Superoxydsauerstoff, Wasserstoff, Stickstoff, Kohlenoxyd, Kohlensäure werden bei höherer Temperatur in geringen Mengen absorbiert. Von den Halogenen greift Chlorgas in trockenem Zustande bei 150° schwach, etwas stärker bei 200° an. Flüssiges Chlor reagiert auch nur langsam bei gewöhnlicher Temperatur. Ähnlich verhält sich auch Brom. Jod hingegen greift schon bei 50°, in ätherischer Lösung schon bei gewöhnlicher Temperatur an. Feuchter Schwefelwasserstoff verwandelt das Gold oberflächlich in Sulfid. Im Wasser ist das Gold unlöslich, wenn keine oxydierenden Stoffe darin enthalten sind. Mit Quecksilber amalgamiert es sich, wie bereits oben erwähnt. In geschmolzenem Zustande nimmt Gold Kohlenstoff und Silicium auf, die sich aber beim Erkalten wieder ausscheiden. Salzsäure, Schwefelsäure, Salpetersäure, Phosphorsäure, Arsensäure greifen das Gold bei Zimmertemperatur nicht an, beim Sieden nur in Spuren. In Königswasser, in Chlor oder Bromwasser löst sich das Gold schon bei gewöhnlicher Temperatur. Schmelzende Alkalien bleiben ohne Einwirkung, hingegen greifen schmelzender Salpeter und schmelzende Alkaliperoxyde an. Cyankaliumlösungen lösen bei Anwesenheit von Sauerstoff oder oxydierenden Stoffen. Ebenso ist Gold in Ferri- und Ferrocyankaliumlösung löslich. — Aus stark verdünnten Goldsalzlösungen kann das Gold in kolloider Form ausgeschieden werden, wobei die Farbe je nach dem Grade der Dispersion verschieden ist, blau, violett, rot. Elektrolyte fällen das Gold aus kolloidaler Lösung, wenn dies nicht von Schutzkolloiden verhindert wird.

In der chemischen Technik wird das Gold zuweilen als Gefäßmaterial verwendet. Ebenso werden Gewichtssätze und Wagenteile zum Schutze gegen chemische Einwirkungen vergoldet.

Der Goldpreis beträgt 2,81 Mk./g.

11. Silber.

Das Silber kommt in der Natur entweder in gediegenem oder vererztem Zustande vor. Als Erze kommen für die Silbergewinnung in Betracht Silberglanz (Schwefelsilber) mit 87 Proz. Ag, als Antimonsilberblende Ag_3SbS_3 mit 60 Proz. Ag, Silberantimonglanz $AgSb_2$ mit 37 Proz. Silber, als Silberhornerz $AgCl$ mit 75 Proz. Ag, Antimonfahlerz $4(Cu_2Ag_2FeZn)S, Sb_2S_3$ mit bis 32 Proz. Silber und verschiedene andere silberreiche Erze. Es findet sich aber auch, wie bereits früher erwähnt, in vielen anderen Erzen, so in Bleiglanz, Zinkblende, Arsenkies, Eisenkies, Kupferkies usw., und wird auch im Gange der Verhüttung dieser Erze gewonnen. Aus den genannten Ausgangsmaterialien wird es auf trockenem, nassem oder elektrometallurgischem Wege erhalten. Die silberreichen Erze verhüttet man auf trockenem, Erze von mittlerem oder geringerem Silbergehalt auf trockenem oder nassem Wege. Auf trockenem Wege geschieht die Gewinnung zunächst durch Verbleiung. Metallisches Blei zersetzt Silbersulfid nach folgender Gleichung: $Ag_2S + xPb = Ag_2Pb_{x-1} + PbS$. Diese Verbleiung geschieht bei der Verarbeitung silberhaltigen Bleiglanzes oder auch bei Zusammenschmelzen von Silbererzen mit Blei. Das Werkblei wird dann entsilbert, wofür drei Verfahren in Frage kommen, die Treibarbeit, das Verfahren von *Pattinson* und das von

Parkes. Die Treibarbeit besteht darin, daß das silberhaltige Werkblei auf einem Treibherd oxydierend erhitzt wird, wobei sich Bleiglätte bildet, die abfließt, während das Silber als „Blicksilber" zurückbleibt. Das Pattinsonverfahren gründet sich auf die Beobachtung, daß silberhaltiges Blei beim Schmelzen und langsamen Erkalten in einen krystallisierenden silberarmen bis silberfreien und einen silberreichen flüssigen Anteil zerfällt. Die Krystalle werden entweder ausgeschöpft oder der flüssige Anteil abgezogen. Die Kühlung des geschmolzenen Bleies wird nach einer Abart des Prozesses mit Hilfe von Wasserdampf beschleunigt. Das Rohblei wird durch Treibarbeit entsilbert. Das Verfahren von *Parkes* besteht darin, daß zu dem silberhaltigen Blei geschmolzenes Zink zugesetzt wird. Das Zink vereinigt sich mit dem Silber und sammelt sich an der Oberfläche, von wo es nach dem Erstarren abgenommen werden kann. — Silber, das in gediegenem Zustande in Erzen vorkommt, wird durch Amalgamation gewonnen, so zwar, daß man es mit Quecksilber behandelt und aus dem entstandenen Amalgam das Quecksilber abdestilliert. Ist in Erzen Silbersulfid enthalten, so wird es mittels Natriumchlorid in Silberchlorid umgewandelt, letzteres reduziert und amalgamiert. Die Amalgamation wird nur bei eigentlichen Silbererzen, also nicht bei den Kiesen, usw. angewendet. — Die nassen Verfahren gehen auch von den chlorierend gerösteten Silbererzen aus. Bei dem Verfahren von *Augustin* wird das Silberchlorid mit heißer Natriumchloridlösung extrahiert und aus dieser Lösung mit Kupfer gefällt. Man kann die Chloride auch mit Hilfe von Thiosulfat ausziehen. Silberhaltiger Kupferstein wird nach dem Verfahren von *Ziervogel* geröstet, so daß Silbersulfat entsteht, das man mit heißem Wasser auslaugt. Aus der Lösung wird das Silber durch Kupfer gefällt. Aus Silbererzen kann man auch mit Hilfe von Cyanalkalien das Silber herauslösen:

$$Ag_2S + 4\,NaCN = 2\,NaAg(CN)_2 + Na_2S.$$

Hier wird nicht das Silber in metallischem Zustande gelöst wie bei der Goldlaugerei, sondern das Sulfid. Aus der Lösung des Silbercyanids wird das Silber durch Zink niedergeschlagen. — Schließlich ist auch die elektrolytische Silbergewinnung von Interesse, die hauptsächlich zur Abscheidung des Silbers aus Legierungen, z. B. Schwarzkupfer, Zinkschlamm, goldhaltigem Silber, angewendet wird.

Das Silber ist das weißeste der Metalle. Sein Schmelzpunkt beträgt an der Luft 955° C, unter Luftausschluß 960,5° C. Seine Dichte beträgt je nach der Herstellung 10,4 bis 10,5, sein linearer Ausdehnungskoeffizient bei 18° 0,0000185. Die spezifische Wärme bei 0° 0,056. Seine Härte (nach der *Mohs*schen Skala) beträgt 2,7. Es ist demnach etwas härter als Gold. Der Elastizitätsmodul ist 7000 bis 8000 kg/qmm, die Zerreißfestigkeit eines hart gezogenen Silberdrahtes 29 kg/qmm, nach dem Anlassen 16 kg/qmm. Die elektrische Leitfähigkeit ist die höchste aller Metalle. Sie beträgt bei $+18°$ $61,4\,\dfrac{m}{\Omega \cdot qmm}$. Der elektrische Widerstand pro 1 m Länge und 1 qmm Querschnitt ist 0,0163 Ohm.

Reines Silber oxydiert sich nicht an trockener Luft. In feuchtem Sauerstoff ist die Oxydation schon merklich. Beim Erhitzen über dem Sauerstoffgebläse entsteht Silberoxyd, das aber wenig beständig ist. Das geschmolzene Silber nimmt aus der Luft Sauerstoff auf und gibt ihn beim Erstarren wieder ab (Spratzen). Durch Erhitzen mit Sauerstoff, ebenso mit Wasserstoff, wird das Silber aufgelockert, nicht hingegen beim Erhitzen mit Stickstoff, Kohlensäure, Schwefelkohlenstoff und Cyan. Halogene greifen es schon bei gewöhnlicher Temperatur an unter Bildung von Halogensilber. Mit Schwefelwasserstoff, Jodwasserstoff, Bromwasserstoff reagiert es schon bei gewöhnlicher Temperatur. Destilliertes Wasser greift Silber nicht an. Mit Quecksilber amalgamiert es sich, wie bereits erwähnt. Es legiert sich ferner leicht mit vielen anderen Metallen, ebenso aber auch mit Arsen, Antimon, Phosphor, Schwefel. Geschmolzenes Silber nimmt bis 3 Proz. Kohlenstoff, etwas mehr Silicium auf. Oxydierende Säuren, wie Salpetersäure und konzentrierte Schwefelsäure, greifen es leicht an, verdünnte Schwefelsäure hingegen nicht, ebensowenig kalte wässerige Salzsäure. Ammoniak wirkt nur in Gegenwart von Luft lösend auf fein verteiltes Silber. Siedende Alkalilaugen greifen Silber nicht an. Geschmolzenes Alkali wirkt auf Silber nur in Berührung mit Luft. Es wird stark angegriffen durch ein schmelzendes Gemenge von Alkali und Kaliumnitrat, ferner durch Natriumsuperoxyd und andere leicht sauerstoffabgebende Peroxyde und Oxyde. Cyankaliumlösungen lösen es bei Luftzutritt. Ferrisulfatlösungen werden reduziert.

Silber von hohem Feingehalt läßt sich leicht in der Kälte bearbeiten, und zwar walzen und ziehen. Es wird in der chemischen Technik als Gefäß- und Elektrodenmaterial häufig gebraucht. Ebenso zur Herstellung von Thermoelementen und Thermosäulen, ferner für Sicherungsdrähte.

Statistisches[1].

Die deutsche Silberproduktion betrug in t:

1913 192,3
1924 138,3
1925 148,7

Der Preis beträgt pro 1 kg (Januar 1928) etwa Mk. 80.—.

12. Platin.

Dieses Metall kommt meist in gediegenem Zustande vor, und zwar im Peridotit. Diese ursprünglichen Muttergesteine sind aber zum Teil schon abgetragen, weshalb sich das gediegene Platin zumeist in Anschwemmungen von Flüssen findet, die von solchen Gesteinen kommen. Aus der platinführenden Schicht wird es durch einen Waschprozeß auf ähnliche Weise wie das Gold gewonnen. Ebenso wird es auch wie das Gold aus dem Alluvium ausgebaggert. Das auf diese Weise gewonnene Rohplatin kann nun von seinen Begleitern, den Platinmetallen, Osmium, Iridium, Rhodium, Ruthenium,

---

[1] „Statistische Zusammenstellung" der *Metallgesellschaft Metallbank und Metallurgische Gesellschaft A.-G.*, Frankfurt a. M. 1927.

Palladium, sowie von anderen Verunreinigungen auf trockenem wie auf nassem Wege getrennt werden. Die Zusammensetzung einiger Rohplatinsorten geht aus folgender Tabelle 25 hervor:

Tabelle 25.

Pt	90,654	88,98	88,87	45,70	72,07	78,63
Pd	0,618	0,99	1,30	0,85	0,19	0,20
Rh	1,349	} 3,51 {	4,44	2,65	2,57	} 2,79
Ir	0,685		0,06	0,95	1,14	
Ru	—	—	—	—	—	—
Os	2,107	—	Spur	—	—	—
Os-Ir	1,159	0,33	0,11	2,85	10,51	0,46
Au	—	—	—	3,15	—	—
Fe	1,517	7,03	10,32	6,80	8,59	15,57
Cu	0,729	0,08	—	1,05	3,39	1,66
Sand	} 0,233 {	—	—	35,95	—	—
Verlust		—	—	0,05	—	—

Durch Schmelzen des Rohplatins im Knallgasgebläse in einem aus Kalk geformten Ofen trennt sich das Platin von seinen Begleitern bis auf das Iridium und Rhodium. Zur Verschlackung der Verunreinigungen gibt man der Schmelze Kalk zu. Das Umschmelzen muß mehrmals vorgenommen werden. Nach einem anderen Verfahren werden die Platinerze mit Bleizuschlag geschmolzen. Hierbei setzt sich das Osmium-Iridium zu Boden und kann von der Blei-Platin-Legierung mechanisch getrennt werden. — Die gebräuchlichsten Verfahren zur Platingewinnung sind aber die nassen, die im allgemeinen den analytischen Trennungsmethoden sich anschließen. Das Rohplatin wird zuerst in Königswasser gelöst, die Lösung über freier Flamme eingedampft, der Rückstand mit Wasser aufgenommen, auf eine bestimmte Stärke gebracht und mit Ammoniumchloridlösung versetzt. Hierbei bildet sich ein Platinsalmiak und scheidet sich ab. Die Mutterlauge enthält die anderen Platinmetalle. Platinsalmiak wird erhitzt, wobei Platinschwamm entsteht, der zuerst mit Salzsäure gereinigt und schließlich durch Erhitzen zum Sintern gebracht wird. Dieses Platin enthält noch geringe Mengen Iridium, das sich aber beim Behandeln mit verdünntem Königswasser, in welchem es unlöslich ist, abscheiden läßt. Zur Herstellung des chemisch reinen Platins ist eine Reihe von Verfahren im Gebrauch, die hier nicht weiter ausgeführt werden sollen. Platinschwamm wird mit dem Knallgasgebläse geschmolzen. Da es ebenso wie Silber Sauerstoff absorbiert, muß man gegen Ende des Schmelzens einen kleinen Wasserstoffüberschuß geben, damit der gelöste Sauerstoff verbrennt.

Das Platin ist ein grauweißes Metall von unansehnlicher Farbe. Seine Struktur hängt vom Bearbeitungszustand ab. Die mechanische Bearbeitung macht das Metall immer feinkörniger. Der Schmelzpunkt liegt bei 1764°. Seine Dichte beträgt 21,4. Sein linearer Ausdehnungskoeffizient ist 0,000009, also sehr klein, die spezifische Wärme zwischen 0 und 100° 0,030595 + 0,0000284 t. Der Elastizitätsmodul wurde zu 16029 kg/qmm festgestellt. Seine Härte ist 4 bis 5 nach der *Mohs*schen Skala. Die Zerreißfestigkeit für hart gezogenen Draht ist 24 kg/qmm, ist der Draht bei 1300° geglüht, nur noch 17 kg/qmm. Die elektrische Leitfähigkeit beträgt bei 0° etwa $^1/_{10}$ von der des Silbers, $9{,}94 \frac{m}{\Omega \cdot mm^2}$, bei 100° $7{,}13 \frac{m}{\Omega \cdot mm^2}$. Dies gilt für reines Metall. Verunreinigungen setzen die Leitfähigkeit noch weiter herab.

Von Sauerstoff wird Platin nur in feiner Verteilung angegriffen. Platinmohr oxydiert sich schon beim Liegen an der Luft. Durch Erhitzen auf 500° wird Platinoxyd wieder reduziert. Chlor greift Platin stark an, besonders bei höherer Temperatur, Brom nur schwach, Jod nahezu gar nicht. Schwefelkohlenstoff ist ebenfalls schädlich für Platin. Deshalb die langsam zerstörende Wirkung des Leuchtgases. Zinn und Blei legieren sich, wie auch andere unedle Metalle, mit Platin. Ebenso wirken verschiedene Metalloide, wie Schwefel, Selen, Phosphor, Arsen, Silicium, Bor. Gegen alle Säuren, mit Ausnahme von Königswasser, ist das Metall widerstandsfähig. Löslichkeit in Salzsäure ist bedingt durch die Gegenwart von Sauerstoff. Auch heiße konzentrierte Schwefelsäure greift etwas an. Heißes Königswasser löst Platin zu Platinchlorwasserstoffsäure. Empfindlich ist es ferner gegen schmelzende Alkalien, ebenso gegen Alkaliperoxyde, -sulfide, -nitrate und Cyankalium. Auch Alkalicarbonate wirken, wenn auch nicht stark, korrodierend. Aus alledem geht hervor, daß man leicht schmelzende Metalle, ferner solche Stoffe, die Chlor, Schwefel oder Phosphor abgeben können, schließlich ätzende Alkalien und Cyankalium von erhitztem Platin fernhalten muß. Ebenso schädlich sind die rußenden Flammen.

Platin wird im allgemeinen durch Walzen und Ziehen bearbeitet. Bleche werden zwischen polierten Stahlwalzen gewalzt, Drähte zuerst durch Zieheisen, schließlich durch Diamanten gezogen. Das Metall läßt sich schweißen und läßt sich mit sich selbst, sowie auch mit den meisten anderen Metallen verlöten. Die günstigen chemischen und mechanischen Eigenschaften verleihen dem Platin die Eignung zu vielseitiger Verwendung. Man verwendet es nicht nur im Laboratorium in Form von Schalen, Tiegeln, Drähten, Blechen, Elektroden und als Widerstandsmaterial für elektrische Öfen, sondern auch in der chemischen Großindustrie, für Schwefelsäurekonzentrationsapparate und als Material für Anoden zur Chloralkalielektrolyse. In der Schwefelsäureindustrie ist es ja vielfach bereits durch billigere Materialien ersetzt. Wichtig ist seine Verwendung für Thermoelemente, ferner in der Glühlampentechnik. Platin ist ein Metall, das hervorragende katalytische Eigenschaften besitzt, weshalb es sowohl in kompakter metallischer Form wie auch in feiner Verteilung als Katalysator bei den verschiedensten chemischen Reaktionen verwendet wird.

Der Preis des Platins ist großen Schwankungen unterworfen. Er bewegt sich zwischen 8 bis 10 Mk./g.

III. Säurefeste Legierungen.

Da als säurefest, wie aus den obigen Ausführungen hervorgeht, nur die Edelmetalle, im besonderen das Platin, angesehen werden können, so ist die Aufgabe, säurefeste Legierungen herzustellen, nichts anderes als das Suchen nach billigen Ersatzmetallen für das zwar chemisch hervorragend widerstandsfähige, aber ebenso kostspielige Platin. Legierungen, deren Eigenschaften denen des Platins durchaus entsprechen, sind vorläufig noch nicht bekannt. Es ist nur gelungen, diesem Vorbild in dieser oder jener Beziehung nahezukommen. Verschiedene Metalle sind schon für sich allein säurefest, doch beschränkt sich diese Widerstandsfähigkeit nur auf bestimmte Konzentrationen und Temperaturen. So ist z. B. Aluminium in kalter Salpetersäure unlöslich, in warmer löslich. Dann sind einzelne Metalle in Säuren bei Luftzutritt löslich, während sie bei Luftabschluß genügend Widerstand besitzen. Solche teilweise Widerstandsfähigkeiten sind aber für die Verwendung der Metalle im Apparatebau für die chemische Industrie nicht hinreichend. Es muß, im Hinblick darauf, daß man sich beim Bau von Apparaten

Tabelle 26. Mischkrystallbildung der tech-
(Die Zahlen bedeuten die Grenzwerte (0/0), bis zu denen Mischkrystallbildung ein-

		K Na Li	Ca Ba	Mg	Al	Ce	B	C	Si	Ti	V	Cr	Mo
Leichtmetalle	Al	(3,5) Li	—	(11		<0,5	—	—	(1,5)	0		—	—
	Mg	—	—	.	(10,6)	0	—	—	—	—	—	—	—
niedrigschmelzende Schwermetalle	Zn	—	—	—	0,5	—	—	—	—	—	—	—	—
	Pb	0	0	0	—	—	—	—	—	—	—	—	—
	Sn	—	—	—	—	—	—	—	—	—	—	—	—
hochschmelzende Schwermetalle	Fe	—	—	—	33	—	0,08	(1,5)	3	3	100	100	28
	Ni	—	—	—	15	—	—	—	7	+	100	100	33
	Cu	—	—	—	8	—	—	—	2	—	—	—	—
höchstschmelzende Schwermetalle	Mo	—	—	—	+	—	+	+	+	+	—	—	
	W	—	—	—	—	—	+	+	+	+	—	—	+
	Ta	—	—	—	—	—	+	+	+	+	—	—	+
Edelmetalle	Ag	—	—	29	8	—	—	—	—	—	—	—	—
	Au	—	—	—	—	—	—	—	—	—	—	—	—
	Pd	—	—	—	—	—	—	—	—	—	—	—	—
	Pt	—	—	—	—	—	—	—	—	—	—	—	—

Anmerkung: (·) bei höheren Temperaturen, + denkbare Zusätze, Konstitution

für die chemische Industrie nicht auf gewisse Konzentrationen und Temperaturen der Stoffe, insbesondere der angreifenden Stoffe beschränken kann, verlangt werden, daß der Baustoff eine ausgedehntere Widerstandsfähigkeit aufweist. Man kommt häufig, insbesondere beim Umstellen von Betrieben, in die Lage, Apparate für anders zusammengesetzte Stoffe verwenden zu müssen. Es erschwert eine solche Umstellung und macht sie kostspielig, wenn man die Apparate mangels genügender Widerstandsfähigkeit gegen die neue Zusammensetzung der darin zu behandelnden Stoffe durch neue ersetzen muß. Es ist sehr vorteilhaft, wenn man bei der Projektierung von Anlagen in der Wahl der Baustoffe bereits Rücksicht auf veränderte Betriebsverhältnisse nehmen kann. Nun läßt sich allerdings einwenden, daß man nicht gezwungen ist, metallische Baustoffe anzuwenden, da ja für die verschiedenen Zwecke keramische Stoffe oder emailliertes Eisen zur Verfügung stehen und diese Baustoffe gerade in Hinblick auf Säurefestigkeit selbst hochgestellten Anforderungen entsprechen. Dies ist nur beschränkt richtig, denn die metallischen Werkstoffe zeichnen sich vor allen anderen durch die leichte Bearbeitbarkeit und mechanische Widerstandsfähigkeit aus, die man in vielen Fällen nicht missen kann.

Es ist eine sehr interessante Erscheinung, daß durch Legieren von Metallen, die an sich gegen Angriff des Sauerstoffs oder von Säuren empfindlich sind, neue Metalle entstehen, die in chemischer Beziehung ihren Bestandteilen überlegen sind. Dies hängt damit zusammen, daß die mikroskopisch kleinen Krystalle, aus denen die Legierungen aufgebaut sind, nur in besonderen

nisch wichtigen Metalle mit ihren Zusätzen.
tritt; 0... keine Mischkrystallbildung, 100... ununterbrochene Mischkrystallreihe.)

nisch wichtigen Metalle mit ihren Zusätzen.
tritt; 0... keine Mischkrystallbildung, 100... ununterbrochene Mischkrystallreihe.)

W	Mn	Fe	Co	Ni	Cu	Ag	Au	Pt	Zn	Cd	Sn	Pb	Bi	Sb	As
—	<0,1	<0,1	—	<0,1	(5,6)	—	—	—	8	—	—	—	—	0,5	—
—	—	—	—	—	2	—	—	—	2	0	0	—	—	—	—
—	—	—	—	—	3	—	—	—	—	—	—	—	—	—	—
—	—	—	—	0	0	—	—	—	—	6	6	·	8	0	0
—	—	—	—	—	0	—	—	—	—	0	—	1	6	8	—
—	100	·	100	100	—	—	—	—	—	—	—	—	—	—	—
5	100	100	100	·	100	—	—	—	35	—	15	—	—	—	0
—	100	—	—	100	·	4,5	100	—	36	—	13	0	—	—	0
+	—	18	—	+	—	—	—	—	—	—	+	—	—	—	—
·	—	—	—	+	—	—	—	—	—	—	—	—	—	—	—
+	—	—	—	+	—	—	—	—	—	—	—	—	—	—	—
—	20	—	—	—	5	·	100	—	20	35	11	—	5	15	—
—	—	18	—	—	100	100	·	100	13	18	—	—	—	—	—
—	—	—	—	100	100	100	100	+	—	—	—	—	—	—	—
—	—	100	+	+	100	18	100	·	—	—	—	—	—	—	—

nicht völlig bekannt. Die Striche zeigen an: Keine Bedeutung für die Technik.

Fällen Krystalle der Ausgangsmetalle selbst sind, wie dies z. B. bei den Kupfer-Wismut-Legierungen oder bei den Legierungen Zink-Zinn der Fall ist. Zumeist erscheinen die Krystalle des einen oder anderen Ausgangsmaterials dadurch in ihren Eigenschaften verändert, daß sie andere Metalle oder auch, wie bereits oben verschiedentlich erwähnt, Metalloide in ihr Inneres aufgenommen haben. Man nennt diese Erscheinung Mischkrystallbildung. Es gibt Metalle, deren Aufnahmevermögen für Zusätze sehr beschränkt ist, während andere Metalle Zusätze in beliebiger Menge in ihrem Krystallinnern aufnehmen können. Diese Aufnahmefähigkeit ist nicht vielleicht bedingt durch besondere Mischprozesse; durch Erhitzung allein, die den Atomen eine größere Beweglichkeit verleiht, setzen die Diffusionsvorgänge ein, die so lange andauern, bis jeder Krystall die gleiche Zusammensetzung wie alle anderen erreicht hat. Die Verwandtschaftskraft, die zu dieser Mischkrystallbildung führt, bezeichnet man als homöopolare Affinität. Es ist daher auch der Mischkrystall stabiler als das freie Gemisch, aus dem er sich gebildet hat. Da die verschiedenen Atomarten mit einer gewissen Bindung aneinander haften, so müssen sie dem Bestreben, sich mit anderen Elementen zu verbinden, einen gewissen Widerstand entgegensetzen, d. h. sie sind chemisch beständiger als das gleich zusammengesetzte Gemenge der Einzelbestandteile. Aus der Tabelle 26 ist die Mischkrystallbildung der technisch wichtigen Metalle zu ersehen. Es sind auch noch andere Krystalle bekannt, die eine chemische Verbindung der Metalle darstellen. Dies ist besonders bei solchen Metallpaaren der Fall, die in ihrer chemischen Natur weit auseinander stehen, weshalb man diese Affinität als eine heteropolare bezeichnet. Solche Krystalle (intermediäre Krystallarten oder Metallide) haben eine noch höhere chemische Beständigkeit. Sie kommen aber wegen ihrer äußerst geringen mechanischen Widerstandsfähigkeit als Baumaterialien nicht in Frage. Von wesentlicher Bedeutung für die besonderen Eigenschaften der Legierungen ist der Einfluß des Raumgitters. Man nimmt an, daß sich an den Raumgitterpunkten eines metallischen Krystalls verschiedenartige Atome befinden, die aber gleichmäßig angeordnet sind. Die schwerer angreifbaren Metallatome bilden bei einem Angriff einen Schutz für die leicht angreifbaren. Im allgemeinen ist ein Abbau des Raumgitters nur durch Verbindung des mechanischen mit dem chemischen Angriff möglich.

Die Legierungen lassen sich nach ihren Hauptbestandteilen einteilen. Wir kennen Legierungen, die Eisen, solche, die Nickel oder Kupfer, Aluminium oder Chrom als Basis, d. i. als Hauptbestandteil, haben. Es ist nicht möglich, alle diese Legierungen hier zu behandeln, es sollen nur die hauptsächlichsten, die tatsächlich Bedeutung für die chemische Technik erlangt haben oder voraussichtlich noch erlangen werden, hier erwähnt sein.

1. Eisenlegierungen.

α) mit Silicium.

Während wir den Einfluß des Siliciums im Eisen auf die mechanischen Eigenschaften bereits früher erwähnt haben, so ist des Einflusses auf die chemischen Eigenschaften noch nicht gedacht worden. Silicium verleiht dem Eisen eine hohe Säurebeständigkeit. Der Gehalt an Silicium darf aller-dings eine gewisse Grenze nicht unterschreiten. Im allgemeinen sind die Legierungen mit 12 bis 14 Proz. Si diejenigen, die man als säurebeständig bezeichnen kann. Diese Säurefestigkeit ist nicht durchweg auf das Vorhandensein von Mischkrystallen zurückzuführen. Bei Gehalten über 12 Proz. treten noch Krystalle von der Verbindung Fe_3Si_2 auf, das Gefüge ist also nicht homogen und besteht nicht aus einer einzigen Krystallart. Die Widerstandsfähigkeit muß wohl zum Teil auch darauf zurückgeführt werden, daß

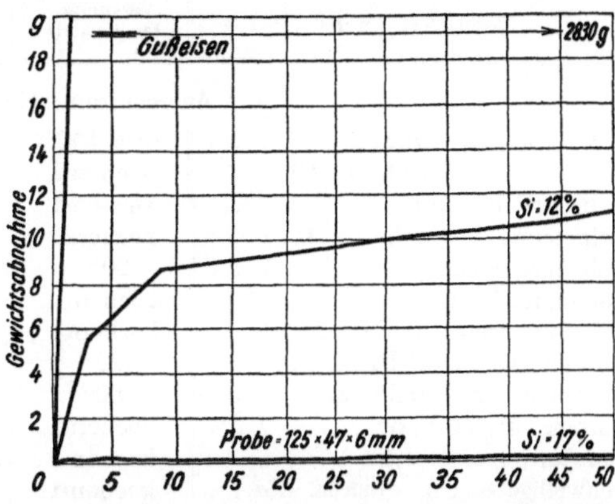

Fig. 63. Gewichtsverluste von Silizium-Eisenguß in 5 proz. siedender Salzsäure.

sich eine Schutzhaut von Kieselsäure bildet (ähnlich wie bei Aluminium). Besonders bemerkenswert ist die Widerstandsfähigkeit der Silicium-Eisen-Legierungen mit höherem Si-Gehalt gegen Salzsäure. Aus Fig. 63 ist der Unterschied der Angreifbarkeit von Gußeisen und von Silicium-Eisen mit 12 Proz. und 17 Proz. Si durch 5 proz. siedende Salzsäure ersichtlich.

Während gewöhnliches Gußeisen schon nach ganz kurzer Zeit durch die Einwirkung der Säure aufgelöst wird, ist beim 12 proz. Si-Eisen nur ein geringer Angriff zu beobachten. 17 proz. Legierung ist nahezu unempfindlich. Auf Fig. 64 ist der Unterschied der einzelnen Legierungen untereinander dargestellt.

Es ist daraus ersichtlich, daß zwischen einem 11 proz. Si-Eisen und einem 14 proz.

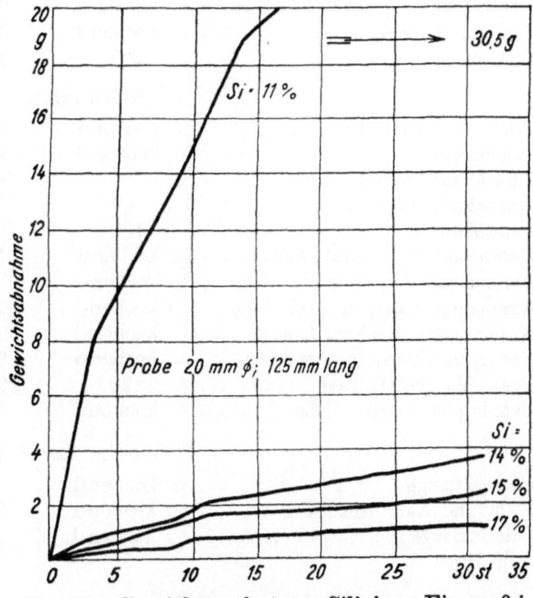

Fig. 64. Gewichtsverlust von Silizium-Eisenguß in 5 proz. siedender Salzsäure.

eine große Lücke klafft, während Gehalt von 14 bis 17 Proz. wesentliche Unterschiede der Angreifbarkeit nicht aufweisen. Konzentrierte Salzsäurelösung wirkt stark auf die Legierungen ein. — Ein schwerwiegender

Tabelle 27.

Chemisches Agens	Versuchs-temperatur	Angewandte Marke	Prüfungsergebnis
Anorganische Säuren.			
Schwefelsäure, konz.	etwa 150°	Thermisilid	beständig
Schwefelsäure, verd. 1 : 10 . . .	kochend	Thermisilid E	beständig
Salpetersäure, konz.	kochend	Thermisilid	beständig
Salpetersäure, verd. 1 : 10 . . .	kochend	Thermisilid	beständig
Salzsäure, konz.	20°	Thermisilid	beständig
Salzsäure, konz.	kochend	Thermisilid E	geringer Angriff
Salzsäure, verd. 1 : 10	kochend	Thermisilid E	genügend beständig
Phosphorsäure, 80 Proz.	120°	Thermisilid	beständig
Phosphorsäure, 80 Proz.	150°	Thermisilid	beständig
Chromsäure, 50 Proz.	kochend	Thermisilid E	beständig
Borsäure, gesätt. Lös.	kochend	Thermilisid	genügend beständig
Schweflige Säure, gesätt. Lös. . .	kochend	Thermisilid	nicht beständig
Organische Säuren.			
Ameisensäure jeder Konz. . . .	kochend	Thermisilid	genügend beständig
Essigsäure, konz.	kochend	Thermisilid	beständig
Oxalsäure, konz.	kochend	Thermisilid	beständig
Weinsäure, gesätt. Lös.	kochend	Thermisilid	genügend beständig
Citronensäure, gesätt. Lös. . . .	kochend	Thermisilid	beständig
Carbolsäure, techn.	kochend	Thermisilid	beständig
Fettsäure	200°	Thermisilid	beständig
Salzlösungen.			
Kochsalz, gesätt. Lös.	kochend	Thermisilid	beständig
Zinkchlorid	kochend	Thermisilid E	genügend beständig
Zinnchlorid, gesätt. Lös.	20°	Thermisilid	beständig
Zinnchlorür, gesätt. Lös.	50°	Thermisilid	beständig
Zinnchlorür	100°	Thermisilid	geringer Angriff
Kaliumchlorid. gesätt. Lös. . . .	kochend	Thermisilid	beständig
Ammoniakalaun, gesätt. Lös. . .	kochend	Thermisilid	geringer Angriff
Ammoniumnitrat, gesätt. Lös. . .	kochend	Thermisilid	beständig
Kupferacetat, gesätt. Lös. . . .	kochend	Thermisilid	beständig
Ferricyankalium, gesätt. Lös. . .	kochend	Thermisilid	beständig
Cyanzink, gesätt. Lös.	20°	Thermisilid	beständig
Cyankupfer, gesätt. Lös.	kochend	Thermisilid	beständig
Technische Laugen.			
Carnallitlauge	kochend	Thermisilid	beständig
Kali- und Natronlauge	kochend	Thermisilid	nicht beständig
Salmiaklauge	kochend	Thermisilid	geringer Angriff
Sulfitlauge	20°	Thermisilid	geringer Angriff
Sonstige Agentien.			
Schwefel	454°	Thermisilid	sehr geringer Angriff
Brom	siedend	Thermisilid	beständig
Chlor	20°	Thermisilid	beständig
Chlor	100°	Thermisilid E	geringer Angriff
Chlorwasserstoffgas	100°	Thermisilid	genügend beständig
Harz	200°	Thermisilid	beständig

Nachteil der Silicium-Eisen-Legierungen ist die große Sprödigkeit. Die Legierungen bis etwa 10 Proz. Silicium zeigen keine besonders große Sprödigkeit, aber dafür sind sie durch Säuren leicht angreifbar. Im gleichen Maße wie die Säurefestigkeit wächst mit dem Ansteigen des Si-Gehaltes auch die Sprödigkeit. Diese Legierungen sind nicht schmiedbar. Ihre Formung kann nur durch Guß erfolgen. Ebensowenig lassen sich die Legierungen bei Gehalten über 12 Proz. Si mit spanabhebenden Werkzeugen bearbeiten. Sie werden durch Schleifen bearbeitet. Es gibt aber auch Verfahren zur Erzeugung weicherer Siliciumeisen, so von *Walter*, Düsseldorf, der Legierungen mit 13 bis 25 Proz. Si herstellt, die sich noch mit spanabhebenden Werkzeugen bearbeiten lassen. Allerdings ist hierzu ein höherer Kohlenstoffgehalt, 0,8 bis 1 Proz., notwendig, und dann muß bei der Krystallisation die Bildung von Zementit vermieden werden. Dies wird dadurch erreicht, daß das geschmolzene Metall eben über der Schmelztemperatur vergossen und eine höhere Erhitzung vermieden wird. Dieses Material wird von *Krupp* unter dem Namen Thermisilid in den Handel gebracht, und zwar in 2 Marken, Thermisilid und Thermisilid Extra, von denen das letztere einen höheren Siliciumgehalt, dementsprechend höhere Säurebeständigkeit aufweist, aber auch härter und spröder ist als das erstere. Zum Schutze gegen Stöße oder sonstige mechanische Einwirkungen von außen werden Thermisilidapparate mit Gußeisen oder Stahlguß ummantelt. Die Beständigkeit des Thermisilids ist aus Tabelle 26 zu entnehmen.

Die physikalischen Eigenschaften des Thermisilids im Vergleich mit Gußeisen gibt Tabelle 28 wieder.

Tabelle 28.

	Termisilid	Gußeisen
Schmelzpunkt	etwa 1220°	etwa 1150°
Spezifisches Gewicht	6,9	7,2
Brinellhärte (5/570)	290 bis 350	150 bis 250
Durchbiegung in mm bei 200 mm Auflage und 12 mm Stabdurchmesser	1,0	2,0 bis 2,4
Biegungsfestigkeit bei 200 mm Auflage und 12 mm Stabdurchmesser	21,0	40 bis 50
Wärmeleitfähigkeit bezogen auf Gußeisen	0,5	1,0
Elektrische Leitfähigkeit	1,05	1,3 bis 2,0

Die Siliciumstähle enthalten bedeutend weniger Si, dafür Kohlenstoff in den normalen Grenzen, der ihnen die entsprechenden mechanischen Eigenschaften verleiht. Mit 0,2 Proz. Kohlenstoff läßt sich Siliciumstahl bis 7 Proz. Si, mit 0,8 Proz. Kohlenstoff bis 5 Proz. Si walzen. Die Siliciumstähle besitzen zwar eine höhere Säurefestigkeit als die gewöhnlichen Stähle, als säurebeständig können sie aber nicht bezeichnet werden und finden demzufolge auch im Apparatebau keine Anwendung.

β) mit Nickel-Chrom, Nickel-Kupfer und Kobalt-Chrom.

Legierungen dieser Art sind ebenfalls Gußlegierungen. Sie sind bekannt unter dem Namen „Calite" (Eisen-Nickel-Chrom), „Aterite" (Nickel-Kupfer) und „Stellit" (Kobalt-Chrom). Auch diese lassen sich nur durch Gießen und Schleifen bearbeiten. Sie sind gegen Essigsäure, Kalilauge, Salpetersäure sehr beständig (bis auf Aterite, der wegen seines Kupfergehaltes nicht salpetersäurebeständig ist). Stellitlegierungen mit höherem Eisengehalt sind auch schmiedbar.

Schmiedbare Eisenlegierungen.

Die Hauptbestandteile dieser Legierungen sind Chrom und Nickel. Chrom erhöht schon bei 8 Proz. die Säurefestigkeit des Stahls. Die gleichzeitige Anwendung von Chrom und Nickel liefert ein säurebeständiges schmiedbares Eisen. Chrom-Nickel-Eisen-Legierungen werden wegen ihres Kohlenstoffgehaltes als Stähle angesprochen. Je höher der Kohlenstoffgehalt ist, desto mehr wächst die Kaltformbarkeit und Schmiedbarkeit. Doch genügt schon ein bedeutend geringerer Gehalt als bei den gewöhnlichen Stählen. Dem Gefüge nach bestehen diese Stähle aus einem chromhaltigen Ferrit und einem chromhaltigen Perlit, in welch letzterem der Kohlenstoff als Carbid enthalten ist. Der Carbidgehalt wirkt aber auf die Säurefestigkeit schädlich. Man beseitigt ihn, indem man ihn in Lösung bringt, also den Stahl nur in gehärtetem Zustande benutzt. Die Zusammensetzung der rostfreien Stähle geht aus Tabelle 29 hervor.

Tabelle 29. Zusammenstellung rostfreier Stähle (nach *Daeves*).

Art	C %	Cr % etwa	Ni %	Festigkeit kg/qmm	Schmiedbarkeit und Verwendung
I. Rostfreies Eisen	0,1	12	—	47 bis 110	Handschmiedbar, auch in Gesenken, kalt zu bearbeiten. Verschiedenste Verwendung
II. Weicher rostfreier Stahl	0,1 bis 0,2	12	—	63 „ 126	Leicht unter dem Krafthammer schmiedbar, härtbar als Schneidmesser für weichen Werkstoff
III. Mittelharter rostfreier Stahl	0,2 bis 0,3	12	—	71 „ 142	Nur unter Maschinenhammer schmiedbar, lufthärtend, sorgsam zu kühlen. Scharfe dauerhafte Schneidstähle
IV. Rostfreier Stahl	0,3 bis 0,4	12	—	79 „ 173	Schmiedbarkeit etwa wie III
V. Harter rostfreier Stahl	0,5	12	—	—	Sehr schwer schmiedbar. Große Festigkeit bei hohen Temperaturen. Wird leichter angegriffen als weicher Stahl
VI. Krupp-Stahl V 1 M, martensitisch	0,15	14	2	80	Schmiedbar wie Chrom-Nickelstahl hoher Festigkeit. Härtbar
VII. Krupp-Stahl V 2 A, austenitisch	0,25	20	7	80	Wie VI, jedoch nicht härtbar

Tabelle 30.

Reagenz	Versuchs-temperatur °C	Gewichtsabnahme in Gramm je Stunde und qm	
		V 2 A	V 4 A
Salpetersäure 1 : 10	20	0,00	—
„ konz.	20	0,00	—
„ 1 : 1	siedend	0,04	—
„ konz.	„	0,02	—
„ + 5 Proz. H_2SO_4	„	0,59	—
Schwefelsäure 10 proz.	20	0,07	0,014
„ 30 „	20	0,16	0,001
„ 66 „	20	0,001	0,001
„ 98 „	20	0,12	0,002
„ 20 „	siedend	36,0	9,5
„ 98 „	100	4,68	6,35
58 Proz. H_2SO_4 + 40 Proz. HNO_3 + 2 Proz. H_2O	20	0,00	—
	60	0,05	—
	100	0,7	—
	110	7,6	—
10 Proz. H_2SO_4 + Kupfervitriolzusatz bis zur Sättigung	20	0,00	—
Salzsäure $^1/_2$ proz.	siedend[1]	1,79	—
Essigsäure 1 : 1	„	0,03	0,01
„ konz.	„	0,60	0,00
Ameisensäure 1 : 10	„	2,48	0,16
„ 1 : 1	„	9,3	1,9
Phosphorsäure 10 proz.	„	0,01	—
„ 45 „	„	0,04	—
„ 80 „	110	31,3	2,17
„ 80 „	115	134,3	0,9
Schweflige Säure + 1 Proz. H_2SO_4	10	0,05	—
Schweflige Säure (bei 20 at Druck)	180	110	0,5
Borsäure gesättigt	100	0,00	—
Oxalsäure „	20	0,00	—
„ „	40	0,01	—
„ „	siedend	16,5	3,29
Milchsäure	20	0,00	—
Buttersäure	20	0,00	—
„ gesättigt	130	0,00	—
Fettsäure	150	0,03	—
Weinsäure gesättigt	siedend	7,8	0,12
Gallussäure	„	0,00	—
Leinöl + 3 Proz. H_2SO_4	200	0,05	—
Carbolsäurelösung roh	90	0,05	0,014
Citronensäure 5 proz.	siedend	0,00	—
„ bei 100° gesättigte Lösung . .	„	2,19	—
Natriumchlorid gesättigt	„	0,10	—
„ 25 proz.	„	0,03	—
„ 10 „	„	0.00	—
Natriumsulfidlösung 1 : 1	90	0,02	—
Kaliumchlorat ges. Lösung	siedend	0,00	—

---

[1] V 6 A: 0,05 g/st·qm.

Reagenz	Versuchs-temperatur °C	Gewichtsabnahme in Gramm je Stunde und qm	
		V 2 A	V 4 A
Kaliumhypochlorit	20	0,01	0,000
„	105	0,53	—
Kaliumbitartrat ges. Lösung	siedend	0,09	0,39
Ammoniumnitrat	107	0,02	—
Kupfernitrat 1:1	siedend	0,00	—
Kupfersulfat 1:1	„	0,00	0,04
Kupferchlorid 1:1	„	464	651
Eisenchlorid 1:1	50	101	134
Zinkchlorid 78° Bé	35	0,04	—
Zinnchlorid wäss. Lösung	20	2,28	—
Zinnchlorür	50	0,27	—
Pinksalz	20	0,52	—
Sublimatlösung 0,7 proz.	20	0,88	—
„ 0,7 „	siedend	3,66	—
Ammoniak wäss. Lösung	„	0,00	—
Chlorcalciumlauge	100	0,00	—
Salmiakbetriebslauge	siedend	0,00	—
Natronlauge 20 proz.	110	0,02	—
„ 34 „	100	0,00	—
Natriumhydroxyd	318	0,22	—
Kalilauge 27 proz.	siedend	0,00	—
„ 50 „	„	0,40	—
Kaliumhydroxyd	360	3,5	—
„	600	37,9	—
Chlor, Jod, Brom	nicht beständig		

Von besonderer Bedeutung sind unter den Stahlarten der **Tab.** 29 die unter VI. und VII. angeführten, die als Repräsentanten zweier Gruppen aufgefaßt werden müssen. Die erste, mit VM bezeichnete, umfaßt Stähle mit troostitischem Gefüge, mit Chromgehalten von 13 bis 15 Proz. und geringem Gehalt an Nickel (Fig. 65 und 66, Taf. II). Zur zweiten, mit VA bezeichneten Gruppe gehören Stähle mit austenitischem Gefüge (Fig. 67, Taf. II), die einen hohen Chromgehalt, etwa 20 Proz., und einen mittleren Nickelgehalt aufweisen. Die Stähle der ersten Gruppe sind magnetisierbar, dagegen die der zweiten Gruppe unmagnetisch. Die VM-Stähle lassen sich bearbeiten wie gewöhnliche Stähle gleicher Festigkeit und finden infolgedessen Verwendung für die verschiedensten Maschinenteile, Messer, Scheren, Sägeblätter usw. Die Stähle der VA-Gruppe sind in erster Linie widerstandsfähig gegen chemische Angriffe und werden für Maschinenteile, Apparate und Geräte, die chemischen Einwirkungen ausgesetzt sind, verwendet. In dieser Gruppe ist besonders die Marke V 2 A durch höchste Widerstandsfähigkeit in chemischer Beziehung und besonders große Zähigkeit und Verschleißfestigkeit ausgezeichnet. Dieser Stahl kann deshalb nur mit Werkzeugen aus Schnellarbeitsstahl und mit langsamstem Gang bearbeitet werden. Der V 2 A-Stahl ist widerstandsfähig gegen den Angriff von Salpetersäure, Ammoniak, Wasserstoffsuperoxyd, schwefelsaure Salpetersäure. Marke V 4 A wird nicht angegriffen von heißer schwefliger Säure und findet deshalb besonders Verwendung in den Cellulosefabriken. Marke V 6 A widersteht heißen Ammoniumchloridlaugen sowie sehr verdünnten Lösungen von Salzsäure. Gegen Schwefelsäure und Salzsäure höherer Konzentration sind diese Stähle nicht widerstandsfähig (Tab. 30).

Die mechanischen Festigkeitseigenschaften bei gewöhnlicher und bei hohen Temperaturen sind auf Tabelle 31 und 32 verzeichnet.

Tabelle 31. Festigkeitseigenschaften bei gewöhnlichen Temperaturen.

	V 1 M	V 5 M	V 2 A	
Streckgrenze	65	50	38	kg/mm
Festigkeit	80	70	80	kg/mm
Dehnung	14	17	46	Proz.

Tabelle 32. Festigkeitseigenschaften bei hohen Temperaturen.

V 1 M

Temperatur	20°	200°	300°	400°	500°	Cels.
Streckgrenze	65	59	58	50	28	kg/qmm
Festigkeit	81,5	76,8	75,1	66,5	49,2	kg/qmm
Dehnung	14,3	14,2	12,5	12,5	16,8	Proz.
Kontraktion	60	60	58	56	73	Proz.

V 5 M

Temperatur	20°	200°	300°	400°	500°	Cels.
Streckgrenze	45	38	38	34	26	kg/qmm
Festigkeit	65,5	55,0	53,1	51,8	45,2	kg/qmm
Dehnung	21,3	15,0	14,8	15,5	22,3	Proz.
Kontraktion	74	74	73	73	73	Proz.

V 2 M

Temperatur	20°	200°	300°	400°	500°	Cels.
Streckgrenze	38	31	26	25	24	kg/qmm
Festigkeit	79,4	75,3	70,2	63,8	58,3	kg/qmm
Dehnung	46,4	53,3	47,0	40,5	22,4	Proz.
Kontraktion	54	55	54	50	47	Proz.

Die Dehnung ist auf 10 d gemessen.

Aus Tabelle 33 ist die Widerstandsfähigkeit der Stähle der VM- und VA-Gruppe im Vergleich mit anderen Materialien ersichtlich:

Tabelle 33.

	Gewichtsabnahme
1. Rostung an der Luft	
Flußeisen	100
9 Proz. Nickelstahl	70
25 Proz. Nickelstahl	11
V 1 M	0,4
V 2 A	0
2. Korrosion in Seewasser	
Flußeisen	100
9 Proz. Nickelstahl	79
25 Proz. Nickelstahl	55
V 1 M	5,2
V 2 A	0,6

Tabelle 33 (Fortsetzung).

	Gewichtsabnahme
3. In Salpetersäure 10 Proz. kalt	
Flußeisen	100
5 Proz. Nickelstahl	97
25 Proz. Nickelstahl	69
V 2 A	0
4. In Salpetersäure 50 Proz. kochend	
Flußeisen	100
5 Proz. Nickelstahl	98
25 Proz. Nickelstahl	103
V 2 A	0

Die spez. Gewichte und Schmelzpunkte der VM- und VA-Stähle verhalten sich wie folgt:

Marke	Spezifisches Gewicht	Schmelzpunkt ° C
V 1 M	7,73	1490
V 3 M	7,76	1470
V 5 M	7,77	1500
V 2 A	7,86	1400

2. Nickellegierungen.

α) Mit Chrom.

Solche Legierungen sind bekannt, die in der Hauptmenge 50 bis 80 Proz. Nickel, 10 bis 33 Proz. Chrom, daneben auch Eisen und geringere Zusätze anderer Metalle, wie Wolfram, Mangan u. a. enthalten. Sie werden hauptsächlich zur Herstellung von Heizwiderständen für elektrische Öfen angewendet, da sie bei hohen Temperaturen (1000°) eine besonders hohe Widerstandsfähigkeit gegen Oxydation aufweisen. Eine Legierung, die neben 64 Proz. Nickel 20 Proz. Eisen und 15 Proz. Chrom enthält, zeigt gute Widerstandsfähigkeit gegen 10proz. Salzsäure, 10proz. Schwefelsäure und gegen 10proz. Phosphorsäure, während sie durch 10proz. Salpetersäure in etwas höherem Maße angegriffen wird. Die Legierung ist bekannt unter dem Namen Chroman. Ähnlich zusammengesetzte Legierungen, bei denen aber ein Teil des Nickels durch Molybdän ersetzt ist, verhalten sich auch gegen Salpetersäure sehr günstig, ebenso gegen Schwefelsäure. Sie sind unter dem Namen Contrazid im Handel. Anstatt Molybdän können sie auch Wolfram enthalten. Der Gehalt an Wolfram beeinflußt die mechanische Verarbeitbarkeit ungünstig: solche Legierungen lassen sich weniger gut walzen als die molybdänhaltigen.

β) Mit Kupfer, Monelmetall.

Diese Legierung besteht ungefähr aus 67 Proz. Nickel, 28 Proz. Kupfer und 5 Proz. sonstigen Metallen, wie Eisen, Mangan, Silicium und Kohlenstoff. Von Interesse ist, daß dieses Metall in Canada ursprünglich in einem

Nickel-Kupfer-Mischerz gefunden und für Kupfer gehalten wurde. Später erkannte man, daß eine Trennung des Kupfers von Nickel nicht notwendig sei, und es wurden Verfahren ausgearbeitet, um das Monelmetall direkt aus dem Erz ohne Trennung der Bestandteile herzustellen. Während man sonst gefunden hat, daß der Kupfergehalt einer Legierung dazu angetan ist, ihre Widerstandsfähigkeit gegen Salpetersäure zu erniedrigen — es sei hier an Aterite erinnert —, so ist hier die Widerstandsfähigkeit gegen Salpetersäure infolge des hohen Nickelgehaltes bedeutend höher als bei der genannten Legierung. Außerdem ist die Widerstandsfähigkeit des Monelmetalls gegen alle Säuren besser als die des Nickels. Der Schmelzpunkt dieser Legierung liegt bei 1360° C, ihr spez. Gewicht ist in gegossenem Zustande 8,82, in gewalztem 8,85. Der Ausdehnungskoeffizient ist 0,0000137 pro 1° C, die Zugfestigkeit in gegossenem Zustande 30 bis 40, in gewalztem 60 bis 66 kg/qmm. In dieser Eigenschaft unterscheidet sich das Metall von dem gewöhnlichen Messing oder von Bronze, deren Festigkeit bei dieser hohen Temperatur weniger als 8 kg/qmm beträgt. Erst über 400° geht die Festigkeit des Metalls wesentlich herunter. Die Härte nach *Brinell* ist 120 bis 140 für gegossenes, 150 bis 190 für warm gewalztes und 200 bis 217 für kalt gezogenes Metall. Seine elektrische Leitfähigkeit beträgt 3,4 bis 5 Proz. von der des Kupfers, der elektrische Widerstand 0,425 Ohm per m und qmm. Das Metall kann durch Gießen und Schmieden verarbeitet werden. Es läßt sich weich und hart löten. Ebenso kann es leicht autogen geschweißt werden. Hierbei muß jede Oxydation der Schweißstelle vermieden werden. Das Metall läßt sich ferner infolge seiner Zähigkeit drücken, ziehen und mit spanabhebenden Werkzeugen gut bearbeiten. — Gegen starke Mineralsäuren ist es nicht widerstandsfähig genug, wohl aber gegen schwächere Säuren, wie Phosphorsäure sowie organische Säuren, gegen Alkalien, gegen Seewasser und gegen atmosphärische Einflüsse, ferner gegen verschiedene Salzlösungen, wie Aluminiumsulfat, Calciumsulfat, Calciumchlorid usw.

IV. Hitzebeständige Legierungen.

Im allgemeinen können metallische Werkstoffe nur bei Temperaturen bis etwa 4—500° benützt werden. Von da ab setzt entweder eine chemische Zerstörung ein durch Oxydation, oder die stark zurückgehenden Festigkeitseigenschaften verbieten eine höhere mechanische Beanspruchung. Nun liegt aber häufig die Notwendigkeit vor, metallische Gegenstände auch bei Temperaturen über 500° zu verwenden. Es sei hier beispielsweise an die Roststäbe erinnert, ferner Überhitzerrohre, Autoklaven, Wärmeaustauscher, Schmelzkessel, Glühtöpfe, Pyrometerschutzrohre usw. Für diese Zwecke verwendet man entweder hitzebeständige Legierungen, oder man stellt durch eine besondere Behandlung eine legierte Oberfläche auf sonst nicht hitzebeständigen Werkstoffen, wie z. B. Eisen, her. Zu den letztgenannten Behandlungen gehört z. B. das Alitieren. Läßt man Aluminium durch Diffusion in die Oberfläche eines Gegenstandes aus Eisen eindringen, so wird nicht eine dünne, leicht zu beseitigende Schutzschicht erzeugt, sondern das Aluminium dringt bis zu mehreren Millimetern in das Eisen ein und legiert sich mit demselben (Fig. 68, Taf. II). Diese an der Oberfläche befindliche Aluminium-Eisen-Legierung bedeckt sich mit einer sehr widerstandsfähigen Tonerdeschicht, die der Einwirkung des Luftsauerstoffs sowohl wie der Hitzeeinwirkung großen Widerstand entgegensetzt (Fig. 69, Taf. II). Der Schutz dauert so lange an, bis der Schutzstoff entweder infolge mechanischer Beanspruchung aufgebraucht ist oder unter dem Einfluß der sehr hohen Temperaturen in das Innere des Eisens weiter   lert und an der Oberfläche   mehr nicht legiertes Eisen zurückläßt. Werkstücke aus alitiertem Eisen lassen sich bei Temperaturen bis etwa 1000° mit Vorteil anwenden. Die Schutzschicht ist wirksam gegen oxydierende und reduzierende Ofengase sowie gegen geschmolzenen Schwefel. Nicht verwendbar sind alitierte Gegenstände gegen Schwefelwasserstoff bei Temperaturen oberhalb 700°. Desgleichen soll Berührung mit schwefelhaltigem Zunder oder glühendem Koks vermieden werden. Das Alitierungsverfahren läßt sich sowohl bei schmiedbarem Eisen und seinen Legierungen, wie auch bei Nichteisenmetallen, wie Nickel, Kupfer, Messing usw., anwenden. Für Gußeisen eignet sich dieses Verfahren nicht. Alitierte Gegenstände zeigen die Festigkeit des Kernmaterials. Jede die Festigkeit des letzteren ungünstig beeinflussende Operation bewirkt auch eine Verschlechterung der mechanischen Eigenschaften des alitierten Gegenstandes.

Außer diesen oberflächlich bearbeiteten hitzebeständigen Metallen gibt es auch Legierungen, die hohe Temperaturen aushalten, ohne dabei ihre

Festigkeitseigenschaften in hohem Maße einzubüßen. Solche Legierungen sind beispielsweise der auch unter den säurebeständigen Legierungen die hervorragendste Rolle spielende V2A-Stahl, der bis etwa 1000° als dauernd hitzebeständig gelten kann. Während die alitierten Werkstücke nach der Oberflächenbehandlung nicht wieder bearbeitet werden dürfen, da die Schutzschicht darunter leidet, so können, wie bereits oben erwähnt, Gegenstände aus V2A-Stahl ohne weiteres bearbeitet werden, was als besonderer Vorteil angesehen werden muß[1]. — Für noch höhere Temperaturen, bis etwa 1200°, hat die Firma *Krupp* Legierungen hergestellt, die unter den Bezeichnungen Ferrotherm, Nichrotherm und Nialit im Handel sind. Diese Legierungen können als Ersatz der feuerfesten Produkte angesehen werden, haben aber vor diesen viele Vorteile voraus, die sich auf ihre metallischen Eigenschaften gründen. Ihre spezifische Wärme ist bedeutend kleiner als die der keramischen Stoffe, ihr Wärmeleitvermögen bedeutend größer, wie aus der folgenden Aufstellung der Wärmeleitzahlen hervorgeht:

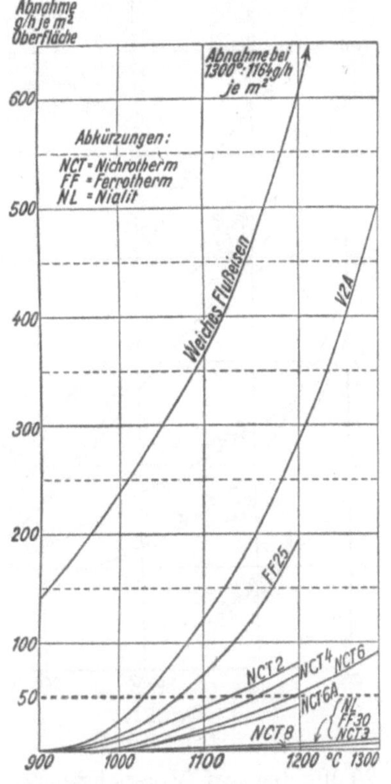

Ziegel	0,45
Zement	0,78
Glas	0,80
Porzellan	0,90
Schamottesteine 50° . . .	0,50
„ 565° . . .	1,32
Hochhitzebeständige	
Legierungen	15 bis 25
Nickel	50
Eisen	56
Kupfer	320

Diese beiden Eigenschaften haben zur Folge, daß die Anwendung solcher Legierungen gegenüber der feuerfester Erzeugnisse bedeutende Wärmeersparnisse bedeutet, die noch dadurch erhöht werden, daß infolge der günstigen Festigkeitseigenschaften auch bei hohen Temperaturen die Gegenstände aus bedeutend weniger Material (dünnwandig usw.) hergestellt werden können. Gegenüber den gleichen Vorrichtungen aus Eisen haben die hochhitzebeständigen Legierungen den Vorteil, daß sie keine Zunderschicht bilden,

---

[1] Für Beanspruchung auf Temperaturen von etwa 500° und hohem Gasdruck, wie beispielsweise bei der Ammoniaksynthese, eignen sich nach eingehenden Versuchen des Bureau of Chemistry and Soil (U. S. Departemant of Agriculture) chromhaltige Stähle mit einem Mindestgehalt an Cr von 2,25 Proz. und einem C-Höchstgehalt von 0,3 Proz. Der V2A-Stahl fällt natürlich auch darunter.

die einerseits die Lebensdauer der betreffenden Gegenstände stark verkürzt, andererseits wegen ihres schlechten Wärmeleitungsvermögens den Wärmedurchgang ganz wesentlich behindert. Aus der graphischen Darstellung (Fig. 70) ist die Abnahme in oxydierenden Ofengasen im Temperaturintervall 900 bis 1300° ersichtlich. Diese Zahlen sind Ergebnisse von Prüfungen, die in Anlehnung an die praktischen Verhältnisse so angestellt worden sind, daß Proben in einem gasgeheizten Ofen 50 Stunden erhitzt, vom Zunder befreit und dann auf Gewichtsverlust untersucht wurden. Als Maßstab kann gelten, daß als technisch sehr beständige Werkstoffe diejenigen bezeichnet werden, die nicht mehr als 50 g/qm Abbrand in der Stunde ergeben. Auf dem Diagramm sind neben die Bezeichnungen FF (Ferrochrom) und NCT (Nichrotherm) Zahlen gesetzt, ein Zeichen dafür, daß mehrere Legierungen des gleichen Typs für die verschiedenen Beanspruchungsarten (heiße Ofengase, chemische Angriffe durch Gase und geschmolzene Salze usw.) erzeugt werden. — Ein Bild über die mechanischen Eigenschaften gibt die Darstellung (Fig. 71), auf der die Streckgrenzen im Vergleich zu weichem Flußeisen in der Wärme beim langsamen Zugversuch aufgezeichnet sind. Die Proben wurden ausgeglüht,

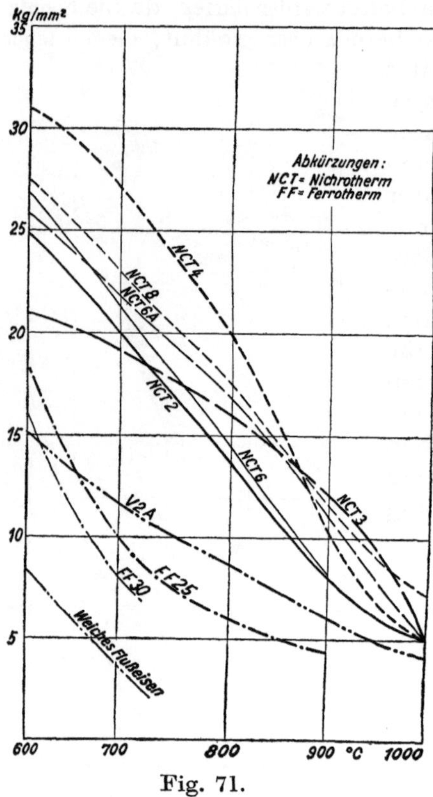

Fig. 71.

20 Minuten auf Versuchstemperatur gehalten und dann langsam zerrissen. Trotz dieser Vorsichssmaßregel sind die zulässigen Dauerbelastungen nur Bruchteil der im langsamen Zerreißversuch ermittelten Streckgrenzen, etwa:

Temperatur	
600	$^1/_3$
700	$^1/_5$
800	$^1/_9$
900	$^1/_{15}$
1000	$^1/_{25}$
1100	$^1/_{40}$

Die Ferrotherm- und Nichrothermlegierungen sind im geglühten Zustand mechanisch bearbeitbar, Nialit hingegen nicht.

V. Sonstige Legierungen.

Die bis jetzt behandelten Legierungen sind nicht ohne Absicht unmittelbar anschließend an die Edelmetalle behandelt worden. Sie sollen ja in ihrer Verwendung in der chemischen Industrie als Ersatz für Edelmetalle dort dienen, wo bisher mit Rücksicht auf die Aggressivität der behandelten Materialien Edelmetalle angewendet werden mußten. Doch ist damit die Reihe der Legierungen, die im Apparatebau zu ausgedehnter Anwendung gelangen, noch lange nicht erschöpft. Aber die im folgenden zu erwähnenden Legierungen haben ihre Vorzüge mehr in mechanischer als in chemischer Hinsicht.

1. Kupferlegierungen.

Diese werden hergestellt auf der Grundlage Zinn-Kupfer, Zink-Kupfer und auf sonstigen Grundlagen. Die ersteren bezeichnet man mit dem Namen Bronze, sofern sie den Mindestgehalt von 65 bis 70 Proz. Kupfer besitzen. Der Struktur nach bestehen sie bis zu etwa 13 Proz. Zinngehalt aus einheitlichen Mischkrystallen, von 13 bis 28 Proz. Zinn liegen zwei Gefügebestandteile vor, darüber hinaus wieder nur einer. Ihr Schmelzintervall liegt je nach ihrer Zusammensetzung von 745 bis 1050°. Je höher der Kupfergehalt, desto höher schmelzen sie. Ihre Dichte ist im Mittel 8,75. Die lineare Wärmeausdehnung ist 0,00001782, die spezifische Wärme 0,0862. Der Elastizitätsmodul beträgt im Mittel 9000 kg/qmm. Kalt reckbar sind Bronzen nur bis etwa 5 Proz. Zinngehalt. Bei höherem Zinngehalt sind sie nur in Rotglut reckbar. Auch auf die Zerreißfestigkeit übt der Zinngehalt einen großen Einfluß aus. Bis zu einer gewissen Grenze steie Zerreißfestigkeit, um von d wieder abzunehmen, wie in folgender Tabelle verzeichnet ist:

Kupfer . . . . Proz.	100	96	94	90	85	80	75	70
Zinn . . . . Proz.	—	4	6	10	15	20	25	30
Zerreißfestigkeit für Rohguß kg/qmm n. *Shepherd* u. *Upton*	15	21	25	31	35	34	15	10

Die Härte nach *Brinell* steigt mit dem Zinngehalt, beträgt bei 15 Proz. 125, bei 25 Proz. 170, bei 35 Proz. 310. Die Festigkeit wird durch Kaltrecken sehr gesteigert. Die Farbe der Bronzen wechselt mit dem Kupfergehalt. Sie geht (vom höchsten Kupfergehalt) von blaßrot über gelb nach grau über. Die elektrische Leitfähigkeit, die bei Kupfer sehr hoch ist, geht bei Zinnzusatz stark herunter. In chemischer Beziehung sind die Bronzen widerstandsfähig gegen trockene Luft, feuchte Luft, Seewasser. Die Säurebeständigkeit, insbesondere gegen Schwefelsäure, geht mit steigendem Zinngehalt zurück. — Die Bronzen werden hauptsächlich für Lager und Armaturen verwendet und sind für diese Zwecke unter dem Namen Rotguß im Handel. Neben Kupfer und Zinn enthalten sie auch noch Zink und Blei in geringen Prozentsätzen. Leichter

vergießbar als Rotguß sind Phosphorbronzen, denen bei der Herstellung
Phosphorkupfer oder Phosphorzinn zugesetzt wird. Der Phosphor spielt
hier in erster Linie die Rolle des Desoxydationsmittels. Die Anwesenheit
von Phosphor ermöglicht immer neues Umschmelzen des Materials ohne
Qualitätsverschlechterung. Diese Bronzen werden in der chemischen Industrie sehr häufig verwendet, insbesondere in der Papierfabrikation. Der
Phosphorgehalt schwankt dabei zwischen 0,3 und 0,7 Proz., kann aber auch
bis auf Spuren zurückgehen. — Unter den Zink-Kupfer-Legierungen ist
Messing die wichtigste. Man versteht darunter Legierungen mit Kupfergehalt über 50 Proz. Legierungen mit einem Zinkgehalt bis 37 Proz. bestehen
aus einheitlichen Mischkrystallen, darüber hinaus aus zwei Arten von
Krystallen. Man bezeichnet sie als α- und β-Krystalle, wovon die ersteren
bei gewöhnlicher Temperatur reckbar sind, wohingegen die letzteren bei
gewöhnlicher Temperatur spröde sind und sich erst bei Rotglut recken lassen.
Messing läßt sich demgemäß nur bei einem Kupfergehalt über 63 Proz. kalt
recken. Die Schmelzintervalle gehen aus folgender Tabelle 34 hervor:

Tabelle 34.

Kupfer %	Zink %	Schmelzintervall Grad
95	5	—
90	10	1040 bis 1050
85	15	975 ,, 1000
80	20	975 ,, 1000
70	30	910 ,, 950
60	40	890 ,, 900
50	50	850 ,, 860

Die Dichte hängt von der Zusammensetzung ab. Die Legierung 50:50 weist
eine Dichte von 8,25, 90:10 eine solche von 8,61 auf. Der lineare Ausdehnungskoeffizient beträgt bei 70 Proz. Kupfer 0,00001906, die spezifische Wärme
im Mittel 0,0917. Der Widerstand gegen Deformation hängt vom Gefüge
ab: innerhalb des Gebietes der α-Krystalle, also etwa bis zu 37 Proz. Zink,
nimmt er nicht zu, um aber sodann rasch zu steigen. Ebenso nimmt die Zerreißfestigkeit mit wachsendem Zinkgehalt zu, erreicht bei 44 Proz. Zink ein
Maximum von etwa 42 kg/qmm. Desgleichen steigt die Brinellhärte nach dem
Auftreten der β-Krystalle bis 226, um aber von da ab zu fallen. Zinnzusatz
erhöht die Härte. Ebenso ein solcher von Blei. Die Farbe des Messings
geht von rot mit abnehmendem Kupfergehalt über gelbrot nach gelb über.
Die elektrische Leitfähigkeit ist bedeutend geringer als beim Kupfer. Bei
20 Proz. Zink sinkt sie schon auf ein Drittel von der des reinen Kupfers. —
Messing ändert sich in trockener Luft nicht, wohl aber in feuchter. In sauren
Flüssigkeiten werden die α-Krystalle weniger angegriffen als die β-Krystalle.
Zink- und Aluminiumzusätze erhöhen, Nickel-, Eisen- und Bleizusätze verringern den Korrosionswiderstand. Der Zusammensetzung nach unterscheidet man verschiedene Messingarten. 1. Tombak (zuweilen auch Rotguß genannt) mit mehr als 82 Proz. Cu; 2. kaltreckbares Messing mit 63

bis 80 Proz. Cu; 3. warm schmiedbares Messing mit 56 bis 63 Proz. Cu und
4. Messinglot, auch Hartlot oder Schlaglot genannt, mit 40 bis 45 Proz. Cu.
Rotguß wird zur Erzeugung von Armaturen, Kolbenringen, Lagern verwendet, ähnlich wie die Bronze. Aus dem kalt reckbaren Messing werden
Bleche und Draht hergestellt. Das warm schmiedbare Messing wird in erster
Linie für elektrische Apparate angewendet. Die Hartlote dienen zum Löten
von Kupfer, Messing, Bronze, Gold und Silber. Zur Verbesserung der Leicht-
flüssigkeit erhalten die Hartlote einen geringen Zinn- oder Silberzusatz.

Messinge, also Kupfer-Zink-Legierungen, werden auch mit geringen Gehalten
anderer Metalle hergestellt, so Aluminium, Silicium, Blei, Mangan, Nickel, Eisen,
Antimon, Silber usw. Unter diesen Legierungen gibt es eine ganze Reihe solcher,
die große technische Bedeutung erlangt haben und unter besonderen Fabriks-
namen bekannt geworden sind. So besteht das Deltametall z. B. aus 54 bis
56 Proz. Cu, 43,5 bis 40 Proz. Zn, und daneben aus etwa 1 Proz. Fe, 1 Proz.
Mn, 0,4 bis 1,8 Proz. Pb und Spuren Phosphor. Dieses Metall hat die wichtige
Eigenschaft, daß durch Schmieden seine Festigkeit und seine Dehnung erhöht
wird. Duranametall hat etwa 58,5 Proz. Cu, 39,5 Proz. Zn, je ∞0,5 Proz.
Fe und Pb und 1 Proz. Sn. Diese Legierungen zeigen große Widerstandsfähigkeit gegen Seewasser und Chemikalien und finden dort Anwendung, wo
Konstruktionsteile bei hohen Temperaturen oder Einfluß von Seewasser starker
mechanischer Beanspruchung ausgesetzt sind. Unter dem Namen ,,Rübelbron-
zen'' ist eine Anzahl Messinglegierungen im Handel, die Mangan, Eisen, Aluminium und Nickel enthalten. Sie haben große mechanische Festigkeit (Bruchfestigkeit 60 kg/qmm), die auch bei höherer Temperatur nur langsam zurückgeht:

$$
\begin{array}{lll}
\text{bei } 190° & \dots\dots\dots & \infty 38{,}5 \text{ kg/qmm} \\
290° & \dots\dots\dots & \infty 34{,}2 \quad ,, \\
380° & \dots\dots\dots & \infty 30{,}2 \quad ,, \\
485° & \dots\dots\dots & \infty 20{,}5 \quad ,,
\end{array}
$$

Daneben weisen sie eine gute Widerstandsfähigkeit gegen chemische Agentien
auf, weshalb sie mit Vorteil für Hohlkörper verwendet werden, die bei hoher
Temperatur besondere Festigkeit und chemische Widerstandsfähigkeit verlangen, vor allem Heißdampf führende Teile.

Legierungen, bei denen ein großer Teil des Zinks durch Nickel ersetzt ist,
die also beispielsweise die Zusammensetzung

Cu 53 Proz., Zn 25 Proz., Ni 22 Proz.

haben, werden als Neusilber, Argentan, Alfenide, Alpakka u. dgl. bezeichnet.
Ihre Farbe ist, infolge des hohen Nickelgehaltes, weiß. Sie zeichnen sich
vor dem Messing durch eine hohe Korrosionsfestigkeit aus, die noch erhöht
werden kann, wenn man daraus gefertigte Gegenstände in eine aus gleichen
Teilen Wasser und Salpetersäure bestehende Lösung eintaucht, herausnimmt
und trocknet. Dadurch werden an der Oberfläche das Kupfer und Zink,
die leicht löslich sind, gelöst, so daß das passive Nickel zurückbleibt. Neu-
silberdraht wird zur Anfertigung elektrischer Widerstände verwendet. Der
elektrische Widerstand steigt bei Zusatz von Wolfram. So hat eine unter
dem Namen Platinoid bekannte Legierung von der Zusammensetzung

60 Proz. Kupfer, 25 Proz. Zink, 14 Proz. Nickel und 1 bis 2 Proz. Wolfram einen 1,5mal so großen elektrischen Widerstand wie das Neusilber.

Die Legierungen des Kupfers mit Aluminium sind unter dem Namen Aluminiumbronzen bekannt. Sie enthalten 4,5 bis 10,5 Aluminium, geringe Mengen ($\sim$1 Proz.) Eisen, 1 bis 2 Proz. Silicium und Spuren von Schwefel. Gegenüber den Komponenten Kupfer und Eisen weisen sie eine bedeutend höhere Festigkeit auf (Tabelle 35).

Tabelle 35.

Zusammensetzung					Mechanische Eigenschaften			
Cu %	Al %	Fe %	Si %	Ni %	Bruch-festigkeit kg/qcm	Elastizitäts-grenze kg/qcm	Dehnung kg/qcm	
					6200	4700	27	hartgewalzt
91,00	8,95	—	0,07	—	5500	2000	42	geschmiedet
					4900	1800	48	gewalzt
89,94	9,98	—	0,10	—	6000	2000	18,5	geschmiedet
89,81	9,99	0,04	0,12	—	6100	2100	19	,,
88,23	10,50	0,24	0,12	0,88	7100	1800	10	,,
89,30	8,89	1,33	—	0,12	5900	2800	31	gewalzt
88,38	8,44	2,98	—	0,17	6450	2650	33	geschmiedet
87,93	5,96	4,09	1,37	0,20	6330	4260	21	gewalzt

Bei steigender Temperatur geht die Bruchfestigkeit der Aluminiumbronzen rasch zurück. — In chemischer Beziehung zeigen namentlich die Si-freien Aluminiumbronzen eine gute Widerstandsfähigkeit gegen Kochsalzlösung und Meerwasser. Sie ersetzen deshalb Stahl und Eisen dort, wo diese wegen ihrer Eigenschaft, leicht zu rosten, nicht angewendet werden können und andere rostbeständige Legierungen nicht genügend Festigkeit aufweisen, so z. B. bei Maschinen und Apparaten der Papierfabrikation, Brauerei, Spiritusbrennerei und anderen chemischen Industrien.

2. Aluminiumlegierungen.

Aluminium hat, wie bereits oben erwähnt, verschiedene Eigenschaften, die seine Anwendung so empfehlenswert machen, vor allem das geringe spezifische Gewicht und seine große Widerstandsfähigkeit gegen chemische Einflüsse. Seine Festigkeit ist aber verhältnismäßig gering, und bei der Bearbeitung macht sich das Anhaften am Werkzeug, das sog. Schmieren beim Feilen und Bohren, unangenehm bemerkbar. Man legiert deshalb das Aluminium mit anderen Metallen, um diesen die vorteilhaften Eigenschaften des Aluminiums wenigstens teilweise zu verleihen und dem Aluminium die unangenehmen Eigenschaften zu nehmen. Von den Legierungen des Aluminiums haben die mit Kupfer, Zink, Magnesium, sowie Silicium weitgehende Verwendung gefunden. Von Legierungen des Aluminiums mit Kupfer war bereits die Rede, doch handelte es sich da um Legierungen mit geringem Aluminiumzusatz, die wesentlich andere Eigenschaften haben als solche die in der Hauptmenge Aluminium enthalten. Die Festigkeit der Aluminium-Kupfer-Legierungen mit hohem Aluminiumgehalt ist nicht wesentlich höher als die des Aluminiums und erreicht bei weitem nicht die Festigkeit der Aluminiumbronzen. Aus folgender Tabelle geht der Einfluß geringer Kupferzusätze auf die Festigkeit hervor.

Tabelle 36. Aluminiumreiche Legierungen.

Gegossenes Material	Zug-festigkeit kg/qmm	Elastizitäts-grenze kg/qmm	Dehnung %	Querschnitts-verminderung %
Handelsaluminium	9,4	3,0	7	10,1
Aluminium + 1 Proz. Cu . .	10,3	3,5	5	3,2
„ + 2 „ „ . .	10,9	4,0	4,5	3,7
„ + 3 „ „ . .	12,0	4,9	5	3,2
„ + 4 „ „ . .	12,9	5,2	6	3,0
„ + 5 „ „ . .	13,2	5,0	3	0
„ + 6 „ „ . .	13,6	5,2	2	0

Bei gewalztem und geglühtem Material steigt die Festigkeit, ohne aber Größen zu erreichen, wie sie die Aluminiumbronzen aufweisen. Was aber die Aluminiumlegierungen im allgemeinen über die Kupfer- usw. Legierungen hervorhebt, ist die Möglichkeit der Vergütung. Dieselbe besteht darin, daß die Legierungen zunächst auf Temperaturen über 450° erhitzt und darauf schnell abgekühlt werden. Die Weiterbehandlung besteht entweder darin, daß die Legierungen bei Zimmertemperatur gelagert werden, wobei sie selbsttätig härten, oder daß sie längere Zeit auf 50 bis 160° angelassen werden. Die erste Behandlung bezeichnet man als selbsttätige, die letztere als künstliche Alterung. Die erste Erhitzung hat den Zweck, die Zusätze im Aluminium als Mischkrystalle aufzulösen. Die Erhitzung kann so weit gehen, als sich nicht durch Rekrystallisation zu große Körner bilden und die Legierung dadurch spröde wird. Es muß daher die Erhitzungstemperatur für jede Legierung genau eingehalten werden. Die Erhitzungsdauer ist von der Größe der Stücke abhängig. Die Vergütung bewirkt eine Erhöhung der Festigkeit bei gleichzeitiger Erhöhung der Dehnung.

Eine Gruppe Kupfer-Aluminium-Legierungen, die große Verwendung in der Technik gefunden hat, ist unter dem Namen Duralumin bekannt. Sie weisen eine Zusammensetzung auf, die ungefähr ist: 0,5 Proz. Magnesium, 3,5 bis 5,5 Proz. Kupfer, 0,5 bis 0,8 Proz. Mangan, Rest Aluminium. Die Vergütung dieser Legierungen erfordert zunächst eine Durchknetung des Metalls durch Schmieden, Walzen oder Pressen. Das Duralumin gehört zu den Legierungen, die selbsthärtend sind, die also bei ruhiger Lagerung bereits nach kurzer Zeit eine Steigerung der Härte und Festigkeit aufweisen. In Fig. 72 ist der Verlauf der Härtezunahme nach *Brinell* mit einer $2^1/_2$-mm-Kugel bei $62^1/_2$ kg Belastung wiedergegeben[1]. Gegossenes Duralumin läßt sich viel schlechter veredeln. Zumindest bleiben die Resultate weit hinter denen des gekneteten Metalls zurück. Der Schmelzpunkt der Duralumine ist etwa 650, das spez. Gewicht 2,6 bis 2,8, der Wärmeausdehnungskoeffizient im Mittel 0,0000226, der spezifische elektrische Widerstand 0,032 bis $0,005 \frac{\Omega \, \text{qmm}}{\text{m}}$. Die Duraluminlegierungen weisen durchweg eine Zugfestigkeit von 38 bis 47 kg/qmm auf und eine Brinellhärte von 115 bis 128 kg/qmm. Bemerkenswert ist, daß die Zugfestigkeit in der Kälte zunimmt.

---

[1] Aus *Reinglass:* Chemische Technologie der Legierungen. S. 156. Leipzig 1926.

In chemischer Beziehung ist Duralumin beständig gegen Witterungseinflüsse und gegen **Angriffe des Seewassers**. Auch übt es auf menschliche Nahrungs- und Genußmittel keinerlei schädlichen Einfluß aus. Eine **Magnesium-Kupfer-Silicium-Legierung** ist das **Lautal**, das ungefähr 4 Proz. Kupfer, 2 Proz. Silicium und die normalen Spuren von Eisen enthält. Es erreicht seine höchste Festigkeit bei **hoher** Dehnung und läßt sich bei 4 bis 500° gut schmieden,

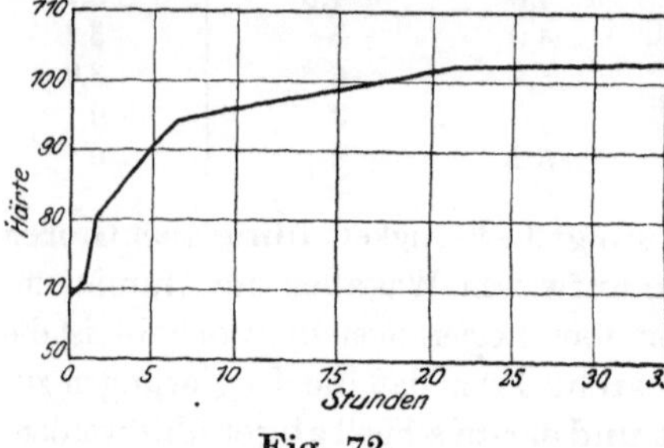

Fig. 72.

ebenso schweißen. Unter dem Namen **Aludur** wird eine Gruppe vergütbarer Aluminiumlegierungen zusammengefaßt, die entweder Silicium, Magnesium und Eisen oder Kupfer, Silicium, Magnesium und Eisen enthalten.

Bezüglich der Korrosionsfestigkeit verhalten sich die Legierungen des Aluminiums mit Silicium **allein** wesentlich günstiger als die genannten, Schwermetalle enthaltenden Legierungen. Sie sind deshalb für die Zwecke der chemischen Industrie besser geeignet. Die bekannteste Legierung dieses Typus ist das **Silumin**, welches 13% Silicium enthält. Das Material ist besonders für Gußstücke sehr geeignet. Vor dem Guß wird es nach einem besonderen Verfahren[1] behandelt, wodurch es ein feinkörniges Gefüge bei hoher Festigkeit und Zähigkeit erhält. Die technisch wichtigste Eigenschaft der Legierung ist ihre gute Gießbarkeit, welche die Möglichkeit ergibt, große, dünnwandige Gußstücke herzustellen, die undurchlässig sind und **nicht** reißen. Die Festigkeit des

Silumingußes ist bei normalen Gußstücken etwa $18 \frac{\mathrm{kg}}{\mathrm{qmm}}$, die Dehnung etwa 5%, Brinellhärte 50—60. **Siluminblech** wird vor allem dort benutzt, wo die Festigkeit von Reinaluminium nicht ausreicht, aber der gleiche Korrosionswiderstand verlangt wird.

In den **Aluminium-Zink-Legierungen** spielt das Zink die Rolle des mechanisch höherwertigen Metalls, insofern als bis zu einem gewissen Zinkgehalt Festigkeit und Härte steigt. Diese Legierungen lassen sich vergüten, wobei durch die Vergütung auch die Korrosionsfestigkeit verbessert wird. Tritt zu Aluminium und Zink noch Kupfer hinzu, so erhält man die häufig gebrauchte „**Deutsche Legierung**". — In der Lebensmittelindustrie, im Öl- und Fettgewerbe sowie anderen chemischen Industriezweigen findet neuerdings auch eine Gußlegierung Verwendung, die mit dem Namen „**KS-Seewasser**" bezeichnet wird. Sie enthält $2^1/_2$ Proz. Mangan, 2,25 Proz. Magnesium, 0,2 Proz. Antimon, Rest Aluminium mit den üblichen Verunreinigungen. Sie verhält sich Mineralsäuren gegenüber ähnlich wie Reinaluminium, gegen SO_2, organische Säuren und Seifenlösungen sogar noch besser als Aluminium. Bei 450° kann diese Legierung auch geschmiedet werden.

Unter den **Magnesium-Aluminium-Legierungen** hat besonders die unter dem Namen **Magnalium** im Handel bekannte Bedeutung für den Chemiker,

---

[1] I. Czochralski „Z. f. Metallkunde 1922 S. 507. DRP Nr. 417 773.

Tabelle 37.

Erstarrungs-		Chemische Zusammensetzung, Gewichtsprozente			
Punkt ° C	Intervall ° C	Blei	Zinn	Wismut	Cadmium
70[1]	—	26,3	13,3	50	10
	75 bis 70	24	14	48	13
	75 „ 70	32	13	45	10
	80 „ 70	35	13	42	10
	85 „ 70	37	13	40	10
	100 „ 70	35	20	35	10
91,5	—	40	—	52	8
	95 bis 91,5	42	—	50	8
	100 „ 91,5	44	—	48	8
	110 „ 91,5	48	—	44	8
96[2]	—	32	16	52	—
	100 bis 96	34	16	50	—
	105 „ 96	36	16	48	—
	110 „ 96	38	16	46	—
	115 „ 96	40	16	44	—
	120 „ 96	42	16	42	—
103	—	—	26	53	21
	110 bis 103	—	29,5	49,5	21
	115 „ 103	—	32	47	21
	120 „ 103	—	34,5	44,5	21
125	—	44	—	56	—
	130 bis 125	46	—	54	—
	135 „ 125	48	—	52	—
	140 „ 125	50	—	50	—
	145 „ 125	52	—	47,5	—
	160 „ 125	55	—	45	—
136,5	—	—	42	58	—
	140 bis 136,5	—	44	56	—
	145 „ 136,5	—	46	54	—
	160 „ 136,5	—	51	49	—
145	—	32	50	—	18
	150 bis 145	35,5	46,5	—	18
	155 „ 145	39	43	—	18
	160 „ 145	42	40	—	18
	165 „ 145	45,5	36,5	—	18
	170 „ 145	49	33	—	18
	175 „ 145	52,5	29,5	—	18
149	—	—	—	62	38
	150 bis 149	—	—	62	38
	155 „ 149	—	—	61	38
	160 „ 149	—	—	60	40
	165 „ 149	—	—	48,5	41,5
176	—	—	68	—	32
	185 bis 178	—	64	—	36
	190 „ 178	—	60	—	40
	195 „ 178	—	56,5	—	43,5
	200 „ 178	—	53	—	47

[1] *Woodsches* Metall.
[2] *Lipowitz*-Metall, *Newtons*-Metall.

Tabelle 37 (Fortsetzung).

| Erstarrungs- | | Chemische Zusammensetzung, Gewichtsprozente | | | |
Punkt ° C	Intervall ° C	Blei	Zinn	Wismut	Cadmium
181	—	36	64	—	—
	185 bis 181	37,5	62,5	—	—
	190 „ 181	39	61	—	—
	195 „ 181	40,5	59,5	—	—
	200 „ 181	42	58	—	—

da die Wagebalken der analytischen Wagen zumeist aus diesem Metall hergestellt werden. Für diesen Zweck wurde gewöhnlich eine Legierung von etwa 10 Proz. Magnesium verwendet. Eine Metallegierung, die Magnesium und Aluminium im verkehrten Verhältnis (90:10) enthält, ist das **Elektronmetall**, das aber hauptsächlich in der Automobilindustrie, weniger im Apparatebau, verwendet wird, trotzdem seine chemischen Eigenschaften es hierzu nicht ungeeignet machen. Es ist gegen alkalische Lösungen fast unempfindlich und überzieht sich an der Luft mit einer grauen Schutzschicht. Gegen Säuren und Salzlösungen ist es allerdings sehr empfindlich.

3. Bleilegierungen.

Legierungen von Blei und Zinn.

In flüssigem Zustande sind diese beiden Metalle miteinander in jedem Verhältnis mischbar, während in festem Zustande jedes der Metalle vom anderen nur etwa 3 Proz. in Lösung halten kann. Die beiden Metalle bilden miteinander ein Eutektikum aus 63 Proz. Zinn und 37 Proz. Blei vom Schmelzpunkt 181°. Diese Legierungen werden hauptsächlich als **Weichlote** verwendet. Ihre Widerstandsfähigkeit gegen chemische Einflüsse entspricht den Eigenschaften der beiden Bestandteile je nach ihrem Mengenverhältnis.

Legierungen von Blei und Antimon.

Bezüglich dieser Legierungen wurde schon im Abschnitt Blei erwähnt, daß sie als Hartblei technisch angewendet werden. Auch diese beiden Metalle sind im flüssigen Zustande miteinander unbeschränkt mischbar, in festem Zustande hingegen vollständig unlöslich. Sie bilden ein Eutektikum aus 87 Proz. Blei und 13 Proz. Antimon, das bei 246° schmilzt. Die Härte steigt bis zu einem Zusatz von 8 Proz. Antimon, von da ab nimmt sie wieder ab. Das Hartblei wird als Lot und als **Lagermetall** verwendet.

Legierungen des Bleies mit Cadmium und Wismut

sind besonders leicht schmelzbar. Außer zum Löten werden sie zu Schmelzsicherungspfropfen für Dampfkessel, für selbsttätige Feuermeldeapparate und ähnliche Zwecke verwendet. Bekannt ist unter diesen das *Wood*sche Metall, das aus etwa 30 Proz. Blei, 15 Proz. Zinn, 45 Proz. Wismut und 10 Proz. Cadmium besteht. Auf Tabelle 37 ist die chemische Zusammensetzung einer Reihe von leicht schmelzenden Legierungen angeführt, die für die genannten Zwecke Verwendung finden können.

Literatur.

F. W. Hinrichsen: Das Materialprüfungswesen. Stuttgart 1912.

Martens-Heyn: Handbuch der Materialienkunde für den Maschinenbau. Berlin 1912.

K. Memmler: Materialprüfungswesen. Berlin und Leipzig 1921.

P. Goerens: Einführung in die Metallographie. Halle 1915.

E. Heyn und *O. Bauer:* Metallographie. Berlin und Leipzig 1926.

H. Mark: Die Verwendung der Röntgenstrahlen in Chemie und Technik. Leipzig 1926.

R. Zsigmondy: Kolloidchemie. 4. Aufl. Leipzig 1920.

Clark: Applied X-Rays. New York 1927.

H. Griffith: The General Principles of Chemical Engineering Design. London 1922.

Krais: Werkstoffe. Leipzig 1921.

Ullmann: Enzyklopädie der technischen Chemie. 1. Aufl. Berlin und Wien.

F. Singer: Die Keramik im Dienste von Industrie und Volkswirtschaft. Braunschweig 1923.

E. Bauer: Keramik (Techn. Fortschrittsberichte). Dresden 1923.

L. Litinsky: Schamotte und Silika. Leipzig 1925.

Gemeinfaßliche Darstellung des Eisenhüttenwesens. Herausgegeben vom Verein deutscher Eisenhüttenleute. 12. Aufl. Düsseldorf 1923.

Ledebur: Handbuch der Eisenhüttenkunde. Leipzig 1923.

Th. Geilenkirchen: Grundzüge des Eisenhüttenwesens. Düsseldorf 1911.

Hütte, Des Ingenieurs Taschenbuch. Berlin 1927.

Hütte, Taschenbuch für den praktischen Chemiker. Berlin 1927.

B. Liebing: Das säurebeständige Email und seine industrielle Anwendung im Apparatebau. Berlin 1923.

L. J. Tungay: Acid-Resisting Metals. London 1925.

Nickel and its Alloys. Washington 1924.

Kupfer (Übersetzung von *Copper*, Bureau of Standards, Washington). Berlin 1926.

Regelsberger: Chemische Technologie Leichtmetalle. Leipzig 1926.

Reinglass: Chemische Technologie der Legierungen. Leipzig 1926.

W. Pfanhauser: Das Verchromungsverfahren. Leipzig und Wien 1926.

Statistisches Jahrbuch des Deutschen Reiches. Berlin.

Statistische Zusammenstellungen, Metallgesellschaft, Metallbank und Metallurgische Gesellschaft A.-G. Frankfurt a. M. 1927.

Zeitschriften.

Zeitschrift für angewandte Chemie, Berlin.

Die chemische Fabrik, Berlin.

Chemiker-Zeitung, Cöthen.

Chemische Apparatur, Leipzig.

V. D. I. Zeitschrift, Berlin.

V. D. I. Nachrichten, Berlin.

Zeitschrift für Metallkunde, Berlin.

Stahl und Eisen, Düsseldorf.

Meßtechnik, Halle.

Korrosion und Metallschutz, Berlin.

Sprechsaal, Cohurg.
Kruppsche Monatshefte, Essen-Ruhr.
Zeitschrift für technische Physik.
Die Umschau, Frankfurt a. M.
Wirtschaft und Statistik, Berlin.
Industrial and Engineering Chemistry, Washington.
Chimie & Industrie, Paris.
L'industrie chimique, Paris.
Journal of the Society of Chemical Industry, London.
Bulletin of the British Cast Iron Research Corporation, Birmingham.

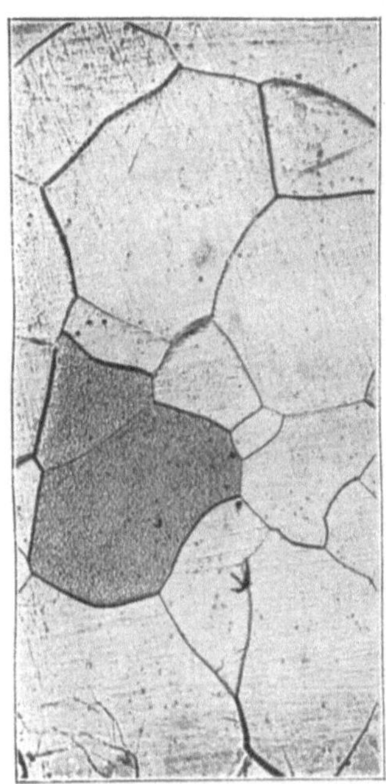

Fig. 49. Reiner Ferrit. 100 mal.

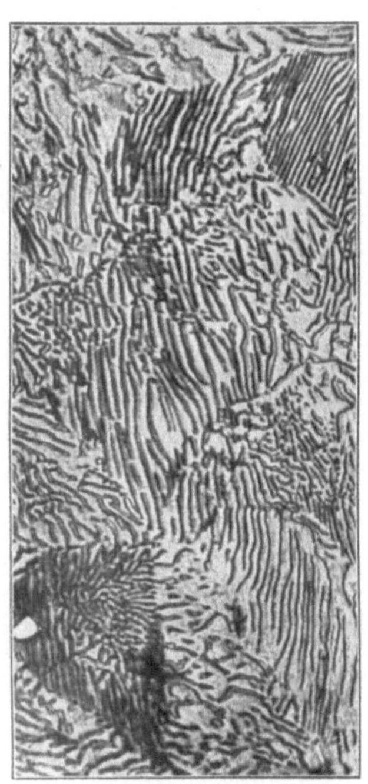

Fig. 51. Streifiger Perlit mit 0,9 %. 600 mal.

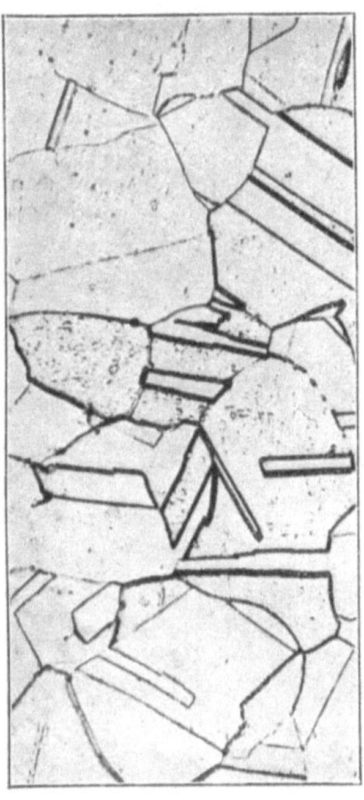

Fig. 50. Austenit eines gehärteten hochlegierten Chromnickelstahles. Einheitliche Mischkristalle. 200 mal.

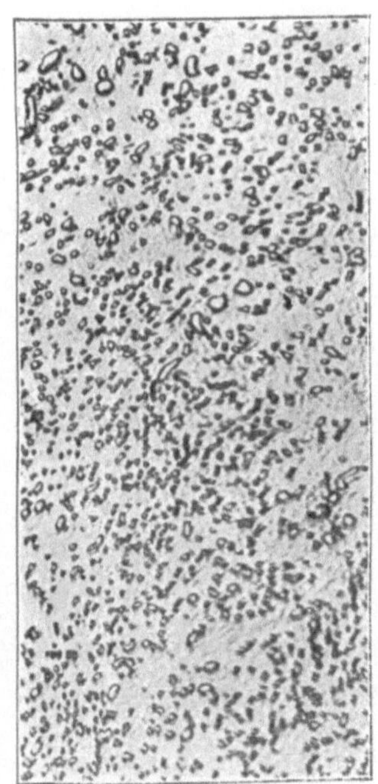

Fig. 52. Körniger Perlit eines Stahles mit 0,9 %. 600 mal.

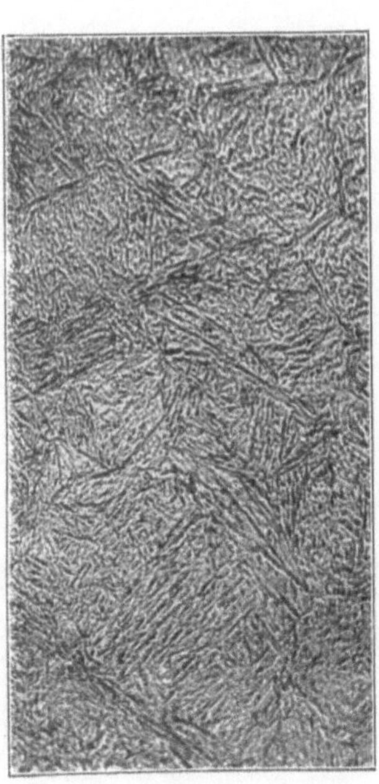

Fig. 53. Reiner Martensit. 300 mal.

Fig. 54. Schwarze Troostitflecke in martensitischer Grundmasse. Reste von Zementit. 200 mal.

Leipzig, Verlag von Otto Spamer.

Fig. 55. Sorbit, Spur Ferrit.
300 mal.

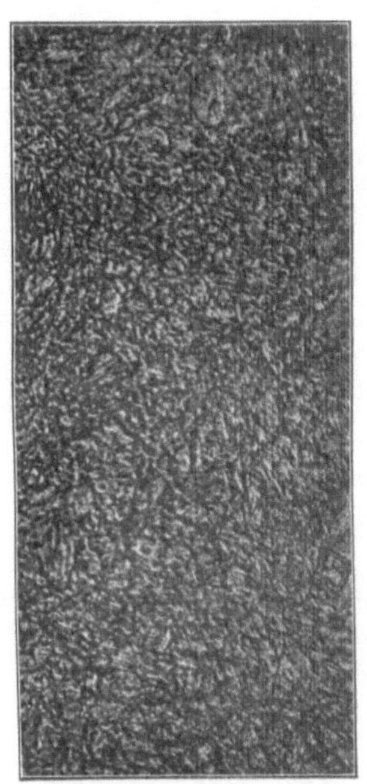

Fig. 65. V 1 M vergütet.
500 mal.

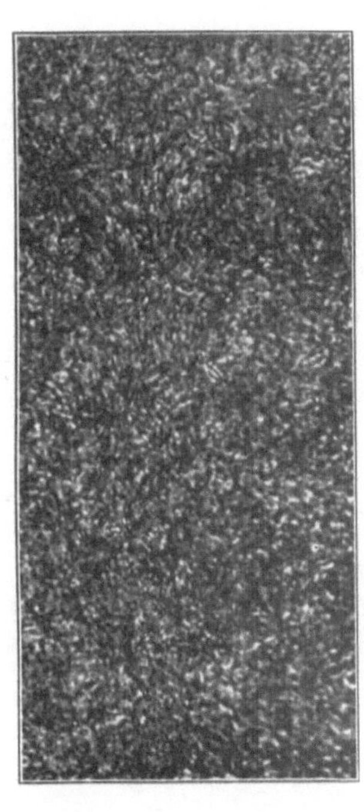

Fig. 66. V 3 M vergütet.
1000 mal.

Fig. 67. V 2 A vergütet.
200 mal.

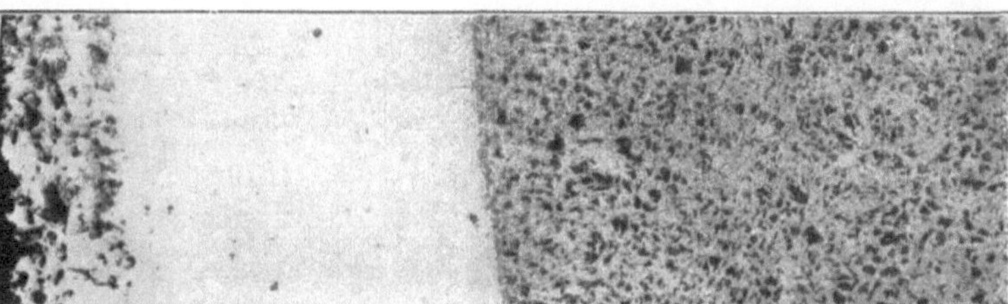

Fig. 68. Randgefüge einer alitierten Flußeisenprobe. 50 mal.

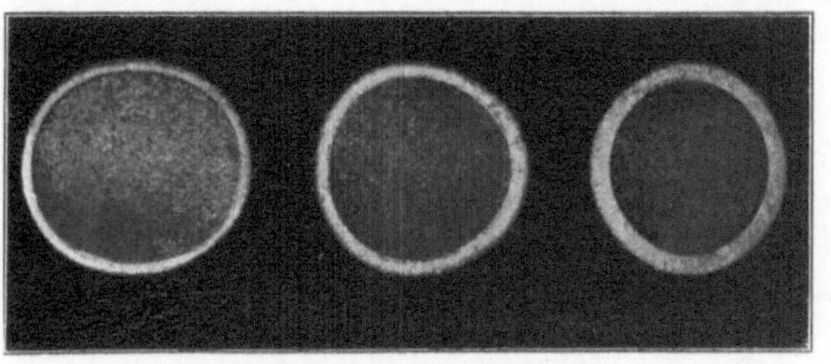

Fig. 69. Querschliffe durch normale alitierte Flußeisenstücke.
Nat. Größe.

Sachregister.

SILUMIN

Guß- und Walzlegierung

für die **Apparate**

der **Chemischen**

Industrie

leicht

Spez. Gewicht 2,65

gut gießbar

Schwindmaß 1,0 bis 1,14

korrosionsbeständig

wie Reinaluminium

mechanisch hochwertig

Festigkeit bis 22 kg, Dehnung bis 10$^{0}/_{0}$

*Verlangen Sie unseren Katalog sowie Spezialangaben
über die jeweilige chemische Widerstandsfähigkeit.*

Metallbank und Metallurgische Ges. A.-G., Frankfurt a. M.

Nr. 173. Kupferner Verdampfer
100 qm Heizfläche

Die
R. Wolf-Zellenfilter

Saugtrockner D. R. P.

arbeiten selbsttätig und ununterbrochen und eignen sich zur Trennung fester und flüssiger Stoffe aus Gemengen aller Art.

Sie sind **säure-** und **laugenfest** und in der gesamten

chemischen Industrie

mit großem Erfolg eingeführt.

Gegenüber bisherigen Verfahren ergeben sich bedeutende Ersparnisse an Filtertüchern, Arbeitslöhnen usw. bei hoh. Mengenleistungen.

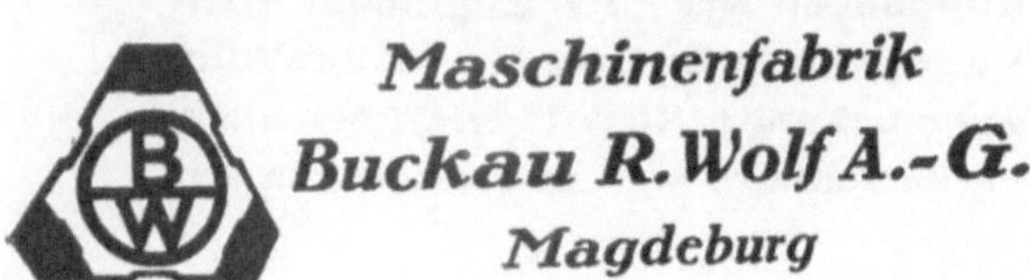

REINNICKEL

Dieser bewährte Baustoff für chemische Apparate und Gefäße verdankt seine vielseitige Anwendung im neuzeitlichen chemischen Betrieb seiner außerordentlich guten Korrosionsbeständigkeit, verbunden mit einer Festigkeit, die ungefähr das Dreifache des Kupfers beträgt. Als Spezialisten in der Bearbeitung dieses Metalls erzeugen wir Kessel, Autoklaven, Destillier- und Vakuum-Apparate, Rohrschlangen, Kondensatoren, Auskleidungen etc. in allgemein anerkannter Güte. Geben Sie uns Ihre Wünsche bekannt, damit wir Ihnen unsere Vorschläge unterbreiten können.

BERNDORF

BERNDORFER METALLWARENFABRIK ARTHUR KRUPP A.-G., BERNDORF, N. ÖSTERR.

Die geeigneten Werkstoffe
für den Bau
Chemischer Apparate
sind

Säurefestes Steinzeug
Säurefeste Schamotte
Quarz und Bergkristall
„Vitreosil"

DEUTSCHE TON- & STEINZEUG-WERKE
AKTIENGESELLSCHAFT
BERLIN-CHARLOTTENBURG, BERLINER STRASSE 23

CARL RUPPEL
SÄURE
ABSPERRORGANE
APPARATE
ROHRLEITUNGEN.
NACH JEDER RICHTUNG VERSTELLBAR
HART-BLEI
STEIN-ZEUG
HÖCHST A. MAIN

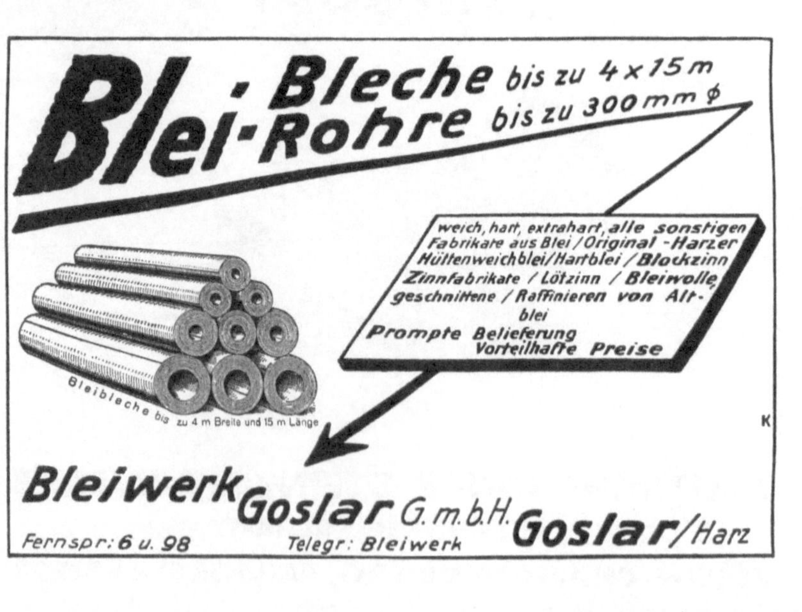

Blei-Bleche bis zu 4 × 15 m
Blei-Rohre bis zu 300 mm ⌀
weich, hart, extrahart, alle sonstigen
Fabrikate aus Blei / Original-Harzer
Hüttenweichblei/Hartblei / Blockzinn
Zinnfabrikate / Lötzinn / Bleiwolle
geschnittene / Raffinieren von Alt-
blei
Prompte Belieferung
Vorteilhafte Preise
Bleibleche bis zu 4 m Breite und 15 m Länge
Bleiwerk Goslar G. m. b. H. Goslar/Harz
Fernspr: 6 u. 98   Telegr: Bleiwerk

MASCHINENBAU·AKTIEN·GESELLSCHAFT
GOLZERN-GRIMMA
GRIMMA i. SA.
DESTILLIER-
und
REKTIFIZIER-
APPARATE für periodischen und kontinuierlichen Betrieb,
APPARATE zur Herstellung von absolutem Alkohol in kontinuierlichem Betrieb,
VERDAMPFER
verschiedener Systeme,
Kühler und Vorwärmer
Kondensatoren
Rührwerke, Mischapparate
Hydraul. Pressen
Hydraul. Pumpen, Akkumulatoren
Pumpen für dicke Flüssigkeiten

GEBLER-WERKE AKT. GES.
EXPORT NACH ALLEN LÄNDERN.
RADEBEUL-DRESDEN
HOCHSÄUREBESTÄNDIG
EMAILLIERTE GUSSEISERNE
GEFÄSSE UND APPARATE
in allen Formen und für alle Zweige
der chemisch-pharmazeutischen
und ähnlichen Industrieen
„GEBLER-"
PLUS-ULTRA-EMAILLE
ist schlag- und stoßfest und
besitzt höchste Säurefestigkeit.
Hitzebeständige Lacksiedekessel
von längster Gebrauchsdauer.
Neu „GEBLERIT" D.R.P.a.
ein elastisches Säureschutzmittel
für Schmiedeeisen, Aluminium und Blechgefässe.

„GEBLER"
EMAILLE
widersteht
allen Säuren

VERLAG VON OTTO SPAMER IN LEIPZIG-REUDNITZ

Chemische Technologie

in Einzeldarstellungen

Begründer: Herausgeber:
Prof. Dr. Ferd. Fischer   Prof. Dr. Arthur Binz

Bisher erschienen folgende Bände:

Allgemeine chemische Technologie:

Kolloidchemie. Von Prof. Dr. Dr.-Ing. h. c. Richard Zsigmondy. Fünfte Auflage. I: Allgemeiner Teil. Mit 7 Tafeln und 34 Figuren im Text. Geh. RM 11.—, geb. RM 13.50. II: Spezieller Teil. Mit 1 Tafel und 16 Figuren im Text. Geh. RM 14.—, geb. RM 16.—.

Sicherheitseinrichtungen in chemischen Betrieben. Von Geh. Reg.-Rat Prof. Dr.-Ing. Konrad Hartmann, Berlin. Mit 254 Abbildungen. Geb. RM 17.—.

Zerkleinerungsvorrichtungen und Mahlanlagen. Von Ing. Carl Naske, Berlin. Vierte Auflage. Mit 471 Abbildungen. Geh. RM 33.—, geb. RM 36.—.

Mischen, Rühren, Kneten. Von Prof. Dr.-Ing. H. Fischer, Hannover. Zweite Auflage. Durchgesehen von Prof. Dr.-Ing. Alwin Nachtweh, Hannover. Mit 125 Figuren im Text. Geh. RM 5.—, geb. RM 7.—.

Sulfurieren, Alkalischmelze der Sulfosäuren, Esterifizieren. Von Geh. Reg.-Rat Prof. Dr. Wichelhaus, Berlin. Mit 32 Abbildungen und 1 Tafel. Vergriffen.

Verdampfen und Verkochen. Mit besonderer Berücksichtigung der Zuckerfabrikation. Von Ing. W. Greiner, Braunschweig. Zweite Auflage. Mit 28 Figuren im Text. Geh. RM 6.—, geb. RM 8.—.

Filtern und Pressen zum Trennen von Flüssigkeiten und festen Stoffen. Von Ingenieur F. A. Bühler. Zweite Auflage. Bearbeitet von Prof. Dr. Ernst Jänecke. Mit 339 Figuren im Text. Geh. RM 7.—, geb. RM 9.—.

Die Materialbewegung in chemisch-technischen Betrieben. Von Dipl.-Ing. C. Michenfelder. Mit 261 Abbildungen. Geb. RM 15.—.

Heizungs- und Lüftungsanlagen in Fabriken. Mit besonderer Berücksichtigung der Abwärmeverwertung bei Wärmekraftmaschinen. Von Obering. V. Hüttig, Professor an der Technischen Hochschule Dresden. Zweite, erweiterte Auflage. Mit 157 Figuren und 22 Zahlentafeln im Text und auf 6 Tafelbeilagen. Geh. RM 20.—, geb. RM 23.—.

Reduktion und Hydrierung organischer Verbindungen. Von Dr. Rudolf Bauer (†), München. Zum Druck fertiggestellt von Prof. Dr. H. Wieland, München. Mit 4 Abbildungen. Geb. RM 18.—.

Messung großer Gasmengen. Von Ob.-Ing. L. Litinsky, Leipzig. Mit 138 Abbildungen, 37 Rechenbeispielen, 8 Tabellen im Text und auf 1 Tafel, sowie 13 Schaubildern und Rechentafeln. Geh. RM 16.—, geb. RM 18.—.

Physikalisch-chemische Grundlagen der chemischen Technologie. Von Dr. Georg-Maria Schwab, Würzburg. Mit 32 Abbildungen im Text. Geh. RM 10.— geb. RM 12.50.

Destillieren und Rektifizieren. Von Dr.-Ing. Kurt Thormann. Mit 65 Abbildungen im Text und auf 4 Tafeln. Geh. RM 12.—, geb. RM 14.—

Messen und Wägen. Von Dr. Walther Block. Mit Einleitung von Dr. Fritz Plato. Mit 109 Abbildungen. Geh. RM 25.—, geb. RM 28.—

VERLAG VON OTTO SPAMER IN LEIPZIG-REUDNITZ

CHEMISCHE APPARATUR

ZEITSCHRIFT FÜR DIE MASCHINELLEN UND APPARATIVEN HILFSMITTEL DER CHEMISCHEN TECHNIK

MIT DER MONATLICHEN BEILAGE: KORROSION

(WAHL, HERSTELLUNG UND SCHUTZ DES BAUSTOFFES DER APPARATUREN DER TECHNIK)

SCHRIFTLEITUNG:
ZIV.-ING. BERTHOLD BLOCK

Erscheint seit 1914 monatlich zweimal. Vierteljährlich 5 Reichsmark
Für das Ausland 6.50 Reichsmark

Die „Chemische Apparatur" bildet einen Sammelpunkt für alles Neue und Wichtige auf dem Gebiete der chemischen Großapparatur. Außer rein sachlichen Berichten und kritischen Beurteilungen bringt sie auch selbständige Anregungen und teilt Erfahrungen berufener Fachleute mit. Nach allen Seiten völlig unabhängig, will sie der gesamten chemischen Technik (im weitesten Sinne) dienen, so daß hier Abnehmer wie Lieferanten mit ihren Interessen auf wissenschaftlich-technisch neutralem Boden zusammentreffen und Belehrung und Anregung schöpfen.

Die Zeitschrift behandelt alle für die besonderen Bedürfnisse der chemischen Technik bestimmten Maschinen und Apparate, wie z. B. solche zum Zerkleinern, Mischen, Kneten, Probenehmen, Erhitzen, Kühlen, Trocknen, Schmelzen, Auslaugen, Lösen, Klären, Scheiden, Filtrieren, Kochen, Konzentrieren, Verdampfen, Destillieren, Rektifizieren, Kondensieren, Komprimieren, Absorbieren, Extrahieren, Sterilisieren, Konservieren, Imprägnieren, Messen usw., in Originalaufsätzen aus berufener Feder unter Wiedergabe zahlreicher Zeichnungen.

Die Zeitschriften- und Patentschau mit ihren vielen Hunderten von Referaten und Abbildungen sowie die Umschau gestalten die Zeitschrift zu einem

Zentralblatt
für das Grenzgebiet von Chemie und
Ingenieurwissenschaft

Mitteilungen aus der Industrie, Patentanmeldungslisten, Sprechsaal sowie Bücher- und Kataloge-Schau dienen ferner den Zwecken der Zeitschrift.

Alle chemischen und verwandten Fabrikbetriebe, insbesondere deren Betriebsleiter, ferner alle Fabriken und Konstrukteure der genannten Maschinen und Apparate und die Erbauer chemischer Fabrikanlagen, endlich aber auch alle, deren Tätigkeit — in Technik oder Wissenschaft — ein aufmerksames Verfolgen dieses so wichtigen Gebietes erfordert, werden die Zeitschrift mit Nutzen lesen.

Nickel